LE PARC NATIONAL D'ARLY
ET
LA FALAISE DU GOBNANGOU
(Burkina Faso)

Institut International d'Ingénierie de l'Eau et de l'Environnement
International Institute for Water and Environmental Engineering
Université des Etudes de Bergame (Italie)

Sous la direction de

Emanuela CASTI et Samuel YONKEU

LE PARC NATIONAL D'ARLY ET LA FALAISE DU GOBNANGOU (Burkina Faso)

LES AUTEURS

Ce volume a été réalisé sous la direction de Emanuela Casti et de Samuel Yonkeu. Il s'agit d'une étude collective qui, bien qu'ayant un objectif unitaire, a été réalisée par différents auteurs qui assument la paternité de chaque chapitre : Federica Burini (Chapitre 4) ; Emanuela Casti (Introduction et Chapitre 1) ; Francesca Falzarano (Chapitre 8) ; Alessandra Ghisalberti (Chapitre 5) ; Conchita Kêdowidé (Chapitre 3) ; Olivier Lompo (Chapitre 6) ; Marius Sagbohan (Chapitre 7) ; Ileana Villa (Chapitre 9) ; Samuel Yonkeu (Introduction, Chapitres 2 et 7).

LES INSTITUTIONS

Università degli Studi di Bergamo : www.unibg.it

Institut International d'Ingénierie de l'Eau et de l'Environnement (2iE) : www.2ie-edu.org

Systèmes d'Information Géographique pour les Aires Protégées (SIGAP onlus) : www.sigaponlus.og

Image de couverture : paysage vu du sommet de la falaise du Gobnangou

5-7, rue de l'Ecole polytechnique, 75005 Paris

http://www.librairieharmattan.com
diffusion.harmattan@wanado.fr
harmattan1@wanadoo.fr

ISBN : 978-2-296-07279-4
EAN : 9782296072794

Carte 1 – La localisation de l'aire d'étude

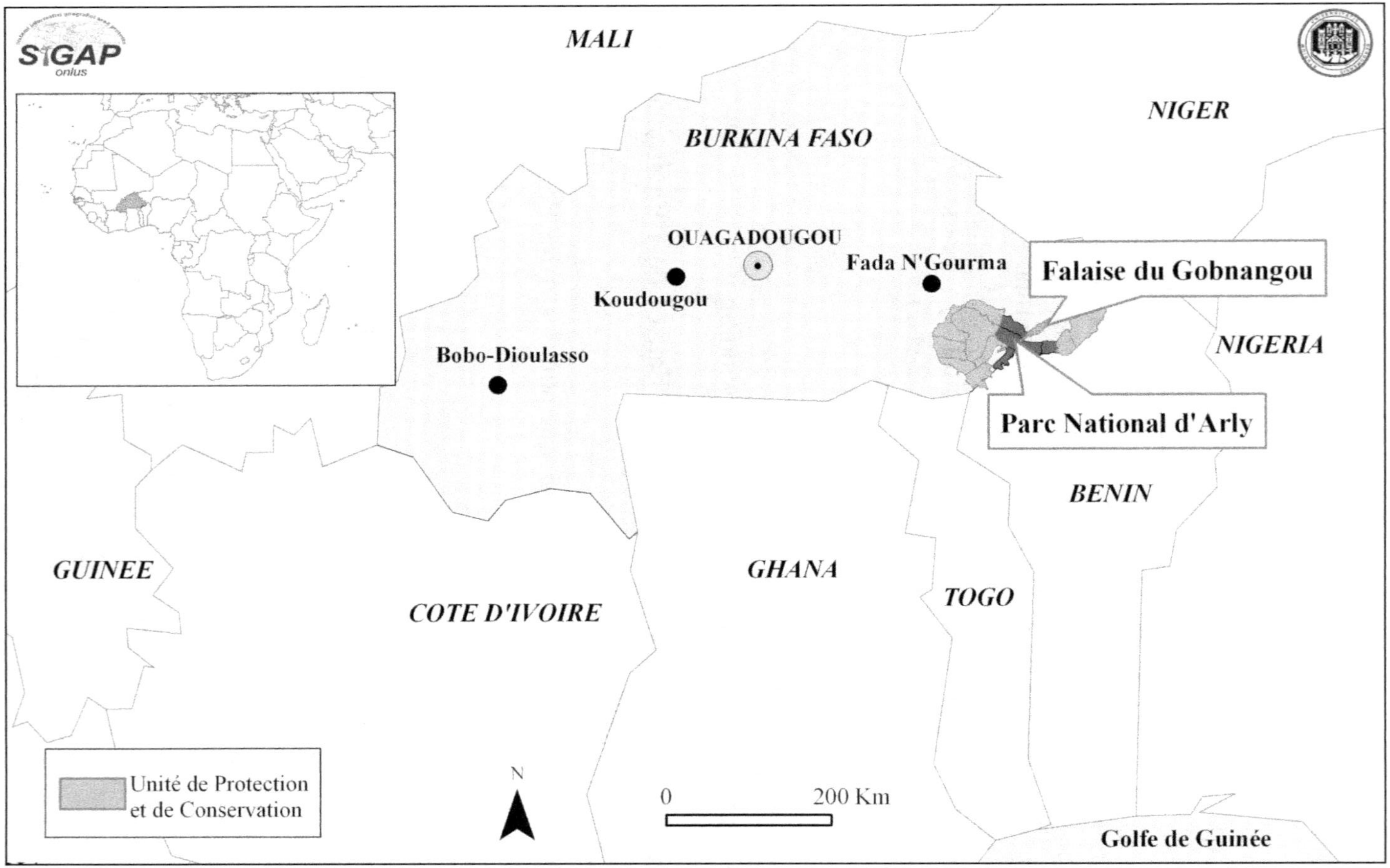

COLLECTION ETUDES AFRICAINES

Directeurs

Denis Pryen et François Manga

ABDOU DIOUF ET L'ORGANISATION INTERNATIONALE DE LA FRANCOPHONIE
Discours, Allocutions, Conférences
Textes rassemblés par Lamine Tirera

ABIDJAN, DAKAR : DES VILLES À VENDRE ?
La privatisation made in Africa des services urbains
Brigitte Bertoncello, Sylvie Bredeloup, Jérôme Lombard - Préambule de Xavier Crépin - Préface d'Annick Osmont et Jean-François Langumier

ACCÈS À L'EAU SAINE: UN DROIT HUMAIN AU BURKINA FASO (L')
Micheline Lopa Dufrenot - Préface de Monique Ilboudo

ACTION DES SYNDICATS PROFESSIONNELS EN AFRIQUE NOIRE FRANCOPHONE (L')
Henri Joël Tagum Fombeno

ACTIVITÉS INFORMELLES EN RÉPUBLIQUE CENTRAFRICAINE (LES)
Pierre Pigeon - Préface de Marc Penouil

ADAR PRÉCOLONIAL (RÉPUBLIQUE DU NIGER) (L')
Contribution à l'étude de l'histoire des états Hausa
Djibo Hamani

ADMINISTRATIONS PUBLIQUES AFRICAINES (LES)
Sortir de l'inefficacité: le cas du Bénin
Judith Houedjissin

AFAR (LES)
de la préhistoire à la fin du XVè siècle
Ali Coubba

AFFAIRE DES 315 MAGISTRATS DE KINSHASA (L')
Une purge néo mobutiste
Jean-Pierre Kilenda Kakengi Basila - Préface de Mutoy Mubiala

AFFAIRE DU CAMEROUN SEPTENTRIONAL (L')
Cameroun/Royaume-Uni
Anicet Oloa Zambo - Préface de Jean-Paul Messina

AFRICAINES DANS LE DÉVELOPPEMENT (LES)
Le rôle des femmes au Nigeria
Benedicta Tariere Peretu

AFRICANITÉS HÉGÉLIENNES
Alerte à une nouvelle marginalisation de l'Afrique
Gilbert Zué-Nguéma - Préface de Jean-François Kervégan

AFRIQUE : LE SPECTRE DE L'ÉCHEC
Cheikh Yérim Seck

AFRIQUE : LES STRATÉGIES FRANÇAISE ET AMÉRICAINE
Niagalé Bagayoko-Penone

AFRIQUE À L'ÈRE DU SAVOIR (L')
Science, société et pouvoir
Jean-Marc Ela - Préface de Hubert Gerard

Sommaire

INTRODUCTION

Lorsque les compétences se rencontrent et s'entrelacent

Cet ouvrage présente des éléments novateurs qui ne peuvent pas échapper au lecteur.

Le premier élément est l'aire d'étude : il s'agit de la falaise du Gobnangou, une zone peu étudiée, qui a uniquement reçu une attention très vague par rapport à son rôle social pour les Gourmantchés qui vivent au pied de son talus. Dans le passé, cette zone fut l'objet d'études disparates tantôt sur des villages isolés, par rapport à ses caractéristiques morphologiques, ou encore sur son insertion historique dans un contexte social plus ample. Dans ce livre, pour la première fois, à travers des études géographiques, qui montrent le territoire comme un cadre susceptible d'éclairer l'histoire des hommes, émerge son rôle d'ordonnancement des pratiques et des rapports sociaux.

Le deuxième concerne la typologie de la recherche : cette étude est avant tout participative. Elle est réalisée par une équipe de chercheurs qui a effectué des séjours prolongés et continus dans les villages afin de procéder à des investigations approfondies menées avec les habitants de ces lieux. Il a ainsi été possible de comprendre et de relier les préoccupations des chercheurs à la capacité des habitants à transmettre les savoirs traditionnels et à mettre en exergue les connaissances locales sur le territoire. L'objectif poursuivi en effet, n'était pas celui de conduire une étude anthropologique qui aurait dans ce cas, permis de récupérer un patrimoine transmis par les sources orales. Il s'agissait plutôt de révéler le territoire de la falaise comme le prototype d'une culture africaine qui, bien que tributaire du passé, s'adapte également aux contraintes de la modernité dans le sens des valeurs provenant de la tradition. En fait, aujourd'hui la falaise ne constitue pas seulement une aire qui, en raison de sa marginalité, a pu préserver avec le temps des institutions politiques anciennes telles que les chefferies. Elle est également une aire stratégique pour la protection de l'environnement puisqu'elle constitue la périphérie du Parc National d'Arly appartenant à un ensemble d'aires protégées (Pendjari et W) qui forment le Complexe WAP. Dans cette optique, il apparaît que le Gobnangou constitue le lieu où se créent les valeurs et les normes sur lesquelles se fonde le rapport à l'environnement des Gourmantchés. Ce rapport va du mythe d'un enracinement dans la nature à celle de la responsabilité dans sa conservation. L'importance opérationnelle de cette découverte tient notamment à la reprise des savoirs locaux en vue du développement social et de la protection de la nature. Cependant, dans la plupart des cas, les projets de développement sont mis en œuvre par des instruments inadéquats. La méconnaissance des réalités socio-territoriales des périphéries des aires protégées n'a pas toujours facilité ni les politiques de protection de l'environnement, ni la lutte contre la pauvreté des populations riveraines. Cette insuffisance se doit d'être comblée par des recherches qui se construisent sur de nouvelles formes d'approches environnementales, facilitant aussi bien l'identification des problématiques de protection de l'environnement, que des dynamiques socio-territoriales.

La troisième nouvauté est indubitablement liée à cet aspect : c'est effectivement la première fois que des chercheurs de différents champs disciplinaires, aux statuts académiques divers – des professeurs aux étudiants doctorants – se prêtent à une expérimentation fortement structurée, en vue de l'appréhension des changements et des objectifs de développement dans une aire. Il s'agit d'une analyse de terrain qui, partant d'options théoriques spécifiques, assume « le paysage comme une unité de planification » et établit le schéma méthodologique à travers lequel la récolte et l'analyse des informations vont s'effectuer. Ce long travail s'est déroulé durant trois saisons sèches (2005-2008) auxquelles ont pris part différemment tous les membres du groupe de recherche. La finalité a été la construction d'une base de données relative aux aspects méconnus, sur laquelle pourrait s'appuyer la construction des modèles et des représentations locales. De telles représentations ont fait l'objet de séminaires de formation au cours desquels, des jeunes chercheurs ont profité de l'émergence des éléments critiques pour recentrer leurs travaux. D'autres moments d'échanges intellectuels ont été ceux relatifs à l'organisation d'évènements publics pour tester la capacité communicative du groupe de recherche et l'influence que l'innovation de l'étude avait sur les participants, qui par moment ont collaboré à l'élaboration des résultats. En somme, assumant l'importance du dialogue propre à l'*arbre à palabres*, nous avons tenté de construire une recherche beaucoup plus participative et la plus ouverte possible. Cette option a été également suivie au moment de la présentation finale des résultats, comme nous le verrons ci-dessous. Tout ceci a été possible dans le cadre du programme de recherche établi entre le 2iE (Ouagadougou, Burkina Faso, responsable prof. Samuel Yonkeu) et l'Université de Bergame (Italie, responsable prof. Emanuela Casti), et intitulé *Outils pour la prise de décision dans la protection environnementale : le Complexe WAP*. Les deux institutions, utilisant leurs compétences respectives d'ingénierie environnementale pour le 2iE et de géographie sociale pour l'Université de Bergame, ont rapproché leurs compétences pour focaliser spécifiquement leur attention sur les ressources naturelles ou sur celles anthropiques, créant une forte collaboration qui mérite d'être signalée.

Ce résultat a été également possible grâce à une quatrième innovation : la visualisation de l'aire d'étude à travers une cartographie expérimentale qui, tout en accueillant et développant les possibilités offertes par les nouvelles techniques de cartographie informatisée, a pu récupérer le sens du paysage. Nous faisons référence à la création de cartes participatives multi-scalaires (régionale, locale, c'est-à-dire des terroirs villageois), destinées en premier lieu à illustrer la recherche mais qui, chemin faisant, sont apparues comme un système de capitalisation et de négociation pour les tables de concertation auprès des communautés locales. En effet, l'approche méthodologique adoptée, c'est-à-dire la *Stratégie SIGAP* (Systèmes d'Information Géographique pour les Aires Protégées), conçue par l'Université de Bergame, considère les aspects environnementaux et socio-territoriaux dans une dynamique d'ensemble et récupère leur complexité dans la représentation visuelle de l'information géographique à travers les SIG. La SIGAP donne beaucoup d'importance : i) à la typologie des données qui vont construire l'information ainsi qu'aux outils permettant de les obtenir (observations directes, enquêtes de terrain, cartes participatives, etc.) ; ii) à la façon dont l'information est visualisée dans la cartographie SIG, à travers des icônes figurales et des visions paysagères ; iii) à des logiciels cartographiques, qui analysent et modélisent les données socio-territoriales afin de produire des informations ultérieures qui serviront de base pour la construction d'outils de gestion. L'utilisation de la *Stratégie SIGAP* a favorisé aussi bien la construction d'instruments de gestion participatifs de la périphérie des aires protégées que l'ouverture de nouvelles pistes dans la recherche de terrain.

Afin de donner une cohésion au travail scientifique, ce livre présente une réflexion et une argumentation collective structurées en trois parties comprenant chacune des chapitres. La première, qui s'intitule *Horizons méthodologiques et perspectives disciplinaires*, est composée de trois chapitres : le premier fait une esquisse de la méthode de recherche sur l'aire périphérique du Gobnangou (Emanuela Casti), le second présente la recherche sur l'UPC Arly (Samuel Yonkeu), le troisième enfin étudie l'intégration des SIG et de la télédétection et montre les potentialités du 2iE dans ce domaine (Conchita Kêdowidé). La deuxième partie – *Contexte historique et dynamiques émergentes* – comprend le quatrième chapitre qui donne un aperçu du contexte historique de la création du Parc National d'Arly (Federica Burini), le cinquième qui traite des dynamiques démographiques caractérisant l'aire du Gobnangou (Alessandra Ghisalberti) et le sixième s'intéresse à la conflictualité entre gestionnaires du parc et habitants du lieu pour l'usage des ressources naturelles (Olivier Lompo). La troisième partie, enfin – *Protection environnementale et perspectives de développement local* – débute avec le chapitre sept, qui explore les enjeux environnementaux (Marius Sagbohan et Samuel Yonkeu) ; tandis que ceux introduits par la décentralisation sont abordés dans le chapitre huit (Francesca Falzarano) et, enfin, le neuvième chapitre porte sur la création d'un système touristique de l'UPC Arly (Ileana Villa).

Il est donc évident qu'il s'agit du résultat d'une organisation collective de la recherche à l'intérieur de laquelle chaque chercheur a construit de façon cohérente son domaine d'intervention. Cette orientation a pour finalité la mobilisation de modèles propres à la recherche scientifique – énonciation théorique, cohérence méthodologique, pertinence des résultats et modalité communicative adéquate – et leur traduction en propositions opérationnelles susceptibles de tenir lieu de projets de gestion dans lesquels la participation des populations locales serait primordiale.

Dans l'étude que nous présentons ici, l'aire du Gobnangou est perçue comme un laboratoire de nouvelles tendances à analyser et comme l'espace d'une interaction possible entre développement local et protection environnementale, entre tradition et modernité. En définitive, le rappel de la perception de la nature chez les Gourmantché met en relief leur attachement à la préserver, scénario unique d'un monde en mutation où l'Afrique contribue à indiquer la voie en vue d'une meilleure gestion des changements environnementaux actuels.

PREMIERE PARTIE

HORIZONS METHODOLOGIQUES ET PERSPECTIVES DISCIPLINAIRES

Chapitre 1

Le paysage comme unité de planification du Parc National d'Arly : la falaise du Gobnangou

1. Gobnangou : la falaise qui « accueille autour de soi »

A un voyageur distrait provenant de Diapaga, l'apparition soudaine de la falaise du *Gobnangou* produit un grand impact visuel : le profil qui se dessine à l'horizon rompt le rythme lent du paysage agraire du haut plateau et oriente le regard vers le talus qui se développe sur environ 70 km de Tambaga, grand village localisé à ses pieds à l'est, jusqu'aux limites du Parc National d'Arly[1], vers l'ouest[2]. Le *Gobnangou* constitue l'élément capable d'ordonner et communiquer le paysage dans l'esprit de l'observateur. Sa compréhension dépend, cependant, de l'investigation que ce dernier est disposé à faire. Il ne devrait pas se contenter des aspects visuels ni se limiter aux catégories esthétiques, il devrait plutôt désirer accéder au sens social du paysage tout en intégrant les valeurs qui lui sont assignées par les communautés locales.

Gobnangou en langue gourmantché[3] signifie « rapprocher de soi pour mieux surveiller et protéger », et le chapelet de villages qui caractérise la plaine environnante confirme l'attraction qu'elle a exercé avec le temps.

---

[1] Il s'agit d'une entité sans statut au plan juridique, étant nommée de plusieurs façons par les institutions y intervenant (Parc National d'Arly, Parc Arly, Unité Arly, etc.). On a ici choisi la dénomination Parc National d'Arly car utilisée par le Ministère de l'Environnement et du Cadre de Vie du Burkina Faso (MECV, 2005a, b) pour identifier l'Unité de Protection et de Conservation Arly, le système d'aires protégées localisé dans la Région de l'Est burkinabè et comprenant : les Réserves Totales de Faune d'Arly et de Madjoari et les Concessions de Chasse de Koakrana et de Pagou-Tandougou, pour une surface totale de 1.530 km^2. Sont également présentes six Zones Villageoises d'Intérêt Cynégétique (ZOVIC) dans les villages de : Piéni, Morideni, Madjoari, Tambariga et Moabou (qui en possède deux). Pour plus de détails sur les aspects environnementaux, nous renvoyons au Chapitre 2 de ce volume.

[2] La falaise, après s'être interrompue sur quelques kilomètres à l'intérieur du parc, réapparaît dans la périphérie occidentale de celui-ci – précisément dans la zone de Madjoari – avec des altitudes supérieures par endroit à 250 m. Par exemple, la butte résiduelle *I tantatuari* dans le village de Tambariga culmine à environ 270 m. Dans le versant septentrional – zone de Yobri – il apparaît comme une rupture de pente rocailleuse qui, avec ses 230 m de hauteur, constitue un obstacle pour la communication entre les villages des deux versants. Inversement, sur le front méridional, les flancs du Gobnangou sont moins abrupts et les parcours qui portent à la cime sont plus accessibles.

[3] Il s'agit du *gourmantchéma*, idiome parlé par le groupe ethnique gourmantché habitant l'ancien royaume du Gourma – dont les transcriptions phonétiques les plus répandues sont aussi Gulmu et Gulma – situé dans l'Est burkinabè. Pour plus d'informations sur l'histoire et l'organisation territoriale des Gourmantché, nous renvoyons à : Chantoux, 1966 ; Madiéga, 1982.

Tout concourt, donc, à indiquer son rôle catalyseur, soit pour l'observateur extérieur, soit pour l'habitant local. Si, pour l'étranger, elle indique la place et la direction à prendre, pour l'habitant du lieu, son importance est plus grande encore : c'est l'élément duquel dépendent sa reproduction physique et sa reproduction sociale. La facilité d'accès, en raison de l'uniformité du haut plateau dans lequel la falaise est insérée, peut constituer un facteur attractif pour le choix du site ou l'implantation des villages. Leur positionnement dérive sûrement de la connaissance des conditions les plus favorables pour s'installer à son piémont : jouir de la facilité de communication dans la plaine, sans ressentir des dangers d'inondation, ni des éboulements des zones escarpées ; disposer de l'eau de source qui constitue des réserves hydriques pendant toute l'année ; se servir de la végétation spontanée, comme une ressource de survivance ; avoir dans les environs une zone élevée de refuge et de défense pendant les périodes de conflits. Pourtant, tout ceci semble négligeable par rapport au rôle symbolique que les habitants du lieu attribuent à la falaise : *Gobnangou* est générateur des mythes fondateurs des villages ; *Gobnangou* garde les valeurs sacrées qui inspire la tradition ; *Gobnangou* présuppose l'exercice du pouvoir traditionnel ; *Gobnangou* établit les normes pour un rapport équilibré avec la nature. *Gobnangou* est un toponyme qui condense et véhicule une pluralité de significations sociales : à travers ce qui a été défini comme *processus de topomorphose*, les valeurs culturelles, qui avec le temps se sont sédimentées sur la falaise et s'expriment aujourd'hui à travers son nom, se reproduisent dans la société à travers son organisation et son fonctionnement[4].

Il est donc évident que la falaise assume le sens social du paysage, et renvoie aux instances identitaires des Gourmantché installés à ses pieds et l'ayant assumée comme fondement de leur propre vie.

Tout ceci se fait dans la perspective d'accéder au paysage comme unité de planification qui garantit tant la protection environnementale du Parc National d'Arly que le développement local de la région qui l'entoure.

2. Les valeurs paysagères de la falaise du Gobnangou

2.1. Mythe et paysage

L'importance du mythe dans la régulation sociale, mise en relief par quelques chercheurs, conduit à évaluer la construction du territoire chez les Gourmantché à travers le signe de la sacralité de la falaise[5]. En effet, il a été

---

[4] Sur la *topomorphose*, c'est-à-dire une spécification sophistiquée du processus de symbolisation, se référer à : Turco, 2001a.

[5] Sur la récupération du mythe en géographie, voir particulièrement Berdoulay, Turco, 2001.

relevé que, à travers la construction du territoire et, donc, l'attribution de sens à la nature, la société africaine crée des expressions très fortes représentant la spiritualité non seulement comme le fondement moral, mais aussi comme une logique de la vie et de reproduction sociale. Les principes garants de l'ordre et les normes qui définissent le fonctionnement de la société résultent du mythe qui constitue, par conséquent, le régulateur de la vie communautaire et des actions garantissant, *in primis*, la mise en valeur du territoire.

Nous ne pouvons pas, dans ce chapitre, nous arrêter de manière exhaustive sur toutes les phases du processus territorial gourmantché – évoquées par ailleurs dans les pages suivantes – mais nous voulons insister sur la persistance et la centralité du mythe comme modèle narratif dans cette société. Sur le plan descriptif, il informe sur les principes et, sur le plan normatif, il prescrit les règles à travers lesquelles la transformation du territoire doit s'accomplir : dans le premier cas, il se réfère à la volonté supérieure qui a rendu possible l'installation ; dans le second, il établit la légitimité des actions territoriales en conformité avec ce lien. Rappelons en effet que, dans les sociétés à dominance mythique, le rapport qui s'instaure avec la Terre est l'expression même du rapport avec la divinité. Il n'est pas permis de faire ce que l'on veut de la terre et sur la terre : une œuvre de transformation doit être compatible avec le système de représentations contenues dans le mythe. Par conséquent, l'agir territorial assume une sorte de double sens : signe de la bienveillance divine qui permet sa réalisation, mais, en même temps, rappelle que la responsabilité de l'agir doit se faire de manière synchronique avec la nature (Turco, 2001b). On ne doit pas omettre que le fondement mythique repose sur le fait que la réalité géographique possède une qualité intrinsèque : elle doit être le cadre de l'action humaine qui observe et interprète la volonté divine dans le plein exercice de son autonomie propre. Elle certifie le passage d'un univers mythique à la réalité historique où le processus de territorialisation réfute l'existence d'une voie qui va de la reconnaissance de la générosité de Dieu, à celle d'une éthique de la responsabilité humaine envers la nature (Blumenberg, 1991). En somme, la légitimité d'habiter un endroit ne tient pas exclusivement tributaire du pacte originaire créé avec la divinité, mais elle dépend de l'agir qui doit être conforme à la volonté divine.

Alors, on comprend que « l'animisme africain », en plus de reconnaître une âme[6] à la nature, est surtout un instrument sophistiqué d'apprentissage de la réalité, donc de rationalisation et de connaissances offertes au groupe social entier[7]. En effet, l'individu n'est pas abandonné à lui-même pour affronter le risque de l'erreur, mais c'est la société entière qui assume un tel danger en le surveillant pour qu'il n'échoue pas. Ceci est obtenu grâce à

[6] Comme soutenu pendant longtemps par certains auteurs dont : Lenoble, 1969.
[7] Sur cette thèse voir : Turco, 1999a.

l'éclairage de la tradition, véritable grammaire sociale pour traduire le mythe dans l'Histoire. Un ensemble extrêmement riche de savoirs, assurant le fonctionnement et la reproduction de la collectivité, minimisant le risque en adoptant une structuration sociale ancrée sur la généalogie du lignage, c'est-à-dire les ancêtres fondateurs du village, à savoir : les anciens, spécialistes de la parole, gardiens des lieux de culte et techniciens de la sacralité (prophètes, visionnaires, divins, etc.). Le principe du droit d'aînesse constitue donc la charnière par laquelle la société s'insère dans l'ordre cosmique de la nature et, en même temps, structure les rapports sociaux.

Sur la base d'un tel principe, la falaise est un lieu riche de significations, lesquelles sont transmises par une *sémiosis* qui la transfère d'un plan dénotatif un autre connotatif, c'est-à-dire culturel. En bref, à travers les anciens, s'active le *processus de topomorphose* précédemment explicité qui fait de l'espace naturel une source de légitimation. Les règles établies, les paroles inspirées, les décisions prises dans un lieu déterminé acquièrent les caractéristiques de la sacralité qui informent de la pratique sociale. En substance, la *topomorphose* se montre comme un puissant outil d'élaboration de la tradition qui prévoit et perpétue l'organisation et la hiérarchie politique d'une société.

Pour nous donc, se référer au paysage de la falaise signifie récupérer le mode à travers lequel la valeur mythique du fondement de la territorialité gourmantché est posée et représentée. Rappelons, en effet, que la relation entre territoire et paysage se révèle au niveau communicatif : le territoire est le résultat d'un processus de transformation spatiale réalisé par un acteur social dont la multiplicité d'actes n'est pas toujours visible. Le paysage, en retour, est sa manifestation empirique qu'un observateur communique par le moyen d'une représentation (Fig. 1). Ainsi, le paysage peut être défini comme la forme visuelle et la représentation du territoire, car il est étroitement lié à la présence d'un observateur. Examinons brièvement ce point.

La formation et la communication du concept de paysage peut être une activité consciente et articulée ou, au contraire, une forme de connaissance pratique, une sorte de compréhension de ce qui participe à un système culturel donné. Dans tous les cas, cette compréhension est à l'origine de la prise de conscience du paysage. Le territoire, par le fait d'être un *bien culturel*, devient dans sa forme paysagère, une *valeur* grâce à l'intervention de l'observateur qui l'interprète[8] de façon consciente.

---

[8] L'observateur, en tant que sujet coopératif, est défini *insider* ou *outsider* : le premier correspond à celui qui participe à la construction du paysage, le second est le spectateur extérieur qui veut l'apprécier esthétiquement et/ou, éventuellement, est intéressé à le valoriser (Cosgrove, 1984).

Figure 1 – Le paysage comme représentation du territoire

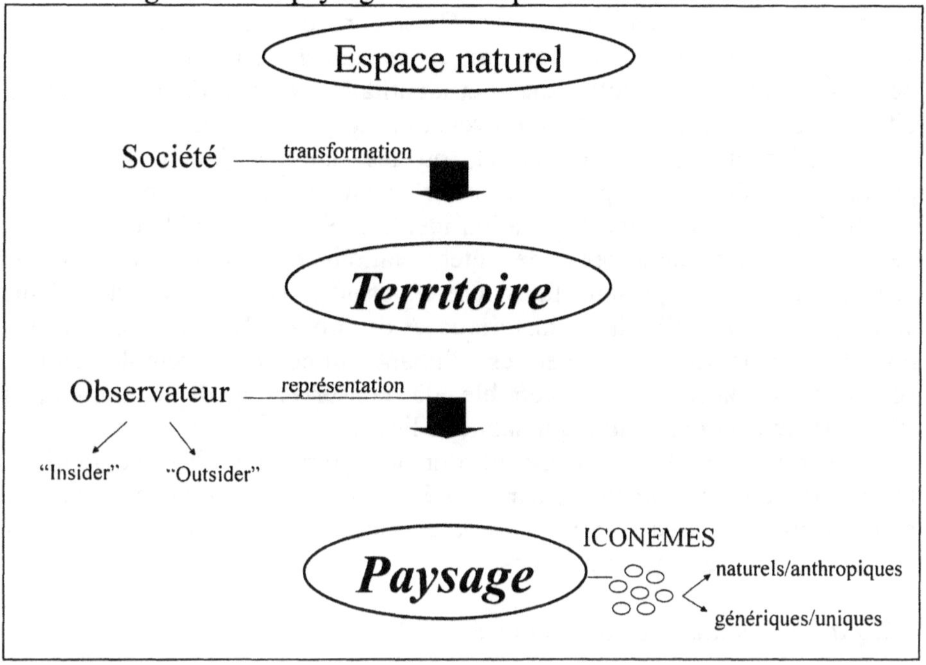

L'action de l'observateur est de type coopératif, puisqu'il ne transmet pas seulement ce que le regard enregistre, mais plutôt ce qu'il élabore sur la base de certaines valeurs propres tout en y mettant un investissement intellectuel[9]. A ce propos, Augustin Berque souligne que le paysage « nous le percevons non point tel qu'en lui-même est l'environnement, mais au moyen des organes de nos sens, d'abord la vue » (Berque, 1995, p. 24) en mettant en exergue le problème sensoriel du sujet. En insistant sur la centralité du regard dans l'organisation du paysage en unité de signification, il confirme que le résultat de cette observation ne provient pas de l'ensemble des éléments qui composent le paysage, mais plutôt de ceux qui sont perçus comme significatifs, c'est-à-dire des *iconèmes*[10], dont l'importance dérive de l'expression et de la transmission visuelle de la valeur culturelle du paysage. Donc, la totalité – qui est une qualité intrinsèque du paysage – n'est pas une donnée beaucoup moins immédiate, mais une construction, une conquête

[9] De telles élaborations intellectuelles récupèrent les instances tant scientifiques qu'artistiques appelées par Augustin Berque *médiance* et définies précisément comme le « complexe orienté à la fois subjectif et objectif, physique et phénoménal, écologique et symbolique » (Berque, 2000, p. 32).

[10] Les *iconèmes* en rapport à l'objet qu'ils individualisent, peuvent être naturels ou sociaux et/ou, sur la base de leurs fréquences, génériques ou uniques. Ces unités qui organisent et communiquent la signification sociale du paysage ont été définies par : Turri, 1998, p. 170-75.

intellectuelle authentique à travers de laquelle le sujet interprète ce qu'il voit et nous le communique en parlant de soi, de son passé et de ses aspects futurs dans une dimension sociale. C'est sur ce plan que se déploie la signification sociale du paysage qui, en se rattachant à un rôle esthético-perceptif, renvoie à un autre, social et identitaire. On peut donc affirmer, en citant Eugenio Turri, que la forte évocation du paysage dérive du fait qu'il nous exhibe un spectacle théâtral, où les hommes jouent le rôle de protagonistes de scène capables de narrer les rapports de soi au monde.

Il s'agit d'une véritable narration identitaire où l'ensemble des valeurs, des sens, des connaissances et des interprétations, renvoie aux trois niveaux sémantiques (passé, présent, futur) qui exposent le paysage doté de valeurs anthropologiques, d'héritage historique et de projets. Le paysage transmet donc les valeurs du territoire en les exhibant soit comme ensemble culturel, soit comme patrimoine susceptible de conserver et de communiquer l'identité de la communauté qui habite le lieu[11].

C'est clair que le paysage, fruit d'un acte communicatif – accompli par un observateur vu comme acteur coopérant –, est le résultat d'un bagage culturel précis possédant toutes les valeurs qui caractérisent une société, y compris les valeurs métaphysiques.

2.2. Paysage et identité gourmantché

Dans cette acception, le *Gobnangou* est un puissant vecteur identitaire interprétable sur un double plan : i) c'est moyen de cohésion par rapport à l'extérieur, du moment que la falaise est montrée comme l'élément caractéristique de cette ethnie dispersée dans le Gourma ; ii) c'est aussi un moyen de distinction interne, puisqu'il rappelle le mythe fondateur, identifie l'unique village auquel assigner les pratiques symboliques qui ont cours sur son versant. En somme, chacun des villages entretient un rapport spécifique avec la falaise qui concourt, au même moment, à consolider de façon générale toute l'aire du *Gobnangou.* A une interprétation univoque d'appartenance, se rapportent d'importantes nuances locales qui relancent, dans une dimension multi-scalaire, le rôle social de la falaise. Pour un village donné, la falaise est l'ancrage qui soutient son processus de développement tout en l'accommodant aux pressions provenant de la modernité. Dans le même temps, elle le fixe aux origines et confirme son appartenance au réseau villageois traditionnel[12]. Au niveau régional, *Gobnangou* recouvre un sens sacré qui se distingue, d'une façon ou d'une autre, de celui de *Pagou*, petite élévation présente dans les environs et

---

[11] Sur cette idée, de nombreuses études, notamment françaises, ont produit une multitude de réflexions. Entre autre, nous faisons référence à : Raffestin, 2005.

[12] Groupe de villages (soumis à l'autorité du chef politique du village-mère) structuré sur la base des valeurs traditionnelles.

reconnue comme ayant un pouvoir mystique. Ce dernier, dont le nom, « honores-moi et tu obtiendras toujours ce que tu demandes », évoque l'espérance attribuée à tous les Gourmantché de l'Afrique Occidentale. Il est l'endroit éminemment représentatif du sens de la sacralité comme source d'inspiration et de solution aux difficultés que l'homme doit affronter au cours de son existence. La sacralité du *Gobnangou*, par contre, renvoie aux mythes fondateurs et à la normalisation des rapports avec la Terre. Elle constitue donc le modèle environnemental sur lequel l'on peut construire et exercer une autonomie vis-à-vis du monde. En effet, il faut se rappeler que le discours identitaire ou l'identité que produit le territoire répond à l'adaptation à un modèle – environnemental ou social – selon la prédominance des valeurs auxquelles une société est attachée. Ce rappel permet de définir le contexte dans lequel – et à travers quelles procédures – l'on peut consolider ou développer le sens de l'appartenance[13]. Dans le cas de la falaise, il est évident que ce modèle dérive des valeurs naturelles qui, de par la *topomorphose*, sont devenues sociales et s'expriment dans la territorialité. C'est l'ensemble des aspects culturels déposés qui, en se répercutant sur le territoire, façonnent le comportement, tout en établissant la quintessence sociale du rapport sacral de la nature avec le droit d'habiter un lieu[14].

Nous avons rappelé que *Gobnangou* indique l'endroit où résident les *divinités de la nature*. La végétation et le talus de la falaise accueillent de nombreux *iconèmes* représentés par des *obulo*, les lieux sacrés : *Utanfalu* (la grotte mystérieuse), *Pundougou* (les chutes d'eau des rites d'initiation), *Tanfoldjaga* (le lieu de trnasmission des pouvoirs mystiques), *Kuoli* (le monceau de pierre sur lequel les rites sacrificiels sont effectués). La falaise est un lieu mythique et rituel, un lieu auquel n'accèdent que peu de personnes privilégiées. Il est visible à tous, mais seules peu de personnes sont habilitées à décrypter son sens secret : ce sont les autorités des villages, c'est-à-dire ceux qui détiennent le pouvoir religieux (*perkiamo* et/ou *parkiamo*) ou politique (*bado* et/ou *nikpelo*), qui sont habilités à entretenir des rapports et à faire émerger les recommandations pour leurs opérations[15].

---

[13] On retrouve ici le processus par lequel le discours identitaire s'est construit : le territoire, qui constitue un bien culturel, exprime sa valeur par le paysage qui, à son tour, régule et renvoie au modèle de l'identité sociale. Un tel modèle, mis en relation avec les valeurs se rapportant principalement à l'agir humain (l'histoire, les artefacts matériels, la transformation de l'espace), est défini comme étant d'ordre social ; par contre, quand il renvoie à la nature et à la conservation de ses ressources, il est d'ordre environnemental. Voir à ce propos : Turco, 2002.

[14] Les réflexions sur la territorialité sont reconnues à : Raffestin, 1977 ; 1986. De telles idées ont connu quelques spécifications ; celles qui se réfèrent à l'Afrique sont relatives aux travaux de : Turco, 1999a.

[15] Le *perkiamo* est le premier défricheur, tandis que le *parkiamo* désigne la personne devant opérer lors des sacrifices sur les lieux sacrés. Le *bado* est le chef politique au niveau tant du royaume que du village. Le *nikpelo*, par contre, est un référent (le doyen) d'une installation

Il s'agit des lieux qui ont été révélés au *nikpelo* par les *divinités de la nature* à travers une incarnation sous la forme d'un animal ou de signaux, décodés par les géomanciens (*tambipwaba*) et retenus par le *nikpelo* comme endroit idéal pour la fondation et l'implantation humaine. De cette manière, la falaise témoigne et confirme le statut social des villages qui se localisent au pied de son talus. Elle perpétue la tradition et l'attachement aux valeurs sur lesquelles la société gourmantché est fondée.

Le rôle symbolique du *Gobnangou* est également perceptible dans les actions territoriales qui ont conduit à la fondation des villages : la présence de champs cultivés, parcourus par des réseaux de sentiers garantissant l'accessibilité aux différentes installations, est le résultat d'un agir territorial qui distingue la zone anthropisée de celle restée à l'état naturel (sauvage). En effet, si les voies de communication serpentent le pied du talus de la falaise, ses flancs sont préservés dans leur état naturel[16] : seuls quelques sentiers s'aventurent entre la végétation et permettent de rejoindre les villages situés sur la cime ou dans la partie méridionale. On peut y accéder à travers des ravins très étroits comme celui de *Utanfolbu*, dont la légende du mythe fondateur raconte qu'il a été découvert par un chasseur, personne investie de pouvoirs mystiques dans l'exercice de son activité[17].

Gobnangou transmet une gamme variée de renseignements importants qui découlent des savoirs sécuritaires que les populations transfèrent soigneusement de génération en génération. Voici pourquoi la falaise nous relate les rapports que les villages y ont instaurés avec le temps. Au-delà de leur localisation – comme nous venons de le mentionner – ces renseignements proviennent également de la connaissance des meilleures qualités dont un territoire doit disposer pour favoriser l'installation. Elle a assumé un rôle de refuge (Madiéga, 1982), pendant les guerres intestines qui ont émaillé la zone durant la période précoloniale. La protection qui y est garantie par les présences métaphysiques de la nature a été développée à travers des sites comme *Sapiakpéli* (ancienne construction de défense) ou *Soguilafoli* (anciens greniers dans la roche), qui tenaient lieu de cachette pour les personnes et/ou les choses. Mais la falaise nous amène à parler de l'avenir des villages dans la mesure où le terme *Gobnangou* signifie également « réserve de terre », puisque offrant partiellement sur son sommet des zones fertiles aux habitants des villages confrontés à une pression démographique de plus en plus élevée.

---

villageoise. Quand une telle autorité exerce les rites religieux dans un village à la place du *bado*, il prend le nom de *parkiamo*.

[16] Une voie a été projetée par des missionnaires dans le village de Tambaga pour relier le versant septentrional à celui méridional mais elle n'a pas été réalisée.

[17] Le chasseur, en effet, pour mener sa propre activité se doit d'établir un pacte avec les génies de la nature qui le dotent de pouvoirs d'invisibilité afin de lui permettre de se défendre ou de chasser les bêtes féroces.

En définitive, la culture gourmantché a réussi à installer sans faille le mythe dans l'histoire, à travers une réflexion sur la territorialité qui témoigne d'une véritable culture de l'action. Il s'agit d'une culture politique profondément intégrée à la spiritualité et qui crée les conditions géographiques de sa propre existence physique et de sa légitimation identitaire (Turco, 1999b). Une telle connaissance est figurée dans les danses et dans les aspects rituels destinés à mettre en relief les composantes mythiques *d'habiter la terre* et aussi à présenter l'identité du groupe aux visiteurs occasionnels qui ont acquis une crédibilité auprès des populations[18]. Sous *l'arbre à palabre*, les danseurs parés de vêtements ornés de symboles traditionnels (peaux et cauris) imitent, au rythme des tambours, les animaux de la brousse : des lions aux caïmans et tortues, des tourterelles aux rats. De telles représentations se lient au processus de fondation des villages, car les animaux imités constituent en partie les totems des principaux clans (*buolu*) desquels dérivent les lignages et, par conséquent, des liens familiaux structurant leur organisation. Viennent ensuite les savoirs et les connaissances que l'ethnie gourmantché a acquis et produits. Les femmes reproduisent la filature du coton à l'aide du fuseau et confectionnent des outils pour les travaux domestiques. Les hommes miment le travail des champs, activité cadencée au son du tam-tam (*gangali*) et des chants de chœurs qui la transforment en une pratique communautaire ; tandis que le *longa* (tambour aisselle) retentit en traduisant sous forme de rythme la liaison entre l'histoire, le mythe et le sens de la percussion. L'éphéméride produit s'entrelace avec les chants des musiciens utilisant le *korugu* (instrument à corde en crin de cheval) et des calebasses de percussion. A travers des paroles, ils transmettent le sens des gestes et des sons. Le *parkiamo*, référant religieux, conclut et scelle la représentation. Il affiche également ses propres savoirs en marquant le sable, en interrogeant les divinités afin de tirer les indications pour sa pratique divinatoire[19]. Il s'agit d'une mise en scène, d'une représentation qui confirme celle du paysage où la falaise constitue l'*iconème* autour duquel toutes les valeurs sociales et culturelles des Gourmantché se combinent pour faire émerger son modèle identitaire d'ordre environnemental.

---

[18] Il ne s'agit donc pas de manifestations à caractère rituel, secret et, pour ce fait, jalousement cachées telles que les rites d'initiation, d'intronisation ou autre, mais plutôt celles permettant de confirmer sa propre identité et d'exprimer surtout les rapports établis avec la nature.

[19] On ne doit pas oublier en effet que l'aspect religieux constitue la structure sur laquelle la société gourmantché se fonde : le *parkiamo* dans le village-mère et le *nikpelo* dans les autres installations sont les tenants des rites religieux. Par contre, le *tambipwalo* (géomancien) prédit, identifie, localise et détermine l'endroit propice pour le premier occupant.

2.3. Identité et perspective environnementale : l'UPC Arly

Nous avons affirmé que l'identité gourmantché s'appréhende à travers le paysage et se fonde sur un modèle environnemental qui prévoit le maintien d'un rapport équilibré entre l'anthropisation de l'espace et les ressources naturelles. Un tel modèle n'est pas l'apanage de cette ethnie ou de toute la société africaine en général – même s'il faut préciser que la composante mythique préserve la nature de l'action de destruction – mais c'est l'une des préoccupations et l'un des principes qui constituent l'enjeu le plus important de la mondialisation. En effet, les pays occidentaux considèrent la préservation de l'environnement comme l'une des voies à travers laquelle on peut lutter contre la pollution, et conserver la biodiversité menacée par une croissance et un développement économique sans précédent depuis de nombreuses décennies[20]. Il va donc de soi que, lorsque ces deux différentes sociétés agissent dans le même contexte pour la préservation de l'environnement, la possibilité d'agir conjointement, à partir de ce moment, est au bénéfice de tous.

Ceci est attesté dans l'aire que nous sommes en train d'analyser puisque dans la région du *Gobnangou* se trouve l'Unité de Protection et de Conservation Arly qui, de nos jours, se présente comme une des plus grandes zones sur lesquelles la politique environnementale du Burkina Faso se construit dans la perspective d'une conservation et d'une valorisation des ressources naturelles. Dans ce pays, la réforme de la politique de la protection environnementale, en particulier celle de la faune en 1995, définit le « parc » comme une aire protégée à partir de laquelle l'Arly est reconductible à : « une partie du territoire national classée au nom de l'Etat en vue de la conservation de la flore, de la faune, des eaux, des sols, des paysages ou des formations géologiques ayant une valeur scientifique ou esthétique »[21]. Conformément à la stratégie mondiale pour la conservation de l'environnement, cette politique vise trois objectifs prioritaires : le maintien des processus biologiques essentiels et des systèmes fondamentaux qui soutiennent la vie ; la sauvegarde de la diversité biologique et l'utilisation durable des espèces des écosystèmes. Dans cette perspective, la gestion de l'Unité de Protection et de Conservation Arly prévoit la collaboration de trois acteurs appelés à contribuer différemment à la conservation : l'Etat, le privé et les communautés locales. Il s'agit d'acteurs qui poursuivent un objectif commun, mais avec des logiques différentes. L'Etat privilégie une action productive sur le territoire en étant sensible aux pratiques de conservation environnementale qui associent des stratégies de

---

[20] Une telle position est mise en discussion à travers le concept de *développement durable*. Pour ce faire voir le rapport Brundtland (Commission Mondiale sur l'Environnement et le Développement, 1987).

[21] Loi n° 006/97 ADP, portant Code Forestier au Burkina Faso, article 85.

développement social. Les structures privées contribuent à la préservation des ressources naturelles en quantité et en qualité tout en privilégiant le profit économique à travers la gestion touristique et cynégétique. Les populations locales, conformément à la tradition, considèrent ces espaces naturels comme des zones de réserve et les préservent pour profiter des biens matériels et symboliques nécessaires à leur propre existence.

Ces différentes logiques exigent une concertation qui, au regard de l'objectif commun, individualise de façon spécifique les stratégies nécessaires à la poursuite d'une cogestion et d'une participation des populations. C'est pourquoi, la conceptualisation du paysage comme une potentialité peut donner une cohérence soit au projet de protection environnementale, soit au développement local des populations qui vivent en périphérie.

En effet, cette catégorie conceptuelle présente l'aptitude de réunir les stratégies de conservation et détermine à la fois les différentes logiques d'opposition qui y sont visibles : celles des services forestiers, donc, du parc, avec ses raisons, ses objectifs généraux et spécifiques de sauvegarde, ses approches de conservation stricte et aux multiples interprétations (techniques, juridico-institutionnelles, etc.), destinées à contenir le paysage dans sa dimension esthético-perceptive[22] ; celles des communautés locales qui agissent sur le territoire selon des règles de production et d'usage inspirées d'une longue tradition culturelle et fonctionnelle qui se manifeste dans le paysage à travers sa valeur identitaire et sociale. On doit souligner que ces logiques, bien que concurrentes, ne sont pas nécessairement antagoniques : il y a une marge pour éviter les conflits qui surgissent à partir d'une perception divergente de l'environnement. En effet, d'un côté, l'habitant, dans sa vision des choses, tend à réduire le parc à un système d'interdictions, puisque cet espace de la tradition est perçu par les services forestiers comme un endroit où les pratiques engendrent des phénomènes de dégradation plus ou moins dissipatifs. De l'autre côté, les services forestiers et l'habitant souhaitent tous atteindre le même objectif, qui est celui de la préservation de l'écosystème et du paysage. Arrêtons-nous sur cette question pour évaluer les implications théoriques et l'application d'un tel concept en partant de la reconnaissance de ce domaine au niveau international.

3. L'approche systémique : le paysage comme unité de planification

L'importance du paysage a été attestée par la plupart des organismes internationaux qui ont pour mission la protection de l'environnement et

[22] Les structures privées impliquées dans la protection peuvent être associées à l'Etat à partir du moment où leur présence est sous-tendue par un contrat révocable dont le contenu respecte les prédispositions de la réglementation environnementale.

l'aménagement du territoire (UNESCO, 1972 ; UICN, 1995 ; Conseil d'Europe, 2000). Ces institutions placent le paysage au centre de leur préoccupation dans les projets de protection environnementale associant le développement local. Plus précisément, l'attention pour le paysage fut définie en 1972 lorsque l'UNESCO s'est penchée sur cette question importante à travers la *Convention concernant la Protection du Patrimoine Mondial Culturel et Naturel,* dont la finalité est de protéger la culture comme patrimoine de l'humanité dans le cadre des stratégies mondiales (UNESCO, 1972). Vingt ans après, la réactualisation de cette convention confirme l'importance que les aspects culturels – ceux paysagers *in primis* – détiennent dans la construction de l'identité ; et, à partir des années quatre-vingt-dix, on a édifié des outils de recensement et de télésurveillance susceptibles de définir le patrimoine mondial.

Durant la même période, le Conseil d'Europe lance l'idée de la promotion des politiques paysagères et, en 2000, il élabore une *Convention Européenne du paysage* qui identifie les critères à travers lesquels le recensement et la protection des paysages devront se faire dans tous les Etats membres. Ce document, qui rappelle les conventions adoptées précédemment[23], montre les potentialités du paysage comme une catégorie systémique sur laquelle peuvent se construire tant pour la tutelle des biens culturels que pour la sauvegarde de l'environnement[24].

L'approbation d'une telle perspective de la part des organismes internationaux est la conséquence de l'acceptation des résultats scientifiques qui ont proposé le paysage comme concept globalisant, à l'intérieur duquel on définit l'écologie du paysage. Il s'agit d'un secteur de recherche qui, à partir d'une méthodologie interdisciplinaire et d'une perspective systémique, reconnaît au paysage la capacité à fournir des informations sur des valeurs aussi bien naturelles que sociales en lien avec la surface terrestre. Il faut préciser qu'un tel secteur ne s'est pas affirmée dans le seul domaine des sciences naturelles, mais elle a une signification heuristique à dominante anthropologique[25]. Sa principale caractéristique est donc la logique

---

[23] Convention sur la Conservation de la Vie Sauvage et du Milieu Naturel de l'Europe (Berne, le 19 septembre 1979) ; Convention pour la Sauvegarde du Patrimoine Architectural de l'Europe (Grenade, le 3 octobre 1985) ; Schéma Européen du Développement du Territoire (Lausanne, le 20 octobre 1988).

[24] Dans l'introduction de la Convention Européenne du paysage on confirme la volonté de « parvenir à un développement durable fondé sur un équilibre harmonieux entre les besoins sociaux, l'économie et l'environnement ». Ceci atteste que le paysage présente un intérêt stratégique « sur les plans culturel, écologique, environnemental et social », du moment qu' il « constitue une ressource favorable à l'activité économique, dont une protection, une gestion et un aménagement appropriés peuvent contribuer à la création d'emplois » (Conseil d'Europe, 2000, Préambule).

[25] L'écologie du paysage conjugue les principes et les applications de l'écologie classique avec ceux de la géographie dans un ensemble où est pris en compte la totalité des phénomènes et des processus naturels et anthropiques présents sur la Terre. A partir de la fin du XXème

systémique et la montée d'une vision solipsiste de l'environnement, de son interaction constante avec les processus biologiques et sociaux[26]. A l'intérieur de cette optique, le paysage est devenu comme un paradigme capable d'organiser et d'intégrer la capacité du système monde, les processus biologiques et sociaux en une mosaïque complexe[27]. Le paysage est vu comme un concept qui, en déplaçant l'attention d'un résultat contextuel d'une intervention vers ses conséquences systémiques, en expose l'unicité dans l'évolution du système monde. Le *landscape approach,* quant à lui, utilise le paysage comme une catégorie analytique capable de mettre en évidence la valeur sociale de l'environnement. Pour ce faire, le concept entre dans la planification qui adopte, avec plus d'insistance, les processus écologiques comme plate-forme des activités anthropiques.

De façon spécifique, le *landscape planning*, d'origine anglo-saxonne[28], constitue l'application de cette approche à travers deux aspects : i) l'interdisciplinarité dans la gestion des espaces naturels ; ii) le paysage comme champ d'action de la planification pour produire la conservation et le développement. C'est pourquoi, certaines thèses soutiennent encore que la planification est l'ensemble des interventions qui tiennent compte des schémas économiques et lient la connaissance de la nature au développement. On ne peut pas seulement affronter les problématiques environnementales en intégrant la durabilité, et donc en considérant la limite de charge qui n'est pas une donnée absolue ; mais il faut aussi considérer les représentations spécifiques qui la construisent. Il est évident que la réalité naturelle n'est pas donnée une fois pour toutes et ne présente pas des éléments stables et durables. La nature, par contre, est supportée à partir du

---

siècle, cette approche, dans la tentative de donner une cohérence sémantique et ordonnée au concept de paysage, fait converger les résultats provenant des études écologiques et géographiques et celles de la vision (perception) esthétique. Cette démarche pluridisciplinaire renforce les réflexions sur la complexité (Raffestin, 1980), qui donnent naissance à une nouvelle vague d'études où le paysage est considéré comme un concept globalisant aux applications multiples (Bailly, Raffestin, Reymond, 1980).

[26] La procédure de caractérisation du paysage consiste en un ensemble de signes qui ont engendré la sémiologie du paysage et ouvert la voie à toute une série de réflexions fondées sur les principes de la sémiotique (Brunet, 1994). A l'approche sémiotique appartiennent également les théorisations comme celle de Berque (1995) qui, en définissant les rapports que certaines sociétés entretiennent avec le paysage, explicitent non seulement les phases d'une socialisation de la nature, mais aussi les causes matérielles, culturelles, sociales, psychologiques qui orientent l'action anthropique sur l'espace naturel tout en approfondissant le processus de constitution de l'identité. De cette vision sémiotique naît l'idée du paysage comme unité de planification capable d'analyser les interactions société/environnement et prendre en charge tant la planification territoriale que la protection environnementale (Gambino, 1992).

[27] Il apparaît que, dans l'aménagement écologique, l'interdisciplinarité est considérée comme indispensable pour tous les critères méthodologiques d'application : le projet territorial, la gestion de l'environnement, la conservation biologique.

[28] Cette idée est reconnue à deux « architectes » du paysage, Frederick Law Olmsted et Calvert Vaux. Voir à ce propos : Fabos, 1970.

processus de socialisation auquel elle est soumise, et donc à la représentation que les hommes en font. Comme le soutient si bien Moscovici, le contrôle intellectuel, l'image que l'homme se fait de la nature est ce qui guide à la fin son action transformatrice : pour des millénaires, elle a été une action d'adaptation aux contraintes environnementales (Moscovici, 1977). De façon opérationnelle, le *landscape planning* assume les systèmes biologiques et socioculturels d'une zone afin d'optimiser l'utilisation du territoire sans pour autant remettre en cause le renouvellement des ressources naturelles. On procède, pour ce faire, à une analyse à plusieurs échelles (régionale, locale) tout en récupérant les niveaux d'organisation simples et leurs propriétés spécifiques. Au niveau régional, on étudie les logiques des différents acteurs impliqués et les politiques qui sont suivies. Au niveau local, l'analyse est orientée vers l'appréhension des représentations de la nature que possèdent les communautés humaines, les activités et les programmes qu'ils entendent suivre pour leur propre développement.

Quand le *landscape planning* est utilisé pour aménager une aire protégée comme un parc, les zones qui la constituent (noyau central et périphérie) sont considérées comme des composantes d'une unique entité paysagère qui doivent être étudiées en mobilisant des compétences pluridisciplinaires susceptibles de recueillir chaque aspect sectoriel. L'intégration des instances naturelles et sociales, qui sont à la base de l'approche écologique, conduit à analyser les problèmes d'une région et les liens existants entre le paysage et la structure politico-économique locale et nationale, comme des entités fortement intégrées. Dans le même ordre d'idées, des comparaisons sont faites entre les multiples acteurs impliqués, leurs différentes logiques et leurs représentations paysagères ; mais, également, on étudie la convergence de leurs objectifs. Ceci nous conduit à assumer le paysage comme un paradigme unificateur dans toutes les phases du projet (du diagnostic à la gestion). C'est à partir de ce moment qu'il devient une Unité de Planification (UP) qui tient non seulement compte des caractéristiques de la zone protégée, mais aussi des instances sociales des communautés vivant à la périphérie[29]. En effet, dans la tentative de concevoir

[29] Par exemple le paysage comme UP entre dans toutes les phases des projets prévus par la Convention Européenne : la *sauvegarde*, la *gestion* et la *planification*. Plus précisément, la *sauvegarde* concerne les actions qui ont pour objectif de préserver la qualité d'un paysage sur la base des valeurs que les populations lui reconnaissent. Cette tutelle doit être active ou obtenue avec la participation des habitants du lieu et accompagnée de mesures qui préservent ce qu'ils identifient comme valeurs du paysage. La *gestion* par contre se réfère aux actions inspirées du développement durable pour accompagner les changements survenus avec les exigences d'un développement économique et social. Ces actions concernent la valorisation du paysage ou de quelques éléments qui le composent, et qui ont la capacité de garantir son évolution équilibrée. Elles sont destinées à satisfaire les attentes de tous les acteurs impliqués, *in primis* des communautés locales, et c'est pour ce faire que l'on insiste sur la gouvernance ou la transparence et la coresponsabilité des décisions prises en mode paritaire. Finalement, la *planification* véritable est celle qui concerne les processus d'étude et de projet à travers

de nouvelles formes de tutelle environnementale, est née l'idée que le paysage représente la plate-forme de la concertation sociale, c'est-à-dire un espace public, où la légitimité de l'action se réalise par le partage des valeurs paysagères. Ces dernières sont à mesure de garantir la conservation environnementale ainsi que le développement des communautés locales. Au *landscape approach*, se joint la *community conservation* qui prévoit également des orientations à différents degrés d'implication. Elle reconnaît dans la participation l'élément crucial qui met les acteurs impliqués (communautés locales et organismes engagés dans la gestion du parc) dans une situation de partage, non seulement des choix de base, mais aussi des représentations de la nature pour aboutir à une cogestion des ressources tout en assumant chacun ses propres responsabilités. C'est sur cette base opérationnelle que le paysage montre sa valeur politique et sa fonction comme outil approprié pour la participation et la concertation.

4. La méthodologie participative et les instruments opérationnels

L'importance sociale d'un concept ne dépend pas strictement de sa capacité à expliquer théoriquement un phénomène, mais, plutôt, de sa valeur opérationnelle. La traduction pratique du paysage comme UP se fonde sur la réalisation d'instruments aptes à recueillir, représenter et communiquer efficacement sa valeur sociale, voire les valeurs culturelles du territoire dans le fonctionnement d'une société.

Rendre opérationnel un tel concept requiert donc la conduite d'une recherche susceptible de récupérer les valeurs connotatives du territoire ; elle devra être suivie d'une interprétation des données recueillies pour faire émerger de tels aspects ; leur représentation devrait être réalisée à travers des instruments spécifiques pour faciliter la concertation. Enfin des pistes devront être identifiées pour faciliter une prise de décision cohérente par rapport aux fondements de ces valeurs.

En vue d'évaluer cette méthodologie, nous avons mis en place une coopération interuniversitaire entre le 2iE (Institut International d'Ingénierie de l'Eau et de l'Environnement) de Ouagadougou au Burkina Faso et l'Université de Bergame en Italie. Dans cette optique, un groupe de chercheurs a conduit des enquêtes de terrain dans la périphérie du Parc National d'Arly durant trois ans, afin de traduire les principes écologiques du *landscape approach* et de la *community conservation*, en propositions

---

lesquels se valorisent, se récréent de nouveaux paysages pour répondre aux aspirations des populations locales dans la consolidation de leur identité. En effet, il ne faut pas perdre de vue que la situation européenne est extrêmement compromise dans certains contextes, et que la création de nouveaux paysages constitue la solution ultime à la consolidation de l'identité.

opérationnelles[30]. Cette expérience a pris en compte, d'un point de vue méthodologique, la Stratégie SIGAP (Systèmes d'Information Géographique pour les Aires Protégées) et a analysé l'utilisation des ces pistes de recherche[31]. De façon spécifique et à l'aide d'instruments cartographiques SIG (Systèmes d'Information Géographique), cette stratégie propose un plan de gestion participatif de la périphérie des aires protégées à travers trois objectifs :

i) récupérer l'organisation territoriale et les valeurs paysagères des populations locales pour asseoir un programme de gestion de la périphérie des aires protégées ;

ii) communiquer et utiliser ces valeurs dans les tables de concertation à travers une cartographie participative à plusieurs échelles (locale et régionale) ;

iii) construire des outils de capitalisation et de support à la décision qui favorisent la cohérence entre les conceptions théoriques et les interventions opérationnelles des gestionnaires des aires protégées.

La Stratégie SIGAP récupère, à travers des études de terrain prolongées, les dynamiques territoriales des communautés locales pour mettre en place une gestion qui valorise les fondements de la construction territoriale, afin de faciliter la mise en œuvre des règles de cogestion. Mais procédons, de façon ordonnée, à l'énumération brève des étapes de cette méthodologie participative. La Stratégie SIGAP prévoit quatre phases modulaires capables de fournir des instruments opérationnels :

- la première concerne la création d'une base de connaissance des systèmes territoriaux des populations locales provenant de données collectées sur le terrain de façon participative ;

- la seconde concerne la modélisation de ces données pour réaliser leur représentation cartographique. Il est évident que la fiabilité d'un modèle est le corollaire de la transparence à travers laquelle toutes ses phases sont illustrées : les méthodes de collecte de données ; les critères d'agrégation des informations ; les indicateurs de mise en évidence des éléments d'élaboration ; les catégories théorico-analytiques de la modélisation. C'est dans cette phase que se formulent les étapes de la construction cartographique ;

- la troisième identifie les pistes sur lesquelles les propositions opérationnelles de la participation doivent aboutir. Elle s'obtient par une cartographie qui, d'une part, considère la table de concertation comme le déterminant des acteurs impliqués et, d'autre part, met en évidence les

[30] Il s'agit du projet débuté en 2006, au titre *Outils pour la prise de décision dans la protection environnementale : le Complexe WAP*, coordonné par l'auteur et Samuel Yonkeu.

[31] Il s'agit d'une stratégie mise en œuvre par le groupe de chercheurs de l'Université de Bergame ; elle a été déjà appliquée dans la Réserve de Biosphère Transfrontalière du W (RBT W – Bénin, Burkina Faso, Niger) où elle a produit d'importants résultats opérationnels. Voir à ce propos : Casti, 2004b.

dynamiques de la périphérie et les risques environnementaux auxquels l'aire protégée est soumise. De cette manière, on fournit non seulement les outils pour l'implication des populations locales dans la gestion, mais également pour leur intervention directe dans la prise de décision, puisque l'expérience montre que c'est ainsi que l'on peut garantir la durabilité[32].

- la quatrième phase, finalement, concerne la création d'un système interactif multimédia de capitalisation et d'élaboration cartographique des données, outil opérationnel pour les gestionnaires du parc. Dans un sens plus large, il s'agit d'un instrument de connaissance pour tous à travers son introduction sur le web[33]. A ceci s'ajoute un DSS (Decision Support System) pour faciliter et rendre cohérent les prises de décision à travers les principes qui sont énoncés.

4.1. La recherche de terrain et le diagnostic participatif

La première phase a coïncidé avec l'étude *in loco* de la zone, avec pour finalité la collecte de données sur l'organisation socio-territoriale des populations présentes aux pieds de la falaise du *Gobnangou,* ainsi que de l'enclave de Madjoari[34]. La recherche de terrain a été conduite à une *double échelle.* En effet, le manque d'analyses précédentes a rendu nécessaire une collecte d'informations de base et leur organisation dans un cadre ordonné qui prend en charge, aussi bien les spécificités locales que le contexte régional. A cette dernière échelle, les aspects quantitatifs ont été mis en évidence. Ils sont relatifs à la composition ethnique de la population, au

---

[32] La méthode exposée dans ces pages fait suite à une importante série de propositions méthodologiques, élaborées dans le passé et destinées à guider les recherches dans les villages et à recueillir les données dans un temps relativement court, permettant ainsi de légitimer la collaboration avec les Pays du Sud à travers l'implication des populations locales. On se réfère en particulier aux Systèmes Cartographiques Participatifs (Roche, 2003 ; Burini, 2007b). En reconnaissant l'importance des méthodes énumérées ici comme étant les premières à affronter des thèmes aux solutions difficiles, remarquons néanmoins la nouveauté de notre proposition qui ne vise ni à implémenter la récolte des données quantitatives, découlant encore de l'expérience des populations locales, ni à leur élaboration statistique ; elle propose leur interprétation à la lumière des contenus symboliques et fonctionnels, que les sociétés basiques possèdent dans leurs pratiques territoriales. A ce propos, voir : Casti, 2006 ; 2007a.

[33] Ce système comprend toute la cartographie citée ici pour illustrer le cas de la RBT W et est consultable sur le site : www.multimap-parcw.org.

[34] L'enquête de terrain s'est achevée et les résultats présentés ici font référence à la périphérie tant orientale (zone de la falaise du *Gobnangou*) qu'occidentale (l'enclave de Madjoari) de l'UPC Arly. La récolte de données a été réalisée par les étudiants Marius Sagbohan et Serge Yomba (2iE), Francesca Falzarano et Ileana Villa (Université de Bergame) sous l'assistance de Olivier Lompo, doctorant en Géographie du Développement (Université de Naples « L'Orientale »). Ce dernier est en train de rédiger la thèse de doctorat qui s'intitule *Legitimité territoriale et décentralisation en Pays Gourmantché : dynamiques et enjeux socio-territoriaux à la périphérie de l'UPC Arly (Burkina Faso).* Je le remercie pour les informations qu'il m'a permis d'utiliser dans ce chapitre.

nombre d'habitants, au nombre de villages, aux migrations saisonnières et permanentes. Ces données, au- en plus de définir l'importance de l'organisation territoriale, ont permis une première évaluation de l'incidence que la pression humaine exerce sur l'aire protégée. La connaissance de la densité de la population (161.000 habitants sur une zone de 3.400 km^2 environ[35]), son appartenance à un groupe sociolinguistique (même avec la présence faible d'autres ethnies comme celles mossi et peul), la typologie des installations humaines et la dimension des villages ont constitué un cadre de référence à partir duquel notre démarche a été bâtie. Successivement, les phénomènes susceptibles de déterminer des changements et de produire des innovations ont été quantifiés. Par exemple, les processus d'intégration et de marginalisation engendrés par l'insertion de pratiques provenant des nouvelles logiques externes (surtout la culture du coton), ont permis de comprendre le cadre général de la complexité des rapports entre tradition et modernité en soulignant la nécessité de gérer ces rapports. A l'échelle locale, l'objectif a été celui d'un sondage approfondi de l'organisation sociale et des mécanismes de fonctionnement du territoire, en les reconduisant à la valeur du paysage et aux rapports que les communautés locales entretiennent avec les ressources naturelles.

Une approche participative basée sur les témoignages des membres des communautés rurales a été privilégiée pour les aspects qualitatifs, ce qui fait que la collecte de données s'est développée à travers une grille unifiée[36]. Celle-ci, soutenue par des fiches détaillées, a facilité l'obtention d'informations relatives aux caractéristiques spatiales en rapport avec les conditions physiques du milieu ; à la position d'un village par rapport à un autre ; aux ethnies prévalentes ; aux aires protégées ; aux racines culturelles des différents villages, donc à leur fondation et à leur mémoire historique ; à l'organisation sociale, c'est-à-dire le statut et le rôle des différentes compositions sociales (sexe, classes d'âge, lignage, associations professionnelles) ; à l'identification des rapports entre lignages, des stratégies patrimoniales, des critères de légitimation de l'autorité ; aux logiques d'appropriation et d'utilisation du territoire à travers les dispositifs symboliques, matériels et structurels qui régissent la vie collective et assurent la reproduction sociale ; aux conflits avec le parc et les motifs des mésententes ; aux intérêts convergents, c'est-à-dire les dispositions psychologiques et comportementales sur lesquelles on peut fonder un

---

[35] Nous faisons ici référence à la périphérie de l'UPC Arly dont l'extension a été calculée en délimitant l'aire d'emplacement des villages enquêtés sur le terrain. Ceux-ci répondent, au moins, à l'un des critères suivants : i. la contigüité avec l'aire protégée, récupérant la localisation ; ii. l'appartenance à un réseau traditionnel limitrophe à la réserve, se fondant sur la structuration traditionnelle ; iii. l'exercice d'une activité anthropique ayant une retombée directe sur l'aire protégée, mettant en exergue les pratiques productives.

[36] L'enquête approfondie a été conduite dans plusieurs villages cibles : Mahadaga, Saborgkuoli, Tambariga, Tougou, Yirini et Yobri.

partenariat harmonieux entre les acteurs concernés. Tout ceci se fait dans l'optique d'une évaluation d'ensemble des valeurs qui fondent le profil identitaire de la société gourmantché. La réapparition des savoirs sécuritaires, qui garantissent un rapport équilibré avec la nature, a montré l'opportunité de proposer cette stratégie comme une forme de tutelle, car ils ont garanti la conservation de l'UPC Arly et de sa périphérie pendant plusieurs siècles. Il résulte, évidemment, que la persistance d'un système traditionnel dans l'aire d'étude constitue un atout dans la mesure où il assume le rôle de conducteur du changement produit par l'extérieur[37].

Les observations de terrain et les données ont pu être communiquées à travers différents instruments. Dans un premier temps, on a procédé à l'insertion et à l'agencement des données en fiches tabellaires élaborées à l'aide de logiciels d'élaboration de données. Dans un second temps, les informations ont été traduites en cartes réalisées à travers les applications SIG, dans le but de présenter les résultats du travail à mi-parcours. Ces cartes de type participatif ne constituent pas seulement une présentation visuelle des résultats obtenus au cours de l'enquête, mais elles sont devenues des outils dont les interprétations produisent des informations supplémentaires par rapport à celles recueillies sur le terrain[38]. Plus spécifiquement, l'élaboration et la visualisation cartographique des données à l'échelle régionale ont donné lieu à une cartographie qui montre le dimensionnement des phénomènes, ainsi que les dynamiques territoriales. Elle met en évidence les processus sociaux qui produisent stabilité ou changement. Au plan local, des cartes ont été construites à travers la traduction numérique des informations cartographiques produites par les habitants. Elles font émerger les valeurs identitaires déposées sur le territoire et la coexistence concomitante de logiques qui en menacent l'existence. Enfin, en termes opérationnels, la cartographie participative a généré d'autres informations par rapport à celles obtenues à travers l'observation et l'enquête de terrain. Au plan régional, elle a permis d'évaluer la dimension culturelle des phénomènes territoriaux présents dans la région. Au niveau local, elle a engendré l'émergence de valeurs et de savoirs des populations qui rappellent la compétence topique dans la gestion du lieu.

---

[37] Ce qui est significatif, dans ce cas, c'est la comparaison entre les villages de Yobri et Yirini. Le premier qui est sous l'influence énorme d'une modernisation inspirée de l'extérieur (ONG, coopération, etc.) est en train de perdre ses valeurs traditionnelles et s'investit dans une logique orientée vers le profit économique. Yirini, par contre, s'ouvre à l'extérieur dans une optique paritaire, en proposant et en acceptant les interventions qui respectent les valeurs traditionnelles incarnées par le chef de village.

[38] La FAO, en se basant sur le PRA, a adopté pour la première fois le terme *carte participative* (FAO, 1994) tout en fournissant des indications concernant aussi bien le plan technico-constructif de la carte, que le choix des interlocuteurs à impliquer (en particulier les communautés locales) et les possibilités que ces produits offrent pour la rédaction d'une cartographie informatisée. Sur les possibilités d'application de cette typologie cartographique, voir : Burini, s.p. ; 2007a, b.

4.2. La cartographie participative du paysage

Nous avons déjà précisé que la méthodologie qui a soutenu la recherche a prévu des phases multiples pendant lesquelles la cartographie participative a constitué le support de la visualisation des phénomènes, mais également l'élaboration de leur sens. Plus spécifiquement, on a tenté de traduire de façon cartographique la valeur sociale du paysage en intervenant, aussi bien sur le type d'informations que sur la manière par laquelle elles sont transmises. Il est désormais clair que la cartographie traditionnelle ne favorise pas la perception de l'identité sociale ou l'appréhension des modalités de prise de décision. La logique cartésienne, qui privilégie les aspects visuels et matériels du territoire en se distinguant nettement du concept de paysage – entendu comme expérience du lieu – a fait de la cartographie un moyen expressif et fonctionnel pour la représentation d'un territoire abstrait, étranger à toutes formes d'interprétation sociale, mais, en même temps, elle a exclu la transmission des aspects culturels que les habitants ont déposés sur le territoire. Dans le passé, la carte a réussi à rendre la contextualité des projets en présentant exclusivement la modification du territoire dans sa qualité de fondement matériel, mais non symbolique ou culturel, banalisant de ce fait un territoire exposé comme site dans lequel les logiques matérielles condensent les rapports que les sociétés entretiennent avec le monde[39].

Aujourd'hui, les possibilités offertes par les systèmes informatiques dépassent la staticité et l'obsolescence de la carte. Elles montrent de nouvelles interactions entre le cartographe et le destinataire averti dans l'appréhension des fondements de la cartographie traditionnelle. Dans son évolution constructive, l'introduction des systèmes informatiques, après avoir révolutionné les lieux de production cartographique ou les modalités techniques de réalisation, présente des potentialités communicatives inédites, en proposant de nouvelles configurations cartographiques aptes à répondre aux exigences sociales actuelles, surtout dans le domaine du projet territorial (Casti, 2007a). Dans ce contexte, la carte assume le rôle d'opérateur symbolique capable de contribuer à la prise de décision, d'intervenir dans la réalisation d'une gouvernance qui procède à travers le dialogue et les tables de concertation auxquels les différents acteurs participent en s'impliquant dans le projet. De ce qui précède, on doit s'interroger sur l'exigence et le rôle communicationnel de la carte, ses implications éthiques et politiques,

[39] En effet, l'importance qu'assume le paysage à l'intérieur de la planification a conduit ces derniers temps à la réflexion sur ses représentations et les modes à travers lesquels il peut être communiqué. Récemment, quelques chercheurs ont essayé d'identifier le rôle que la cartographie pouvait avoir à l'intérieur d'un projet territorial (Soderstrom, 2000 ; Debarbieux, Lardon, 2003 ; Levy, Poncet, Tricoire, 2004).

ainsi que sur la signification territoriale qu'elle doit transmettre et la façon dont elle les communique aujourd'hui.

La théorie de la *semiosis* cartographique prône l'abandon de la logique cartésienne comme condition indispensable pour la récupération du paysage en déplaçant l'intérêt de ce que la carte restitue de la réalité, à ce qu'elle communique sur le sens du territoire. Elle proclame le rôle *iconisant* de la carte, voire sa fonction interprétative. En effet, l'*iconisation* peut être définie comme le processus communicatif à partir duquel des conditions conjoncturelles sont hautement exprimées comme vérité en même temps que les capacités autoréférentielles de la carte. Le message véhiculé par la carte remplace la réalité, en faisant de sorte que le destinataire se fie fidèlement aux instances cognitives qu'elle produit. Puisque ces instances sont proposées comme des composantes du territoire, la carte devient un opérateur symbolique qui informe et oriente les comportements sociaux tout en se proposant comme une théorie fiable activant un système d'informations et de concepts (Casti, 2000b ; 2005).

La maîtrise de l'*iconisation* constitue donc un nouveau terrain d'expérimentation et de recherche pour repenser radicalement la carte et la rendre apte à suggérer le paysage. En se concentrant sur les multiples logiques et sur la pluralité des langages qui peuvent transmettre le sens d'un lieu, on peut prédire un changement radical des conventions linguistiques pour sa réalisation. En effet, en acceptant le manque d'objectivité et d'exactitude que l'analyse sémiotique dénonce, la carte devient une des nombreuses manières de configurer le monde régi par des conventions qui devraient garantir la rigueur de l'information. L'attention a donc été tournée vers la typologie des données à insérer dans les cartes et vers leur transposition graphique. A travers les techniques de participation qui impliquent des acteurs nouveaux dans sa construction, les informations se multiplient et se diversifient en privilégiant celles inhérentes au paysage ; en utilisant des langages et des transpositions graphiques non conventionnelles, en créant un espace d'expression qui renvoie au sens du paysage. Finalement, en s'investissant dans la production informatique, on est tenté de rejeter l'objectivité attribuée à la carte pour l'ouvrir aux multiples discours subjectifs. La construction cartographique a précisément été exécutée en faisant participer les acteurs présents sur le territoire. Tout en désignant le langage le plus expressif et le plus figuratif, elle approfondit les conventions géométriques, et en même temps, se rapproche du sens du lieu tel que l'expriment les communautés locales.

5. Les résultats de la recherche dans la périphérie de l'UPC Arly

La recherche dans la périphérie de l'UPC Arly a produit un diagnostic sur les aspects socio-territoriaux ; l'identification et l'interprétation de ses problématiques, mais également de ses potentialités ; la rédaction d'une cartographie comme instrument pour la concertation et la construction d'outils opérationnels pour les gestionnaires du parc. En ce qui concerne le premier aspect, les logiques de fonctionnement des communautés locales, ainsi que les savoirs traditionnels en rapport avec la nature ont été analysés. Sur les problématiques, il émerge que le statut traditionnel a garanti l'équilibre social surtout dans le domaine foncier. Cet équilibre est menacé de nos jours par une pluralité de phénomènes, dont l'introduction de la culture spéculative de coton et le processus de décentralisation. Par contre, des potentialités de développement touristique et de conservation environnementale concernant les ressources paysagères de la zone ont été mises en évidence. L'ensemble de ces aspects est visualisé à travers une cartographie participative produite à l'échelle régionale et locale. Les caractères novateurs de cette dernière proviennent du fait que : i) les données utilisées se réfèrent aux aspects aussi bien référentiels que sociaux ; ii) la restitution graphique est diversifiée et utilise une vision bi- et tridimensionnelle ; iii) les systèmes informatiques SIG sont associables à d'autres types interactifs et multimédia de capitalisation (Multimap) et de support à la décision (DSS). Entrons de façon spécifique dans quelques résultats de la recherche en examinant certains des produits cartographiques.

La carte du statut traditionnel (Carte 2)[40] montre la localisation des villages-mère[41] (Saborgkuoli, Yirini, Tindangou, Yobri, Tambaga et Pentinga) au pied de la falaise dans la partie nord du *Gobnangou*[42]. La genèse des villages-mère (Diaboanli, Nagaré, Houaré, Logobou, Moridéni, Kind-kombou, Mahadaga, Nampoansiga, Nampoanpuoli, Kotchari,

[40] Nous précisons que les cartes des Chapitres 1, 5, 6, 8 et 9 de ce volume ont été élaborées au Laboratoire Cartographique de l'Université de Bergame (www.unibg.it/geografia) et présentées à l'exposition cartographique *La périphérie de l'Unité de Protection et de Conservation Arly* durant la *Huitième Conférence Africa GIS 2007* (Ouagadougou, 17-21 septembre 2007). Elles sont le fruit d'un travail en équipe: conception et projet par Emanuela Casti (Université de Bergame, Italie) ; réalisation par Alessandra Ghisalberti (responsable), Francesca Falzarano, Olivier Lompo, Ileana Villa (Université de Bergame, Italie) ; collecte de données par Francesca Falzarano, Olivier Lompo, Ileana Villa (Université de Bergame, Italie) ; Marius Sagbohan, Serge Yomba (2iE, Burkina Faso).

[41] Le village-mère est une installation qui, au cours du temps, a suscité la création de villages, par détachement d'une partie des habitants ou par un processus d'installation de populations provenant d'autres terroirs villageois. Les villages ainsi créés possèdent leur autorité traditionnelle (*nikpelo* ou *bado*) mais maintiennent un rapport de dépendance avec le village-mère.

[42] Ceux de Namounou, Fatoudi, Popouoma, Partiaga, Gangalindi, Nadiaboanli, Gniamanga, Bomonti, Tawori, Boungou et Naboué se trouvant dans la partie nord de la falaise.

Goangoana et Palboa) localisés sur le versant méridional du *Gobnangou* est liée à un ensemble de facteurs dynastiques[43]. Tous possèdent un rôle supérieur hiérarchique dans les rapports de dépendance fonctionnelle ou politique avec les autres installations (villages[44] et campements) qui se sont successivement détachées plus loin du relief. La naissance de telles installations résulte de la recherche de nouvelles terres disponibles, d'une augmentation de la population dans le village-mère, ce qui contraint à l'exode d'une partie des habitants, ou l'arrivée de personnes venues de l'extérieur ayant occupé les terres non utilisées. En considérant la périphérie occidentale du Parc National d'Arly et précisément l'enclave de Madjoari, une situation analogue à celle du versant septentrional du *Gobnangou* apparaît : les réseaux (Madjoari, Tambariga, Kogdjoari et Namounyouri) témoignent de la persistance d'un système politique traditionnel encore fort et actif.

A cette implantation historique de la périphérie, se sont superposés les impacts de l'introduction des logiques modernes. Par exemple, la culture cotonnière – qui est présente dans toute la périphérie – se montre, dans la partie méridionale de la falaise, dans son expansion maximale : la mise en culture des friches engendre la création de nouvelles installations qui n'ont rien à voir avec la dynamique d'occupation des terres mentionnée plus haut. En fait, le besoin de main-d'œuvre favorise les migrations, la pression foncière, mais également l'agrandissement des villages. Aujourd'hui, la population qui vit à la périphérie est estimée à environ 161.000 habitants repartis dans 286 installations humaines (villages-mère, villages, campements), concentrées surtout dans cette partie (notamment dans les villages de Logobou, mais aussi de Moridéni, Mahadaga et Nampoanpuoli) même si quelques gros villages (Partiaga, Namounou et Tambaga). Ils sont aussi présents sur le versant septentrional de la falaise. Toutefois, dans ce dernier cas, la dimension n'est pas liée à l'introduction du coton et au rôle historique que ces centres ont assumé. De nos jours, ils sont pratiquement des marchés transformés en nœuds commerciaux et en centres administratifs.

---

[43] Selon Madiéga (1982) les entités territoriales du Sud du *Gobnangou* (Logobou, Mahadaga, Nagaré, Kind-kombou et Nampoansiga) sont qualifiées de seconde génération car fondées par les petits-fils de *Diaba Lompo* (ancêtre et père fondateur du royaume gourmantché). Elles ont donc bien, dès l'origine, des limites circonscrites exemptes de toute confusion et de rivalité entre les tenants du pouvoir. Alors que dans la partie septentrionale, les entités territoriales sont pour la plupart créées à travers des alliances familiales avec les descendants de *Diaba Lompo*.

[44] Sur la base des résultats de la recherche, chez les Gourmantché nous distinguons deux typologies : le village-*bado*, ayant une chefferie représentée par le *bado* ; le village-*nikpelo*, n'ayant pas de chefferie, mais possédant un référent politique, le *nikpelo*.

Carte 2 – Le statut traditionnel des villages riverains de l'UPC Arly

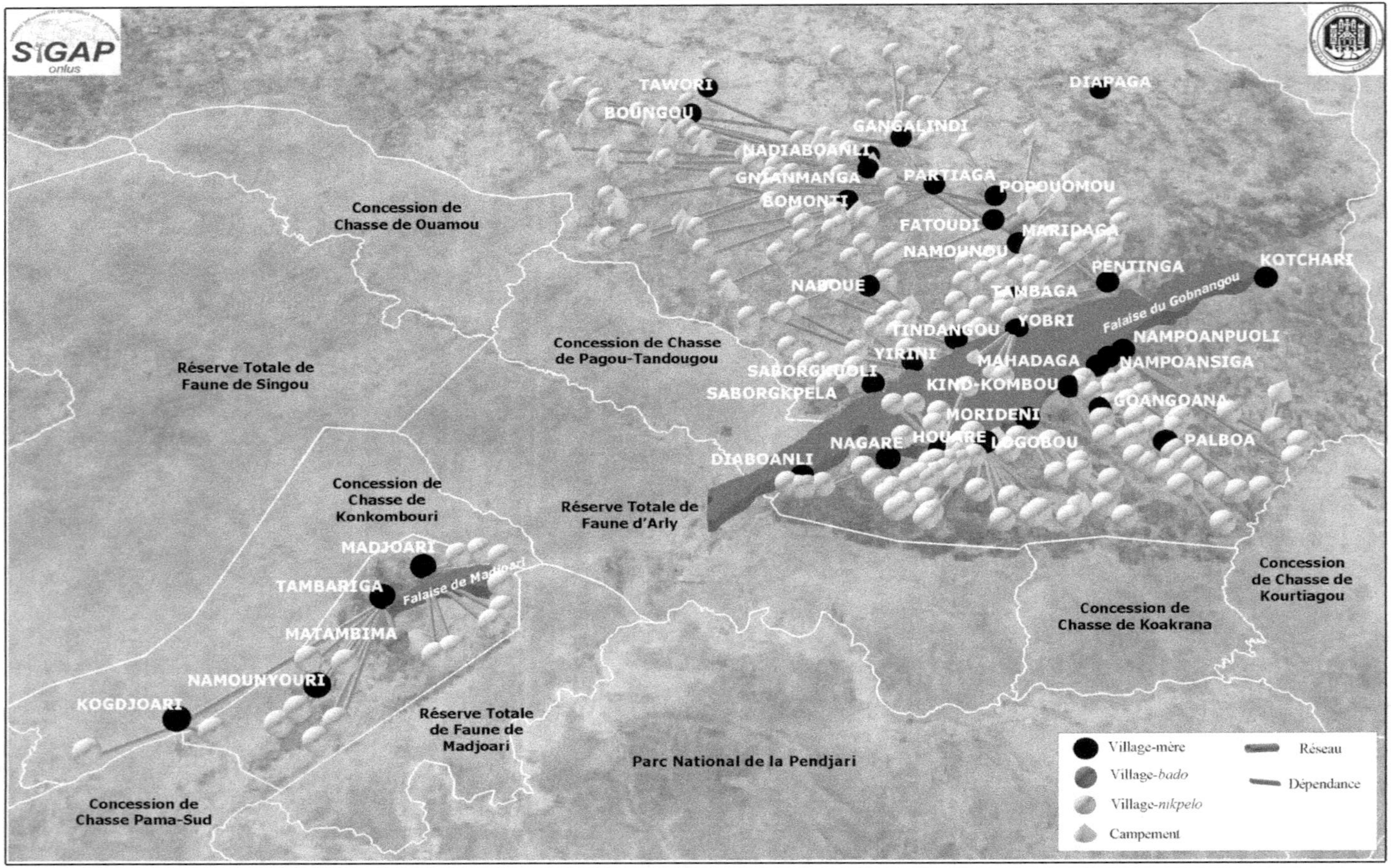

La carte de l'évolution historique des villages (Carte 3) souligne que leur création non seulement remonte à un temps très reculé[45], mais se situe sur trois périodes qui sont similaires aux événements spécifiques d'ordre social ou naturel. En effet, la première fait référence à la période précoloniale ; la deuxième se situe à l'époque de la classification des aires protégées suivie de nombreux déplacements forcés des villages autrefois implantés dans son enceinte ; la troisième va de la période de sécheresse des années soixante-dix jusqu'à nos jours, et est caractérisée par des dynamiques socio-territoriales telles que les mouvements migratoires – qui dans certaines parties de la périphérie ont conduit à une saturation foncière[46] – et la décentralisation.

Le processus de décentralisation que le Burkina Faso a entrepris depuis les années quatre-vingt-dix occasionne beaucoup de changements au niveau socio-territorial et qui, malheureusement, ne sont pas toujours positifs. En effet, en se focalisant sur les présuppositions qui favorisent la démocratisation et la participation des populations, on observe dans certains cas une superposition antagonique entre le statut administratif et traditionnel. En ne reconnaissant pas les liens de dépendance (hiérarchique et fonctionnel) existant entre villages et en considérant le plan d'autorité traditionnelle comme antagoniste, on a anéanti ce qui aurait pu constituer un potentiel pour sa bonne traduction pratique. Par exemple, les villages administratifs[47] sont établis non pas sur la base des réseaux traditionnels, mais sur des critères tels que leur dimension. A partir de ceux-ci, le statut administratif de *commune rurale* est conféré aux villages les plus peuplés, créant ainsi une nouvelle hiérarchie territoriale différente de celle de la tradition[48] (Carte 4). Des installations qui, d'un point de vue traditionnel, possèdent l'autorité du doyen, le *nikpelo,* sont reconnues comme étant des villages administratifs avec ainsi les mêmes fonctions et rôles des villages qui possèdent l'autorité du chef politique, le *bado.*

---

[45] Sur la base de la périodisation on a déterminé trois typologies d'installation : les anciennes (avant 1900) ; les récentes (1901-1970) ; les nouvelles (après 1970).

[46] Des recherches, il émerge qu'une telle saturation est favorisée par des phénomènes de migration très récents. L'étude, encore en cours, est menée par Olivier Lompo qui donnera bientôt les résultats dans sa thèse de doctorat.

[47] La commune rurale est définie comme « une collectivité territoriale, un regroupement de villages qui a une population d'au moins cinq mille (5.000) habitants et dont les activités économiques permettent de générer des ressources budgétaires propres annuelles d'au moins cinq millions (5.000.000) de francs CFA » (Loi n° 055-2004/AN, portant Code Général des Collectivités Territoriales au Burkina Faso).

[48] Au-delà de leur répartition hétérogène, par exemple entre les deux versants du *Gobnangou*, le nombre de villages administratifs diffère nettement entre la façade septentrionale et méridionale.

Carte 3 – L'évolution historique des villages riverains de l'UPC Arly

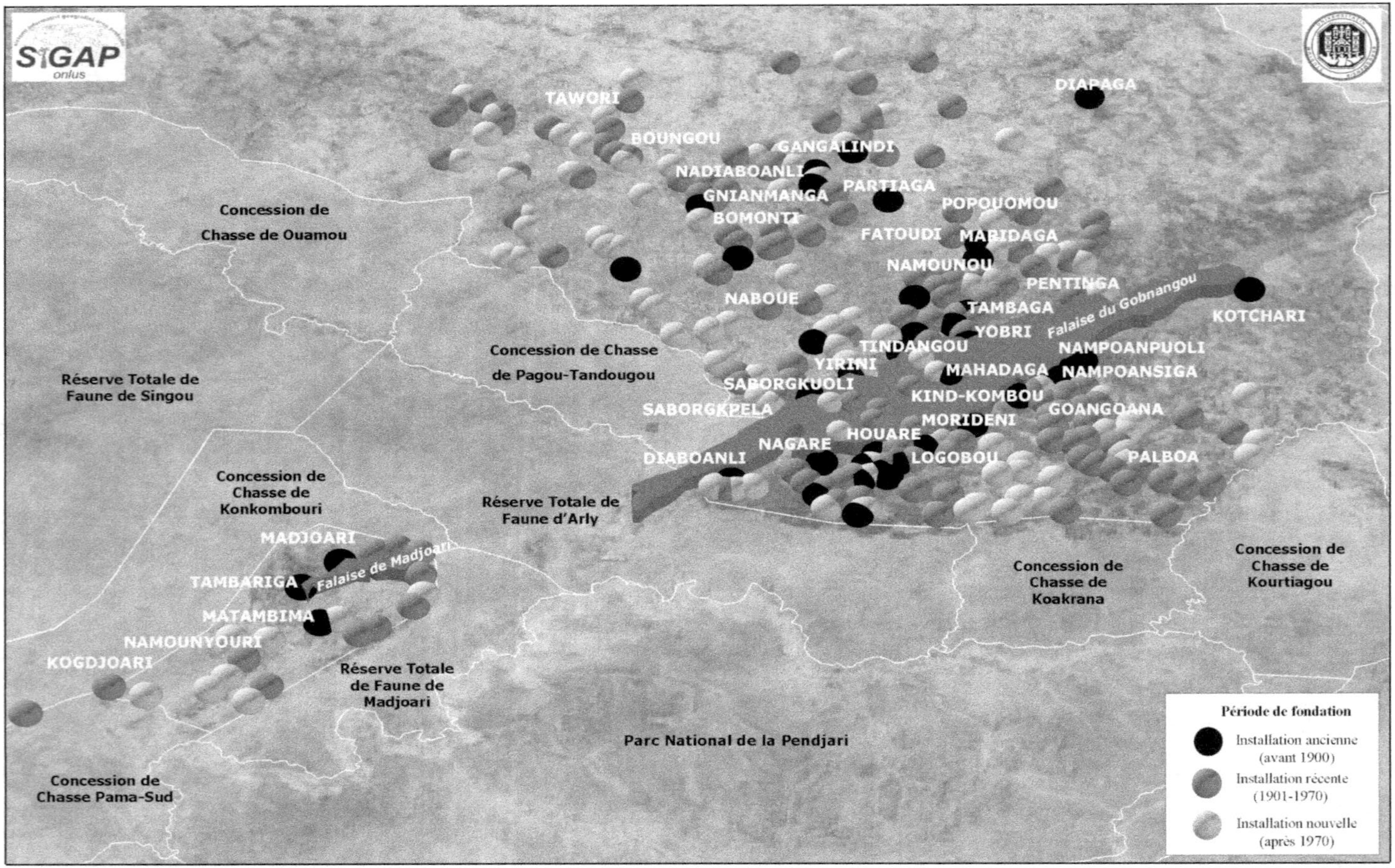

Carte 4 – Le statut administratif des villages riverains de l'UPC Arly

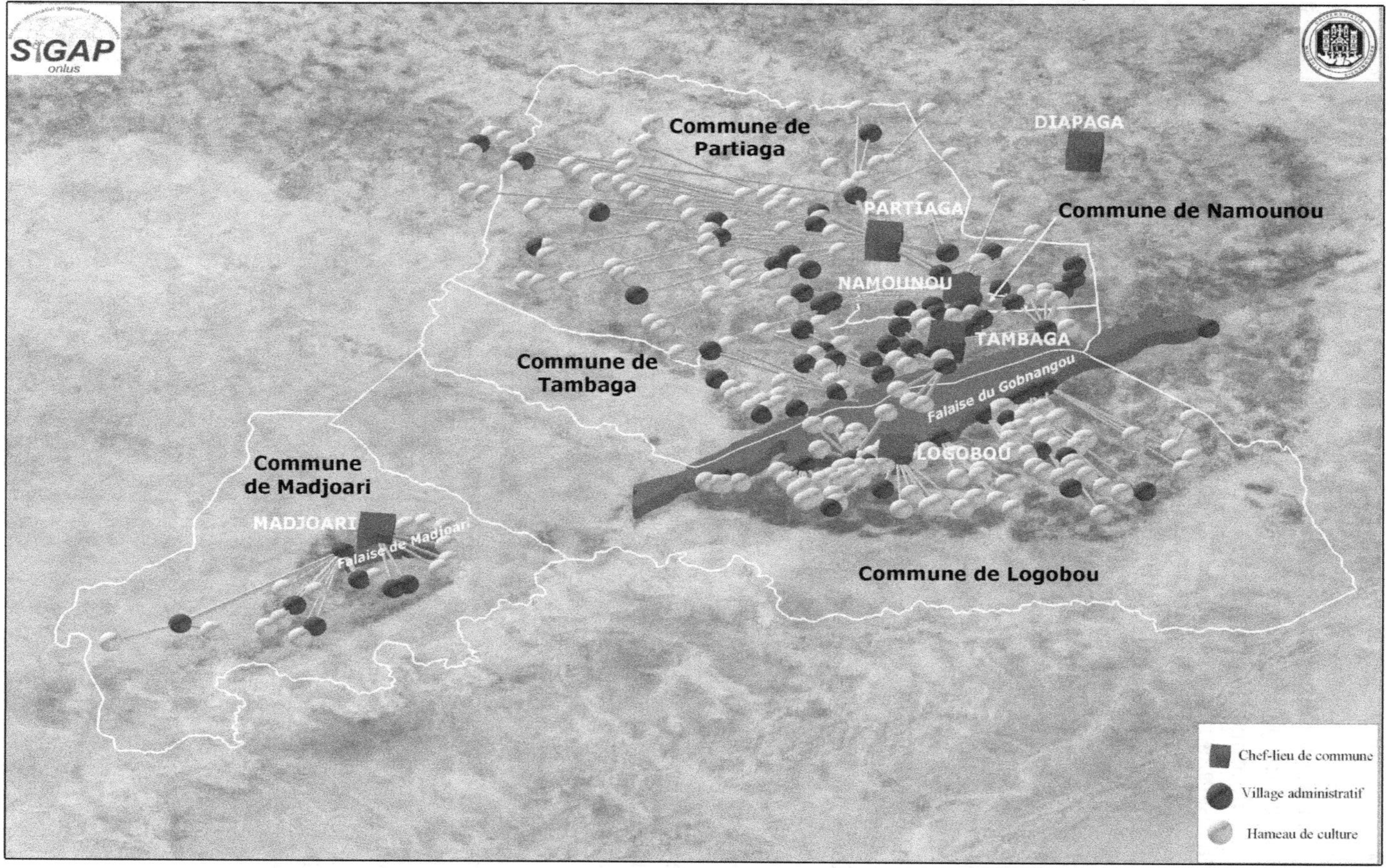

Par exemple, dans le terroir de Yirini, le statut administratif a prévu que le village-mère (Yirini) et les villages-*nikpelo* qui dépendent de lui (Thioula, Gnouambouli et Bolbigou) assumeront le même rôle en coupant la hiérarchie politique du chef de village. Comme si cela ne suffisait pas, le village-*nikpelo* Palboa, par la même occasion, se retrouve au niveau identique que Yirini.

Si nous déplaçons l'analyse à l'échelle locale et en nous focalisant sur l'étude du plan de ce dernier village (Carte 5), les informations font émerger la prédominance de valeurs dérivant de la tradition : la typologie des concessions ; leur organisation en quartiers définis par des éléments naturels (cours d'eau ou végétation) ; les lignages auxquels appartiennent ses habitants et leur distribution hiérarchique. La distribution et la localisation des activités productives, essentiellement orientées vers la culture de subsistance (riz, mil et maïs), montrent les savoirs et les compétences concernant la composition des sols et leur capacité agronomique : les sols argilo-sableux (*timboanli*) sur les bas versants, ceux limono-argileux (*kuboalgu*) et argileux (*lilubili*) dans les dépressions. D'autres cultures se trouvent dans les jardins de case autour de chaque concession (*diégu*), tandis que le champ du chef de concession (*kiankianli*), symbole distinctif de son autorité, occupe la partie avant. Les champs des femmes (*manloli*) et ceux situés à l'arrière de la concession (*dapuoli*) sont utilisés à usage personnel, même si la production agricole reste sous le contrôle du chef de concession, y compris celle provenant des champs collectifs (*kwa-kiamo*) ou individuels (*sual-kwanu*) éloignés. Les informations inhérentes à l'introduction d'éléments modernes comme les infrastructures scolaires, les lieux de culte, le dispensaire, les moulins, le marché de coton et les points d'eau potable n'y manquent pas. On peut y observer, également, les aspects symboliques et paysagers inscrits sur la carte et figurant à proximité de la falaise du *Gobnangou* : *Pundougou* (la chute sacrée), *Tanfolbu* (la faille qui permet la traversée de la falaise), *Tanfoldjaga* (la grotte sacrée), *Aguanda* (la pierre sacrée cachée dans les buissons). Nous avons déjà souligné l'importance que ces *iconèmes* paysagers assument et les valeurs sociales que la société dans le cas de Yirini reconnaît à la falaise. Il faut cependant préciser, que tous les lieux sacrés ne possèdent ni le même rôle ni les mêmes interdictions. Certains lieux sacrés sont destinés à tous les habitants ayant des requêtes personnelles ou familiales. D'autres, par contre, sont réservés au chef du village pour l'acquisition de son pouvoir mystique dans ses rôles politique et religieux. Une autre catégorie d'interdiction concernant les hôtels (*sacra*) où le *parkiamo* (grand sacrificateur), demande l'intervention divine pour la résolution des problèmes menaçant la communauté villageoise tout entière. Dans ces derniers cas, toutes les pratiques d'utilisation de la nature sont interdites.

Carte 5 – Plan du village de Yirini

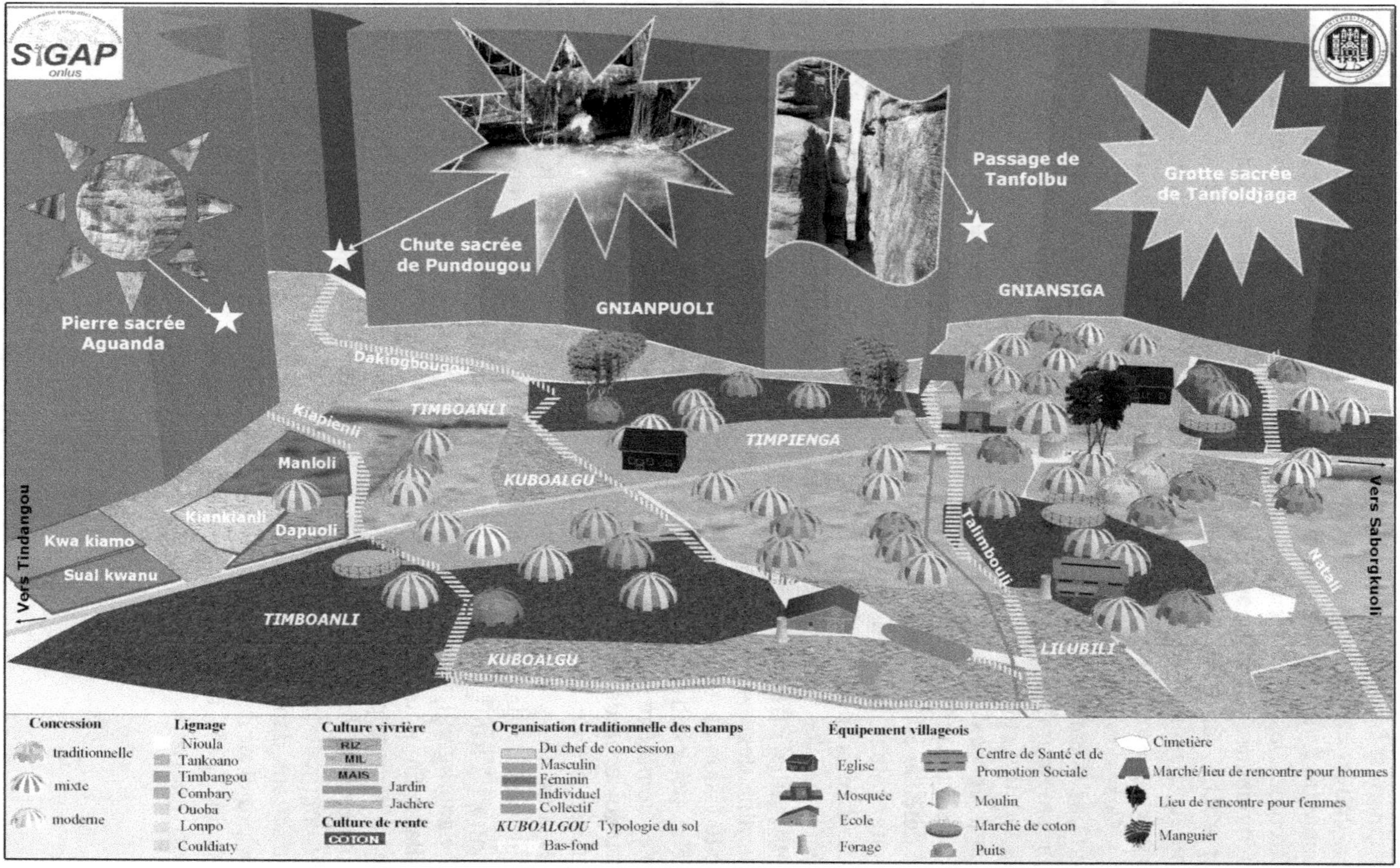

Sur ces lieux, on ne peut ni pêcher, ni utiliser les formations végétales, ni faire la chasse. Il s'agit en définitive du respect d'un lieu où la divinité se manifeste et s'exprime aux hommes à travers l'appropriation de ses formes originaires. La visite de ces lieux comporte pour l'*outsider* un investissement très délicat et pratique, afin d'en obtenir l'autorisation. Il faut, cependant, se soumettre à un interrogatoire rigoureux de la part des notables du village et affronter des sentiers battus et inaccessibles, pour arriver à se faire accompagner par un membre du village désigné pour la cause. Quand on se rapproche du lieu, le décor naturel exhibe un paysage où les formes, couleurs, sons, odeurs et mouvements aiguisent la réceptivité du visiteur en le prédisposant à leur attribuer une présence mystique (Fig. 2).

Ces derniers lieux devront donc être préservés jalousement, mais certains d'entre eux pourront constituer des ressources potentielles pour un tourisme durable qui souhaiterait comprendre la culture de l'autre à travers les valeurs culturelles du paysage tout en les appropriant à d'autres fins. Il s'agit de ces valeurs paysagères, culturelles ou naturelles, que la région possède et qui vont des anciens sites situés sur le talus du *Gobnangou* (lieux de défense et de refuge, anciens greniers), ou ceux qui rappellent les lieux de haute valeur naturaliste (grottes, passages, faille). A celles-ci, doit être rattachée la biodiversité du Parc National d'Arly (la variété des formations végétales, les mares, les salines, les différentes espèces animales). Ce patrimoine offre la possibilité de réaliser des circuits touristiques où la pluralité des ressources constitue un ensemble apte à donner une cohésion à cette vision systémique parc/périphérie pour une gestion intégrée et durable. Cette perspective pourrait assigner à chaque communauté du village des rôles complémentaires sur la base d'un équilibre entre tradition et modernité, et préciser le degré d'ouverture par rapport au visiteur. Yobri, par exemple, qui est loin de Yirini et du parc, est ouvert à la modernité et pourrait offrir des attractions produisant une promotion touristique (différents exemples d'artisanat : l'activité des forgerons, des empailleurs, des tisseurs). Par contre à Yirini, la tradition étant forte et le village étant localisé entre Yobri et Saborkguoli, on pourrait éviter de proposer des circuits à l'intérieur du village. On pourrait encourager des excursions sur la falaise à la découverte de la vision panoramique qu'elle offre et de ses ressources paysagères. Finalement, vu la proximité de Saborgkuoli par rapport à l'aire protégée et son implication dans la gestion des zones cynégétiques, il pourrait offrir des attractions dans le domaine de la chasse sportive ou du tourisme de vision. Ce projet doit être réalisé avec l'implication des populations et la prise en compte des modalités qu'elles proposent à travers la cartographie participative.

Figure 2 – Les lieux sacrés de Pagou, Pundougou et Doundo

La dernière phase de la Stratégie SIGAP qui prévoit la construction d'outils de capitalisation et de support à la décision n'a pas encore été réalisée par manque de financement. Le premier (Multimap), en se portant sur la connaissance de la zone, contribuera à sa gestion ; le second (DSS) favorisera la réalisation d'une planification équilibrée entre conservation des ressources naturelles et développement local de la périphérie.

6. Vers une cartographie du paysage

L'analyse conduite jusqu'ici a tenté de montrer l'importance du paysage dans la société gourmantché, aussi bien comme une composante identitaire qu'une unité de planification pour la gestion environnementale de cette aire si complexe. Cependant, nous avons montré que sa récupération nécessite des recherches de terrain conduites avec des instruments qui traduisent, de façon communicative, les intérêts de tous les acteurs impliqués, afin que la concertation se concrétise de façon transparente.

La recherche conduite dans la périphérie du Parc National d'Arly a eu pour objectif d'expérimenter cette nouvelle perspective menée sans la contrainte qui aurait d'une façon ou d'une autre pu compromettre la liberté d'analyse. Cependant, elle ne se propose pas comme un exercice académique, mais, plutôt, comme une proposition opérationnelle pour la récupération du paysage comme UP avec la participation directe des populations locales sans lesquelles, aucune planification écologique n'aurait été possible.

Chapitre 2

La biodiversité de l'UPC Arly

1. Présentation de l'Unité de Protection et de Conservation Arly (UPC Arly)

L'UPC Arly est située à l'Est du Burkina Faso, plus précisément dans les provinces de la Tapoa et de la Kompienga. Elle est constituée des Réserves Totales de Faune d'Arly et de Madjoari classées respectivement par l'arrêté n° 8885 SEF du 23 décembre 1954 et par le décret n° 70-175/PRES/AGRI-EL-EF du 13 avril 1970 (GRAD, 2004) auxquelles s'ajoutent les Concessions de Chasse de Pagou-Tandougou et de Koakrana (Fig. 3)[1]. Elle s'étend sur une superficie de 1.530 km² et est limitée au nord par les provinces de la Tapoa et du Gourma, au sud par la rivière Pendjari délimitant la frontière avec le Bénin, à l'est par la Concession de Chasse de Kondio faisant partie de la Réserve de Biosphère Transfrontalière du W, et à l'ouest par l'UPC Ougarou (Réserve Totale de Faune de Singou et Concession de Chasse de Ouamou) et l'UPC Pama (Concession de Chasse Pama Centre-Nord, Centre-Sud et Sud) (Carte 6). L'état de conservation de cet ensemble est relativement bon comme le montre le Figure 4.

D'un point de vue administratif, les réserves de l'UPC Arly se retrouvent à cheval entre les communes rurales de Madjoari, Logobou et Tambaga du Burkina Faso. Presque 300 villages riverains abritant environ 161.000 habitants ceinturent l'UPC Arly, ce qui ne peut rester sans interférence sur le mode de gestion de ses réserves[2]. L'UPC Arly fait partie d'un écosystème plus vaste appelé Complexe WAP (W, Arly et Pendjari) qui constitue de nos jours la réserve faunique la plus riche et la plus grande de l'Afrique de l'Ouest. Afin de mieux comprendre la biodiversité de l'UPC Arly et les enjeux de sa gestion conservatoire, il est nécessaire d'appréhender les caractéristiques physiques et humaines de la zone, et pour ce faire, une méthodologie avec une approche intégrée a été appliquée[3].

---

[1] L'UPC Arly comprend également dans son écosystème six Zones Villageoises d'Intérêt Cynégétique (ZOVIC) dans les villages de : Piéni, Moridéni, Madjoari, Tambariga et Moabou (qui en possède deux). Pour des détails concernant les dynamiques de fondation de ce complexe protégé depuis la période coloniale, nous renvoyons au Chapitre 4, paragraphe 3 de ce volume.

[2] Pour des détails sur les aspects socio-territoriaux de la périphérie de l'UPC Arly, nous renvoyons au Chapitre 1, paragraphe 5 de ce volume.

[3] On va présenter par la suite les résultats des recherches sur les enjeux environnementaux de l'aire protégée, dans le cadre du projet interuniversitaire : *Outils pour la prise de décision dans la protection environnementale : le Complexe WAP.*

Figure 3 – Aires constitutives de l'UPC Arly

Entité	Superficie (en km²)	Statut juridique
Réserve Totale de Faune d'Arly	760	Arrêté n° 8.885 du 23/12/54
Réserve Totale de Faune de Madjoari	170	Décret n° 175 du 13/04/70
Concession de Chasse de Pagou-Tandougou	350	Loi n° 006/ADP du 31/01/97 art. 4 et 5
Concession de Chasse de Koakrana	250	
Total UPC Arly	1.530	

Source : GRAD, 2004.

Figure 4 – Etat de conservation de l'écosystème de l'UPC Arly et principales menaces

Entité	Etat de conservation				Principales menaces		
	Cadre réglementaire et gestion	PAG opérationnel	Connaissance de la biodiversité	Etat des milieux physiques	Braconnage et exploitation des ressources	Pression pastorale	Pression agricole (périph.)
Réserve Totale de Faune d'Arly	Inadéquat	Non	Partielle	Bon	Importants	Faible	Importante
Réserve Totale de Faune de Madjoari	Inadéquat	Non	Très partielle	Bon	Importants	Faible	Importante
Concession de Chasse de Pagou-Tandougou	Adéquat	Oui	Très partielle	Bon	Importants	Importante	Importante
Concession de Chasse de Koakrana	Adéquat	Oui	Très partielle	Bon	Importants	Faible	Importante

Source : GRAD, 2004.

Carte 6 — Localisation de l'UPC Arly

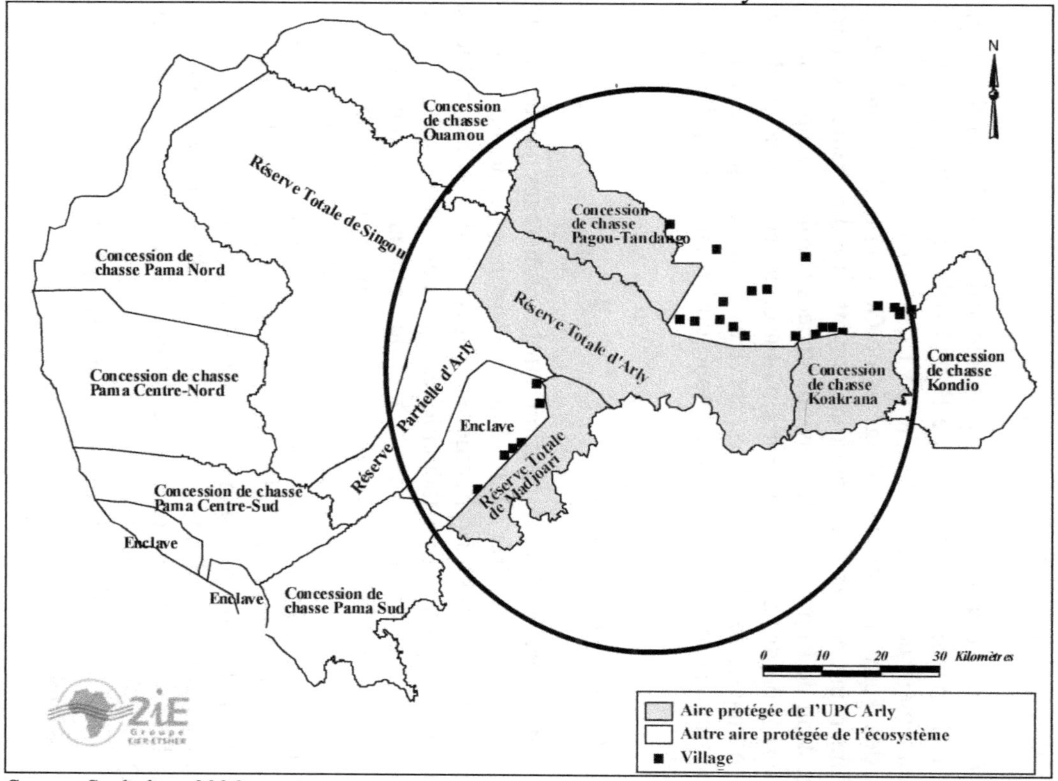

Source: Sagbohan, 2006.

2. Méthodologie de l'étude

L'objet de l'étude étant d'analyser la biodiversité de l'UPC Arly en vue d'une gestion qui préserve ses ressources naturelles, nous avons développé une approche méthodologique qui s'est articulée autour des aspects suivants : recherche documentaire, enquêtes de terrain et cartographie.

2.1. La collecte des données

L'étude sur le terrain a démarré par l'identification des parties prenantes au sein de la population riveraine de l'UPC Arly (Direction Provinciale de l'Environnement et du Cadre de Vie de l'Est, Commission Villageoise de Gestion des Terroirs, Comité Villageois de Gestion de la Faune, etc.). Les institutions d'intervention qui sont directement ou indirectement concernées par la gestion de l'unité ont été aussi identifiées (Projet d'Appui aux Unités de Conservation de la Faune au Burkina Faso, concessionnaires des zones, guides de chasse, services forestiers, services agricoles, services d'élevage, autres administrations et organismes non gouvernementaux, des personnes ressources, etc.).

2.1.1. Recherche documentaire

Il s'agit de récolter les informations sur les recherches menées sur l'UPC Arly afin de mieux cadrer notre étude. La recherche documentaire s'est effectuée tout au long de l'étude et a permis de recenser toutes les informations (rapports, cartes thématiques, bases de données, etc.) relatives à l'aire, auprès des structures de l'Etat, des partenaires comme l'Union Mondiale pour la Nature/Bureau Régional pour l'Afrique de l'Ouest (UICN/BRAO), des projets et institutions, notamment le programme Ecosystème Protégé en Afrique Soudano-sahélienne (ECOPAS), intervenant dans la zone du Complexe WAP dont fait partie l'UPC Arly et disposant d'une importante base de données sur la zone (images satellitaires, cartes d'intervention du complexe, etc.), mais aussi dans les bibliothèques de l'Institut International d'Ingénierie de l'Eau et de l'Environnement (2iE) et de l'UICN à Ouagadougou.

Les informations les plus récentes sur l'UPC Arly ont été extraites des données globales sur le Complexe WAP, notamment les aspects écologiques, biologiques, socio-économiques, anthropologiques, institutionnels, juridiques et politiques ont été fournis par l'ensemble des acteurs.

2.1.2. Enquêtes de terrain

L'interview semi-structurée a été le principal outil de la Méthode Accélérée de Recherche Participative (MARP) qui a été utilisée de manière transversale lors de cette étude. Elle a été systématiquement appliquée auprès de groupes cibles afin de mettre en exergue les connaissances traditionnelles, les craintes et contraintes ainsi que les attentes des différents groupes par rapport à la gestion de l'UPC Arly. Des fiches d'enquête conçues et constituant le support de ces interviews semi-structurées ont permis d'apprécier :

- l'état actuel des ressources pour la validation des cartes thématiques ;
- l'état des pressions humaines sur les ressources ;
- l'état de la diversité biologique ;
- les dynamiques des fronts pionniers agricoles ;
- l'utilisation des ressources en eau.

Des fiches d'observation ont été également utilisées lors de l'étude.

2.1.3. Cartographie

Les relevés ponctuels et le *tracking* au GPS (*Global Positioning System*) ont permis de cartographier les différentes caractéristiques du milieu physique et d'occupation des sols. Le GPS a été réglé dans le système de coordonnées WGS84 avec des unités en degrés décimaux.

Les points relevés sur le terrain, suivant les différentes thématiques abordées (milieu physique, milieu humain et occupation des sols), ont été portés sur les cartes thématiques existantes et ont permis de créer de nouvelles représentations telles que les cartes géologiques, pédologiques, hydrographiques et de végétation. Cette composition a été possible grâce au Système d'Information Géographique (SIG) sous le logiciel ArcView.

2.2. L'exploitation des données

Les données ont été analysées grâce aux outils tels que la cartographie pour la description des écosystèmes et le Système d'Information Géographique pour l'analyse spatiale et quantitative de certaines données recueillies. Pour le traitement d'image nous avons numérisé les différents éléments intéressants se trouvant sur les cartes au 1:200.000 scannées (qui ont été géoréférencées en se basant sur des points de repères connus) que nous avons intégré à la base générale de données déjà créée. Les cartes ainsi produites constituent d'abord une indication géographique sur les écosystèmes, leur variabilité et leur répartition spatiale. Elles seront également utiles pour des actions de développement à mener à l'intérieur de l'UPC Arly et la planification d'intervention dans la préservation de certaines espèces.

3. Description de l'écosystème UPC Arly

3.1. Le milieu physique

3.1.1. Le climat

La région de l'Est du Burkina Faso est caractérisée par un climat soudano sahélien avec une pluviométrie moyenne annuelle variant entre 600 et 900 mm. La saison des pluies dure en moyenne cinq mois (mai – septembre) avec des amplitudes thermiques diurnes et annuelles moins importantes que dans la partie nord du pays et des ETP (Evapotranspiration Potentielle) modérées.

Ainsi on a pu montrer que l'ETP à Fada N'Gourma, à partir de l'année 2002, augmente constamment, synonyme d'un changement climatique en acte. L'activité des végétaux est donc très intense durant cette période. Les variations de la pluviosité relevée dans la zone de Namounou en 2002 montraient une diminution de pluie (Fig. 5).

L'analyse de la durée d'insolation de 1994 à 2004 (Fig. 6) illustre une variabilité temporelle moyenne assez élevée. Elle montre également que pour toute la période, la fréquence de variation est supérieure à six heures. La figure montre bien la variation selon laquelle la durée d'insolation évolue inversement par rapport à la pluviométrie (plus précisément par rapport à la couverture nuageuse). A partir de 2003 cette propriété n'est plus respectée. Il en résulte une anomalie non moins importante sur ces paramètres climatiques à partir de l'année 2003. Il y a lieu d'étudier dans le futur cette question de façon plus approfondie afin de trouver les solutions pour la préservation de la diversité biologique et des ressources en eau de l'UPC Arly.

Figure 5 – Evolution interannuelle de la pluviosité et de l'ETP

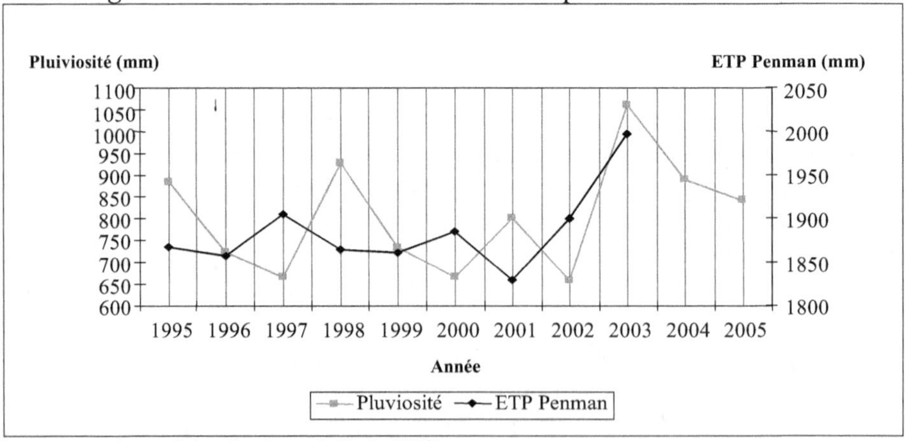

Source : station météorologique de Fada N'Gourma

Figure 6 – Evolution interannuelle de la température et de l'insolation

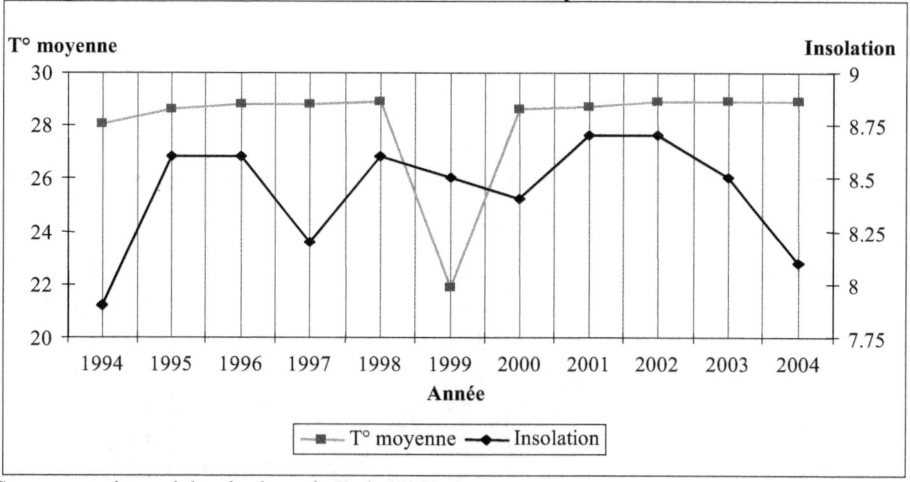

Source : station météorologique de Fada N'Gourma

3.1.2. La géologie et la géomorphologie

Les formations géologiques de l'UPC Arly peuvent être regroupées au sein des périodes suivantes : le cambro-ordovicien, localisé principalement dans la région sud de l'unité autour de la rivière Pendjari, constituant 52,1% de la superficie totale de l'UPC Arly ; le précambrien A, qui occupe une petite partie de la superficie de l'aire protégée soit 3,5% et se localise principalement dans sa partie méridionale ; le précambrien C ou birimien, qui occupe 17% de la superficie et se localise dans la partie nord de l'UPC ; le précambrien D ou antébirimien, qui occupe 27,4% de la superficie de l'UPC et est localisé dans la partie nord. Il s'agit d'un cadre géologique très varié comprenant des roches cristallines et sédimentaires (Carte 7).

Le sommet le plus élevé de la région est la falaise du Gobnangou avec des altitudes qui rejoignent les 351 m d'altitude. L'association de ces formations cristallitiques et granitiques donne lieu à la présence de sols variés.

Carte 7 – Carte géologique de la zone d'étude

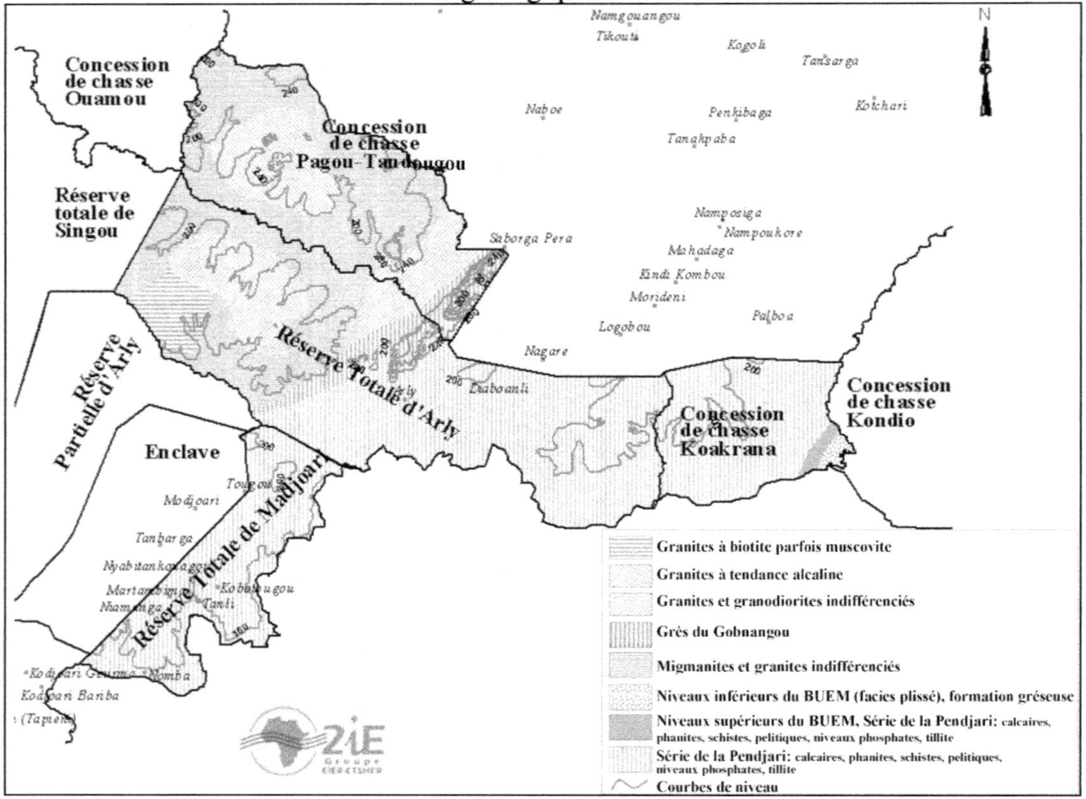

3.1.3. La pédologie

Les différentes formations géologiques observées dans l'UPC donnent lieu à cinq classes de sols (Carte 8) suivant la classification de la Commission de Pédologie et de Cartographie des Sols (CPCS) de 1967 (BUNASOLS, 1990). Il s'agit, entre autres :

i) *des sols à sesquioxydes de fer et de manganèse* : ils ont une réserve en eau et une fertilité chimique assez faibles leur conférant ainsi une aptitude à la culture du mil, du sorgho, du sésame et de l'arachide. Ils se retrouvent dans la partie nord de l'UPC Arly et dans la RTF de Madjoari et occupent 48,1% de la superficie totale de l'aire protégée ;

ii) *des sols hydromorphes* : leur fertilité est très élevée sur les roches basiques et très faible sur les roches acides. Ils se retrouvent dans la partie est de l'UPC Arly principalement dans la Concession de Chasse de Koakrana et aux abords de la rivière Pendjari. Ils occupent 37,2% de la superficie de l'UPC ;

iii) *des sols peu évolués* : dans l'UPC Arly, ils occupent 5,7% de la superficie et se retrouvent dans l'extrême nord de la Concession de Chasse de Pagou-Tandougou et au centre-ouest dans la RTF d'Arly et de Madjoari ;

iv) *des vertisols et paravertisols* : ce sont des sols profonds avec une très bonne capacité de rétention en eau et une fertilité chimique très élevée et favorable à la riziculture, au sorgho et au maïs. Ils représentent une proportion de 5,3% de la superficie totale de l'UPC ;

v) *des sols minéraux bruts* : ces sols occupent une faible proportion de l'UPC (soit 3,8%) et sont pour la plupart aptes pour des utilisations agro-pastorales. Ils se retrouvent de façon isolée dans toute l'UPC.

3.1.4. L'hydrographie

L'eau est un élément fondamental dans la pérennité de tout écosystème. Sa présence constante dans une aire protégée constitue un facteur de durabilité, de regroupement et de suivi de la population faunique et floristique.

Le réseau hydrographique reste très dense malgré la faible pluviométrie dans les provinces de l'UPC Arly (Carte 9). Ceci s'explique par la présence de grands cours d'eau permanents comme la Pendjari/Oti, le Mékrou, la Tapoa. On note trois sous-bassins versants auxquels appartient l'UPC Arly à savoir : les sous-bassins de Douboudo, de Pendjari/Oti et de Kourtiagou. Le principal cours d'eau permanent est la Pendjari. Douboudo et Arly sont les seuls cours d'eau semi-permanents auxquels s'ajoutent les cours d'eau temporaires que sont : Pantiani, Yirini-Sansane, Diabonli, Bonkongou et Koakrana (Parnot, Sow, 1987).

Carte 8 – Pédologie de la zone d'étude

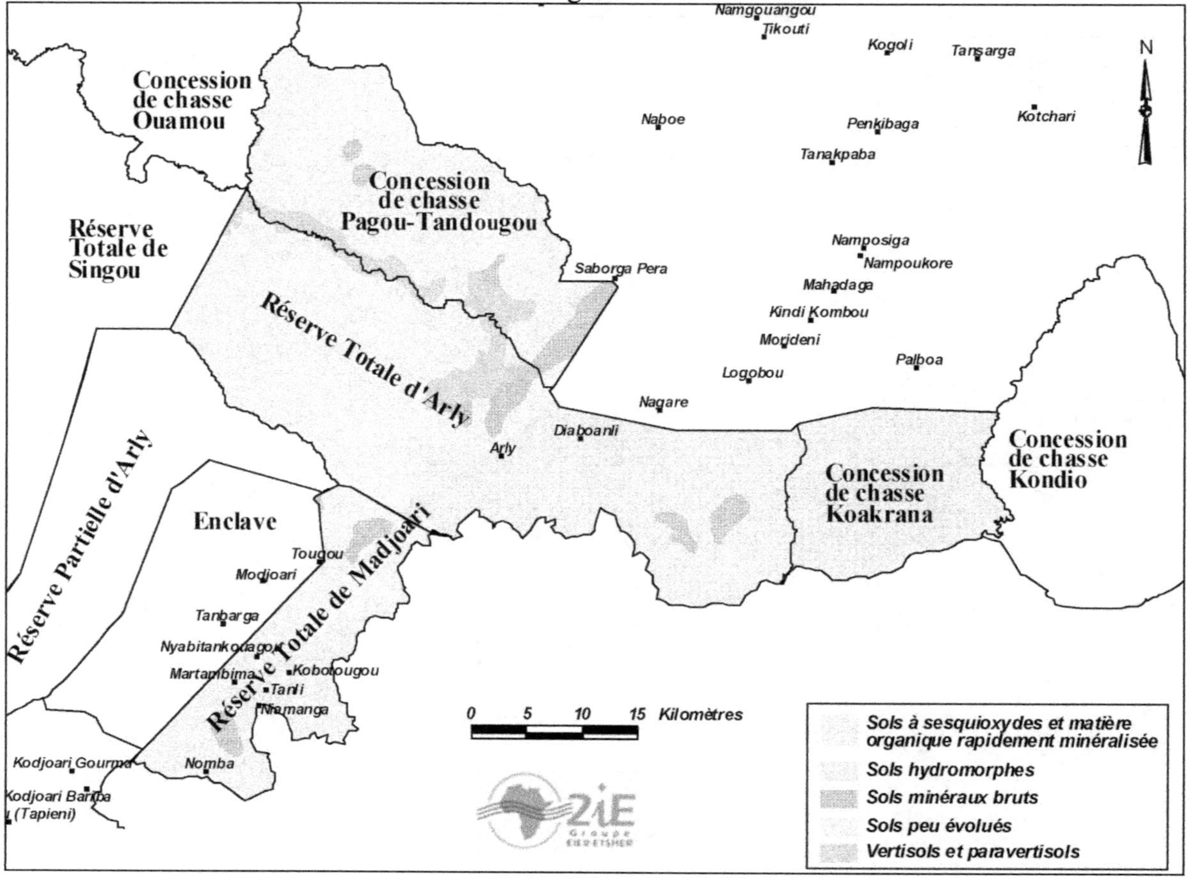

Carte 9 – Hydrographie de l'UPC Arly

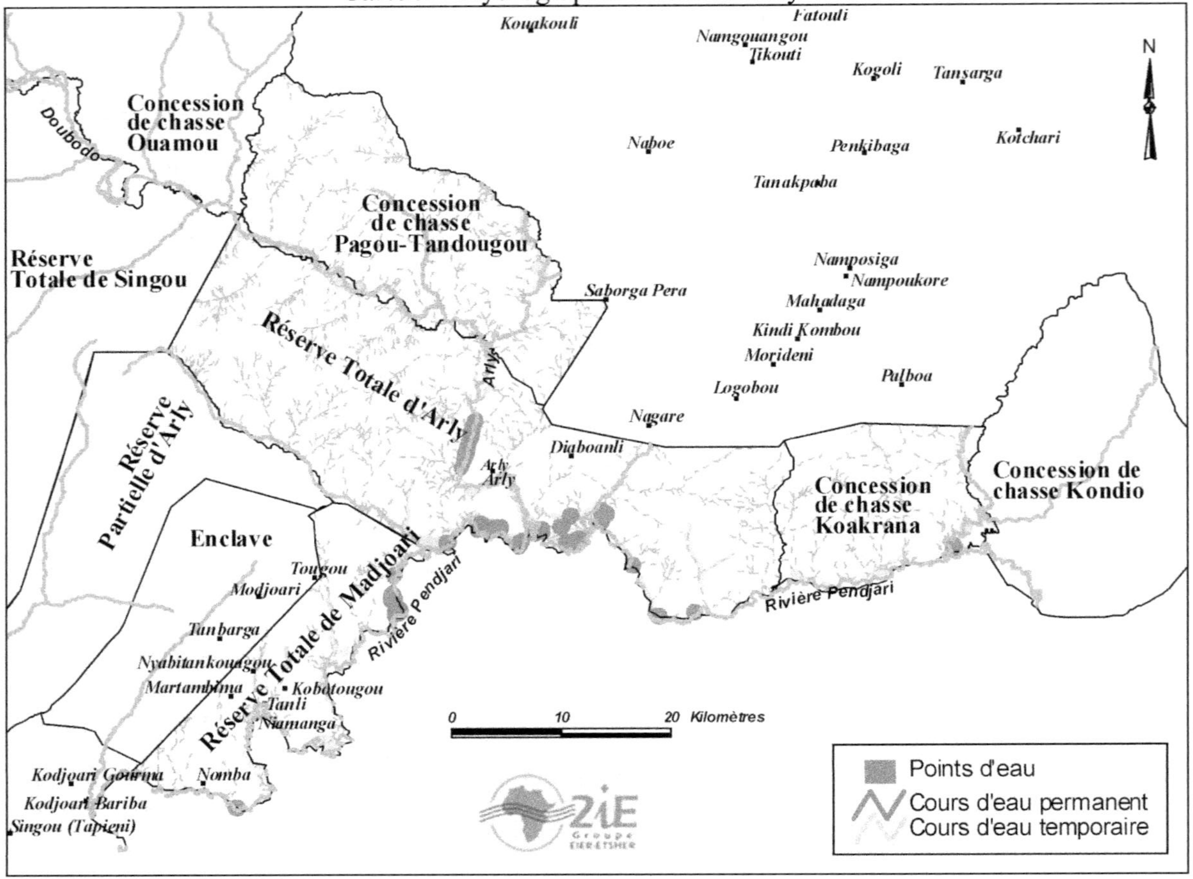

L'Unité Arly compte quelques mares permanentes à savoir Pembado (la mare aux hippopotames et la plus grande de l'UPC Arly de part sa superficie) et Londo. A ces mares, s'ajoutent de multiples mares temporaires telles que : Gnouaga, Dourmonga, Diacombouri, Botoutou, Tjobougouli, Bouliabou, Cyril, Gnaéli, etc.

3.1.5. La végétation

Sur le plan des formations végétales (Carte 10) le Burkina Faso compte deux domaines phytogéographiques : le soudanien et le sahélien. La Région de l'Est et, plus précisément, les provinces de la Tapoa et de la Kompienga se situent dans le domaine soudanien lequel est subdivisé en deux secteurs : le nord soudanien et le sud soudanien. Ces deux secteurs se retrouvent dans l'UPC Arly avec une répartition géographique très nette.

Le nord soudanien se situe dans la partie nord de l'UPC et occupe une proportion de 20,2% de la superficie totale. Il est constitué essentiellement de savane arboré à arbustive.

Le sud soudanien quant à lui occupe 79,8% de la superficie de l'UPC Arly et est constitué en majeure partie de savane arbustive à arborée avec quelques présence de savane arborée à arbustive. La végétation y est plus dense vers les cours d'eau quasi permanents.

On retrouve dans ces deux secteurs un important potentiel d'espèces ligneuses qui constituent un des éléments fondamentaux de la présence d'espèces fauniques dans l'aire protégée, ainsi que de la présence de la population villageoise à la quête de certaines plantes médicinales.

3.1.6. La faune

L'UPC Arly contribue par sa population faunique au maintien de cette diversité qui constitue la richesse du pays et rehausse de ce fait la valeur écologique du milieu. On distingue ainsi la faune aquatique et la faune terrestre. La faune aquatique est relativement dense avec l'existence de trois campements de pêche dans la RTFA. Sur la base des recherches de terrain, la production annuelle peut être estimée à 45 tonnes.

A l'intérieur de l'UPC on note la présence de presque tous les mammifères et l'effectif des espèces animales a été relevé lors du recensement effectué en 2003 par le Programme WAPOK (Parcs W, Arly, Pendjari, Oti, Keran), et on l'analysera dans les prochaines pages.

On peut constater que les éléphants, les buffles et les hippotragues constituent les espèces dominantes dans ces aires. Cependant, cet écosystème est constamment sous l'emprise d'une population locale située à la périphérie et exerçant différentes activités en relation directe avec l'aire protégée.

Carte 10 – Carte de la végétation de l'UPC Arly

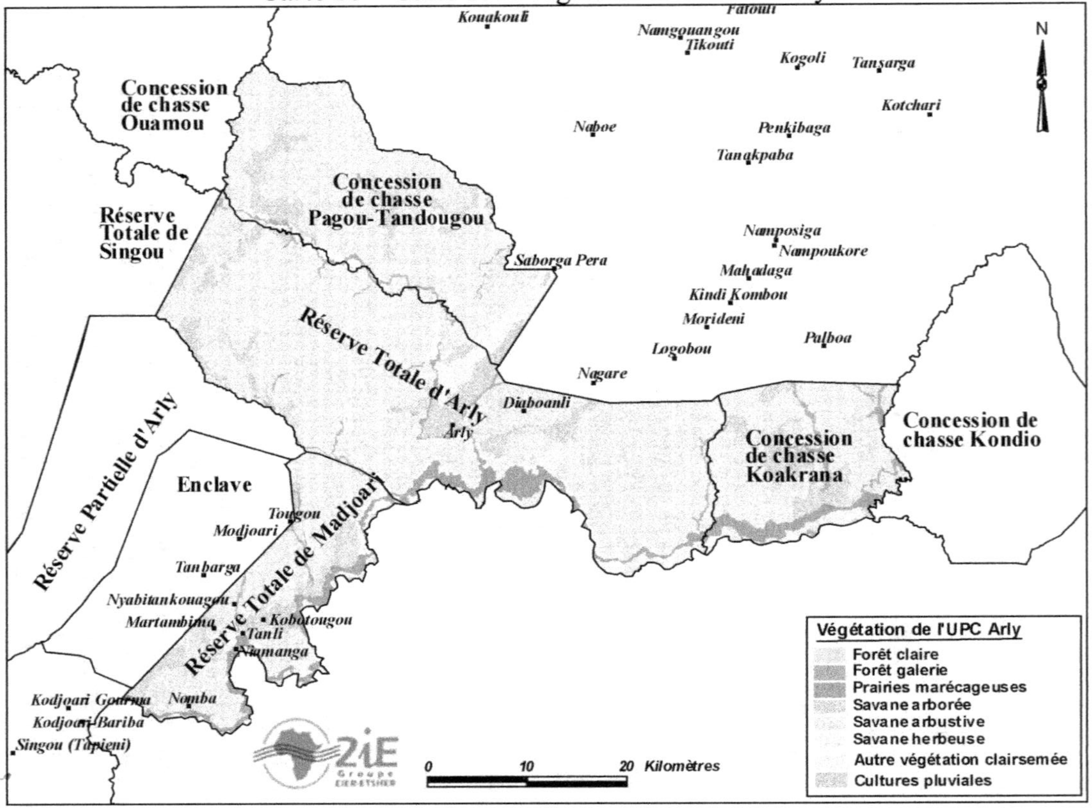

3.2. Le milieu humain de l'UPC Arly

3.2.1. Le peuplement humain

Selon les données collectées sur le terrain, la population de la zone d'influence de l'UPC Arly est d'environ 161.000 habitants[4]. Cette population est à dominance gourmantché avec quelques migrants comme les Peul, les Haoussa, les Djerma et les Mossi. Actuellement le brassage ethnique devient de plus en plus important. Il y a un mouvement migratoire des Mossi des régions du Plateau Central densément peuplé vers la périphérie des parcs pour pratiquer l'agriculture. Cependant, les organisations de type traditionnel sont encore bien structurées avec des réseaux villageois dont l'autorité politique endogène incarne une région et le groupe ethnique dominant. Globalement, les familles de la zone d'étude sont essentiellement des chasseurs comme les Lompo, les Combary et les Couldiaty tandis que d'autres comme les Tankoano sont spécialisées dans la teinture. Les familles Ouôba sont à la fois forgerons et commerçants (Madiéga, 1982). Ces familles ont également des interdits alimentaires et/ou des « espèces » totems allant des mammifères (lion, chien, écureuil, porc-épic, varan, chat, crocodiles, etc.) aux oiseaux comme les tourterelles.

Les communes étudiées sont celles de Tambaga, Partiaga, Logobou et Madjoari. Elles se retrouvent de part et d'autre de la falaise du Gobnangou et au sud-ouest de l'UPC Arly. La commune de Tambaga compte 32 villages administratifs, celle de Partiaga en compte 19, Logobou 17 et Madjoari 8. On a pu constater que la population la plus élevée dans la commune de Logobou se retrouve dans le village de Namponkore.

3.2.2. Les activités humaines

L'agriculture reste la principale composante économique permettant à la population de satisfaire ses besoins vitaux, voire de s'épanouir. Elle est pratiquée par plus de 90% de la population villageoise. Les cultures vivrières et le coton y sont présentes. Les limites du terroir villageois n'étant pas extensibles, une situation de blocus risque d'engendrer des actions négatives sur l'aire protégée vu que les bordures de cette dernière sont parfois même déjà occupées par les cultures de coton[5].

L'élevage est la seconde activité pratiquée par la population après l'agriculture. Il est constitué de la volaille, du gros bétail, des petits

[4] Nous présentons ensuite quelques aspects des populations habitant la périphérie de l'UPC Arly, pour l'approfondissement desquels nous renvoyons au Chapitre 1, paragraphe 5 de ce volume.

[5] Concernant les différents impacts des deux types de cultures présentes dans la périphérie de l'UPC Arly – vivrières et cotonnières – nous renvoyons au Chapitre 8, paragraphe 2 de ce volume.

ruminants et parfois même des oiseaux comme le pigeon. L'accroissement des terres cultivables va entraîner le problème de la disponibilité du fourrage. C'est la raison pour laquelle les éleveurs de bétail doivent conduire les animaux vers le sud (frontière du Bénin), où ceux-ci peuvent trouver le fourrage nécessaire. Ainsi, pour faciliter leur déplacement vers cette frontière, un couloir de transhumance a été délimité à l'intérieur de la RTFA. Ce couloir passe également à l'intérieur des terroirs villageois de Saborgkpéla et Saborgkuoli, mais dans ce cas la bande n'étant pas délimitée, il s'ensuit un conflit entre éleveurs et agriculteurs lors des passages des animaux.

Le commerce est beaucoup plus pratiqué par les femmes. Chaque village dispose ainsi d'un marché qui s'anime une fois par semaine. C'est le lieu de vente des différents produits vivriers mais aussi des moments de rencontre et d'échange entre les populations voisines. Le marché le plus animé et le plus grand de la périphérie est celui de Namounou qui se tient chaque dimanche.

4. Situation de la biodiversité de l'UPC Arly

Au sens de la Convention sur la Diversité Biologique, traité international qui fut adopté lors du Sommet de la Terre à Rio de Janeiro en 1992, la « diversité biologique » s'entend par la « variabilité des organismes vivants de toute origine y compris, entre autres, les écosystèmes terrestres, marins, aquatiques et les complexes écologiques dont ils font partie ». La diversité biologique comprend donc la diversité au sein des espèces et entre les espèces ainsi que des écosystèmes (ONU, 1992b, article n° 2).

Il semble évident que la zone d'étude peut être subdivisée en « unités fonctionnelles » formées de communautés de plantes, d'animaux, de micro-organismes et de leur environnement qui interagissent entre elles.

4.1. L'écosystème de l'UPC Arly

L'écosystème de l'UPC Arly est un ensemble de deux réserves totales de faune et de deux zones cynégétiques. Cet ensemble couvre environ 1530 km^2 (GRAD, 2004 ; MECV, 2005a).

La plupart des aires a des régimes de gestion actuelle qui ne correspondent pas à leurs statuts de classement originel. En effet l'appellation « Parc National » s'est imposée d'elle-même par l'usage. Il y a une dynamique actuelle tendant à englober à la fois les Réserves Totales de Faune d'Arly (760 km^2) et de Madjoari (170 km^2) pour en faire le Parc National d'Arly (Fig. 7).

A l'exception des concessions qui sont gérées à travers des protocoles de gestion officiels (Cahiers de charge), la plupart de ces aires ne dispose d'aucun plan d'aménagement et de gestion permettant de rendre officiel l'ensemble des interventions conformément aux textes en vigueur.

Figure 7 – L'entrée du Parc National d'Arly

4.2. La biodiversité et les ressources naturelles

Les connaissances scientifiques sur la biodiversité de l'ensemble des aires de l'UPC Arly sont très limitées, à l'exception de quelques travaux d'inventaires fauniques (aérien et pédestre) réalisés çà et là. Toutefois, la Réserve Totale de Faune d'Arly a bénéficié de suivis particuliers depuis les années soixante-dix.

4.2.1. Occupation des sols dans l'écosystème de l'UPC Arly

Les résultats globaux sur l'ensemble de la zone d'étude (Fig. 8) permettent d'aboutir aux conclusions suivantes : l'ensemble de la zone est partagée entre les savanes et les forêts qui occupent respectivement 68,7 % et 16,7% de la superficie totale de l'UPC Arly. En ce qui concerne particulièrement les savanes, on note une forte prépondérance de celle arbustive (87,6%) par rapport à l'ensemble des savanes. La savane arborée et la savane herbeuse représentent respectivement 3,4% et 8,5%. La savane saxicole, constituée de la végétation d'altitude, représente 0,4%. Elle forme un habitat particulier pour les espèces fauniques qui lui sont inféodées. Les formations ripicoles n'occupent qu'environ 0,1% de la surface totale de l'Unité. Les forêts galeries sont assez proches des formations ripicoles et sont presque inexistantes.

Figure 8 – Occupation des sols dans l'UPC Arly

Occupation du sol	Arly	Madjoari	Pagou - Tandougou	Koakrana	Total UPC Arly
Butte cuirassée	120,27	2,97	2	-	125,24
Champ	180,01	1.276,20	1.036	67,14	2.559,35
Colline	3.907,98	734,49	143,11	7.000,36	11.785,94
Cuirasse latéritique	129,42	-	70,45	11,79	211,66
Dépôt alluvionnaire	130,27	11,26	0,09	-	141,62
Forêt	1.560,33	8.290,90	9.013,41	6.575,12	2.5439,76
Formation ripicole	150,30	7,83	-	10,44	168,57
Non déterminé	18,27	3,87	8,73	2,43	33,30
Plan d'eau	113,05	10,90	10,72	1,35	136,02
Rocher	3.810,78	1.400,15	576,83	1.100,36	6.888,12
Savane arborée	151,26	85,50	852,79	2.500,00	3.589,55
Savane arbustive	6.1122,63	4.172,82	18.700	7.691,38	91.686,83
Savane herbeuse	4.290,84	1.008,97	3.530	83,25	8.913,06
Savane sur colline	244,62	6,03	171,34	19,62	441,61
Sol dégradé	10,44	0,27	140,72	3,78	155,21
Sol nu	-	0,81	0,27	-	1,08
TOTAL	7.5940,47	17.012,97	34.256,46	25.067,02	152.276,92

Données : réelles en hectares ; source : GRAD, 2004.

Les collines, les rochers et les cuirasses latéritiques constituent des habitats particuliers également bien représentés dans l'UPC. Ces habitats revêtent une grande importance pour les espèces animales qui leur sont inféodées. C'est le cas par exemple du guépard, du daman de rocher, des rapaces divers, etc. La présence des élévations donne également aux paysages de la région des valeurs panoramiques et pittoresques et constitue donc un atout majeur pour la zone.

Enfin, on note une pression humaine relativement faible sur l'ensemble de l'aire protégée, le taux d'empiètement agricole se situe à des proportions maîtrisables (1,7%). L'UPC Arly reste donc relativement bien conservée.

4.2.2. La diversité végétale

L'état de la diversité biologique des ressources naturelles et des biotopes de l'UPC a été décrit suivant deux approches : d'une part, à partir de la cartographie des éléments de l'occupation des terres et, d'autre part, sur la base de la documentation.

La flore de l'UPC Arly est encore mal connue. La présence géographique du Parc National d'Arly dans le domaine soudanien lui confère le caractère d'une zone d'extension des savanes associées à des formations ripicoles ou des galeries forestières le long des cours d'eau. La savane arborée est surtout présente sur des sols assez profonds à la différence de la savane arbustive présente souvent sur les lithosols et les sols cuirassés.

La savane herbeuse se trouve surtout dans les plaines d'inondation ou sur la partie supérieure des pentes. Dans ces savanes, les graminées atteignent 1,5 à 2 m et ils émergent quelques pieds de *Mitragyna inermis* ou d'*Acacia sieberiana* aux longues épines argentées et de *Borassus aethiopium.*

Les savanes arbustive et/ou arborée sont traitées ici comme une seule physionomie végétale, bien qu'elles renferment plusieurs formations différentes. Ces savanes plus ou moins ouvertes constituent la majeure partie des paysages du Parc. Les espèces ligneuses les plus caractéristiques de ces formations sont : *Lannea acida, Terminalia avicennoides, Gardenia ternifolia, Acacia gourmaensis, Acacia macrostachya, Combretum ghasalense, Afzelia africana,* etc. Le tapis herbacé est dominé par les graminées de type *Andropogon ascinodis, Andropogon gayanus, Andropogon perliqualatus, Hypparrhena rufa, Hypparrhena subplumosa, Loudetia simplex, Loudetia togoensis* et *Vetivera nigritana.*

Les formations ripicoles observées sont des végétations de talus des berges des cours d'eau d'une certaine importance avec une diversité spécifique élevée. Les espèces caractéristiques sont : *Syzigium guineense, Pterocarpus santalinoides, Carthium cornelia, Parinari congensis, Mytragyna inermis.*

La présence de quelques espèces rares telles que *Daniellia oliveri* et *Ficus gnaphalocarpa* dans certaines zones de l'UPC est synonyme d'une présence de nappe phréatique peu profonde et d'un potentiel hydrique important. De même, la présence de certaines espèces dénombrées telles que *Vitellaria paradoxa* (karité), *Parkia biglobosa* (néré) et *Andansonia digitata* (baobab), qui sont des espèces entretenues par l'homme pour leur utilité prouve que la région a manifestement été habitée avant la création des aires protégées.

Cette diversité floristique constitue un atout fondamental de la présence d'espèces fauniques dans le Parc.

4.2.3. La diversité faunique

La Région de l'Est du Burkina Faso regorge d'un potentiel faunique assez élevé. L'UPC Arly compte ainsi d'importantes faunes aquatiques et terrestres. Cependant, l'état des connaissances scientifiques sur cette faune reste dans l'ensemble fragmentaire.

La faune est incontestablement le principal atout de la zone qui attire les touristes.

La présence de cours d'eau quasi permanents permet d'apprécier ce potentiel. La preuve en est que les campements de pêche sont pour la plupart fréquentés par des acheteurs provenant de la ville de Ouagadougou (capitale politique située à plus de 500 km).

La faune terrestre, quant à elle, demeure la plus abondante à travers la présence de tous les grands mammifères. On compte une vingtaine d'espèces dont trois primates, trois grands carnivores (lion, panthère et guépard), treize ongulés dont l'hippopotame, l'hippotrague et le buffle ; l'éléphant est relativement facile à observer. On relève également d'autres espèces telles les bubales, les cobs de buffon, les singes (patas, babouin), les phacochères, les damalisques, etc. (Fig. 9).

Figure 9 – Présence de quelques espèces dans le Parc National d'Arly

Espèce	**Nom français**	**Présence**
Loxodonta africana	Eléphant	+
Giraffa camelopardalis	Girafe	-
Syncerus caffer brachyceros	Buffle	+
Hippopotamus apmhibius	Hippopotame	+
Hipotragus equinus	Hippotrague	+
Alcelaphus buselaphus	Bubale	+
Damaliscus lunatus korrigum	Damalisque	+
Kobus ellipsiprymnus	Cob Defassa	+
Kobus kob	Cob de Buffon	+
Redunca redunca	Cob redunca	+
Tragelaphus scriptus	Guib harnaché	+
Gazella rufifrons	Gazelle à front roux	?
Sylvicapra grimmia	Céphalophe de Grimm	+
Cephalophus rufilatus	Céphalophe à flancs roux	+
Ourebia oribi	Ourébi	+
Phacochoerus africana	Phacochère	+
Panthera leo	Lion	+
Panthera pardus	Léopard	+
Acynonix jubatus	Guépard	+
Lycaon pictus	Lycaon	?
Hyaena hyaena	Hyène tachetée	+
Crocuta crocuta	Hyène rayée	+
Orycteropus afer	Oryctérope	+
Hystrix cristata	Porc-épic	+
Trichechus senegalensis	Lamantin	?
Papio hamadryas	Babouin	+
Eryhtrocebus patas	Singe rouge	+
Cercopithecus aethiops	Singe vert	+

Source : GRAD, 2004.

Suivant le dernier recensement effectué en 2003 par le Programme WAPOK (Bouché, Lungren, Hien, Omondi, 2003), 15% de l'effectif dénombré se retrouve à l'intérieur du Parc National d'Arly. C'est-à-dire que cette aire protégée regorge une importante population faunique à l'intérieur de laquelle il faut également compter un potentiel d'avifaune assez remarquable. En effet, en ce qui concerne cette dernière, près de 280 espèces d'oiseaux ont été recensées par Green et Sayer en 1979 et ce recensement est loin d'être complet. On peut donc estimer que cette avifaune est relativement abondante mais méconnue dans l'ensemble. On relève cependant la présence de nombreuses pintades, de francolins, de poule de roche, de pigeons verts, de ganga, etc.

Les Figures 10, 11 et 12 présentent la répartition de quelques espèces des principaux groupes taxonomiques. La Figure 12, en plus, donne les densités moyennes (nombre/km²) de quelques ongulés sauvages du Parc National d'Arly. Cette figure montre que la zone d'Arly connaît les plus grandes densités de faune.

Figure 10 – Herbivores du Parc National d'Arly

Espèce	**Nom français**	**Présence**
Loxodonta africana	Eléphant	+
Giraffa camelopardalis	Girafe	-
Syncerus caffer brachyceros	Buffle	+
Hippopotamus apmhibius	Hippopotame	+
Hipotragus equinus	Hippotrague	+
Alcelaphus buselaphus	Bubale	+
Damaliscus lunatus korrigum	Damalisque	+
Kobus ellipsiprymnus	Cob Defassa	+
Kobus kob	Cob de Buffon	+
Redunca redunca	Cob redunca	+
Tragelaphus scriptus	Guib harnaché	+
Gazella rufifrons	Gazelle à front roux	?
Sylvicapra grimmia	Céphalophe de Grimm	+
Cephalophus rufilatus	Céphalophe à flancs roux	+
Ourebia oribi	Ourébi	+
Phacochoerus africana	Phacochère	+

Source : GRAD, 2004.

Figure 11 – Carnivores et primates du Parc National d'Arly

Espèce	**Nom français**	**Présence**
Panthera leo	Lion	+
Panthera pardus	Léopard	+
Acynonix jubatus	Guépard	+
Lycaon pictus	Lycaon	?
Hyaena hyaena	Hyène tachetée	+
Crocuta crocuta	Hyène rayée	+
Orycteropus afer	Oryctérope	+
Hystrix cristata	Porc-épic	+
Papio hamadryas	Babouin	+
Eryhtrocebus patas	Singe rouge	+
Cercopithecus aethiops	Singe vert	+

Source : GRAD, 2004.

Figure 12 – Densités moyennes des ongulés sauvages du Parc National d'Arly

Espèce	Nom français	Densité (nombre/km²)
Loxodonta africana	Eléphant	0,5
Syncerus caffer brachyceros	Buffle	1,0
Hippopotamus apmhibius	Hippopotame	?
Hipotragus equinus	Hippotrague	2,61
Alcelaphus buselaphus	Bubale	1,11
Damaliscus lunatus korrigum	Damalisque	0,94
Kobus ellipsiprymnus	Cob Defassa	0,94
Kobus kob	Cob de Buffon	7,19
Redunca redunca	Cob redunca	0,56
Tragelaphus scriptus	Guib harnaché	0,80
Sylvicapra grimmia	Céphalophe de Grimm	1,53
Ourebia oribi	Ourébi	2,31
Phacochoerus africana	Phacochère	2,95

Sources : Bouché et *al.*, 2003 ; Lungren, Douamba, 2002 ; Sinsin, 2001.

Certaines espèces dépassent parfois plus de sept individus par km² comme celle du cob de Buffon (7,19 individus/km²). Des espèces comme le phacochère, l'hippotrague et l'ourébi ont des densités encore importantes dans cette zone qui semble cependant être moins abondante en éléphants (environ 0,5 individu/km²).

5. Conservation de la biodiversité de l'UPC Arly

5.1. Menaces à la conservation

Jusqu'à une date récente, les populations des pays africains ont vécu dans leur environnement qu'ils ont, il est vrai, plus ou moins modifié au fil des ans, utilisant pour se nourrir, pour se soigner, pour construire leurs habitations les produits de cette riche biodiversité.

L'ampleur actuelle de la pression démographique et les effets de certains projets de développement provoquent une dégradation irréversible des écosystèmes. Le degré d'utilisation variant suivant les entités sociologiques, l'on remarque qu'aux écosystèmes naturels du passé ont fait place des formations profondément dégradées dans plusieurs régions.

Cette réalité est aussi celle de l'UPC Arly bien que l'action de l'homme soit encore relativement faible comme nous l'avons montré ci-dessus. La déforestation provenant de l'exploitation commerciale de la végétation (bois de chauffe) et l'extension des champs de culture de rente (coton) entraînent des modifications irréversibles de la biodiversité originelle. Les systèmes culturaux inappropriés comme l'agriculture itinérante sur brûlis compromettent les cycles biologiques de reconstitution des écosystèmes. Les feux de brousse, le surpâturage, le braconnage, la pollution des eaux constituent des menaces graves sur la stabilité de la biodiversité.

5.2. Atouts à la conservation

La promotion du tourisme de vision, de la chasse sportive dans les environs et de la pêche dans la rivière Pendjari, le degré d'intéressement de l'UPC Arly par les acteurs du secteur privé à travers l'activité de chasse organisée par les concessionnaires, la conservation de la biodiversité pour les besoins de connaissances scientifiques et pour les générations futures, sont autant d'atouts qui militent en faveur de la conservation du l'UPC Arly[6].

5.3. Stratégie nationale de la biodiversité

La politique de gestion de la biodiversité du pays présente des atouts majeurs. En effet, comme la plupart des pays, le Burkina Faso s'est doté d'un Plan d'Action National pour l'Environnement (PANE) qui intègre un ensemble d'instruments juridiques, politiques et institutionnels régulant au mieux la conservation des ressources biologiques. Une analyse des activités de planification nationale relative à l'évaluation et à la gestion de la biodiversité fait état :

- des lois fondamentales (Code Forestier et Code de l'Environnement) ;
- des programmes (Programme de Gestion Transfrontalière, etc.) ;
- des stratégies sectorielles (forêt, agriculture, pêche, eau).

Le mode de gestion qui vise à écarter la population de l'exploitation de cette ressource naturelle s'est soldé par un échec total vu l'intensification du phénomène de braconnage dans la périphérie. A côté des interdictions de prélèvement sur la faune, on note également l'interdiction d'exercer, à l'intérieur de ces réserves, toutes autres activités telles que l'agriculture, la coupe du bois, les prélèvements et la pêche libre dans les points d'eau. Des conflits perpétuels surgissent entre la population, qui se dit propriétaire naturel, et forestiers, véritables vigiles. Une atmosphère de méfiance subsiste alors entre forces de l'ordre et populations riveraines.

---

[6] Pour ce qui est du tourisme en tant que ressource pour le développement local dans cette région, nous renvoyons à l'analyse effectuée dans le Chapitre 9, paragraphe 5 de ce volume, où l'auteur montre l'exemple d'un système touristique susceptible d'impliquer les villages riverains de l'UPC Arly.

6. Conclusion

Le phénomène de gestion de la richesse cynégétique reste intéressant au point de vue environnemental, vu le grand intérêt, de nos jours, de préserver ces réserves et les ériger en véritables patrimoines mondiaux.

La question fondamentale de cette motivation revient donc à savoir : « Quelles politiques mettre en œuvre pour une meilleure gestion de la faune tout en luttant contre la pauvreté par l'amélioration des conditions de vie des populations vivant dans la périphérie ? ».

Il s'agit ici de réfléchir sur des outils de prise de décision prenant en compte, à la fois l'amélioration des conditions socioéconomiques des populations riveraines et la protection des espèces rares (faune et flore) se trouvant dans ces aires.

Chapitre 3

L'intégration des SIG et de la télédétection pour la gestion durable des écosystèmes du WAP : le cas de l'UPC Arly

1. Introduction

La multiplication des conflits d'usage et le besoin croissant en matière de gestion intégrée et durable de l'environnement conduisent les acteurs publics à mettre en place de nouveaux processus décisionnels (information, communication, décision).

Dans la société de l'information, l'inventaire et la gestion de diverses ressources naturelles ou artificielles, la protection de l'environnement et le développement des projets doivent s'appuyer sur des données localisées, fiables et régulièrement mises à jour.

En matière d'aménagement et de gestion des ressources naturelles, l'information géographique prend une importance particulière en raison du fait que la distribution de celle-ci dans l'espace constitue en elle-même une donnée essentielle dans le processus décisionnel.

Les Systèmes d'Information Géographique (SIG) non seulement ils sont conçus pour structurer, gérer et communiquer l'information géographique, mais ils sont également dotés de puissantes fonctions d'analyse qui permettent d'évaluer les impacts d'une décision ou simuler des scénarios d'évolution.

Le Complexe WAP (W, Arly et Pendjari), comme on l'a vu dans les pages précédentes, est un écosystème transfrontalier de près de 50.000 km^2, à cheval sur le Bénin, le Burkina Faso et le Niger. Il constitue la plus grande réserve transfrontalière de conservation de la diversité biologique en Afrique de l'Ouest et l'un des derniers paysages contigus d'intérêt mondial au plan écologique, économique et culturel (PRPW/ECOPAS, 2004). Malgré les efforts consentis par les pays, ce complexe, reconnu comme zone de conservation prioritaire, nécessiterait d'une valorisation de ses écosystèmes et de ses zones d'influence. L'UPC Arly est l'une des unités éco systémiques du Complexe WAP. Elle se trouve donc concernée par toute action ou étude affectant l'ensemble de la zone.

Avec le soutien du Bureau Régional pour l'Afrique de l'Ouest (BRAO) de l'UICN, les trois pays ont choisi de disposer d'un système de pilotage fiable et opérationnel qui puisse permettre « la conservation à base communautaire de la diversité biologique dans les zones périphériques transfrontalières du complexe » (Worou, 2000). Ce système qui se veut régional et interétatique, basé sur la participation communautaire à la conservation de la biodiversité et à la gestion durable des ressources naturelles, devra se doter d'un certain nombre d'outils assez puissants lui permettant d'assurer pleinement et efficacement sa fonction. Ces outils sont, entre autres, un système d'information géographique, un système de capitalisation et de suivi-évaluation, un plan de participation des acteurs.

Le présent chapitre analyse l'étude relative à la mise en place d'un de ces outils : le SIG (encore appelé Base de Données à Référence Spatiale) pour la gestion participative et durable du Complexe WAP. Il s'agit d'un outil devenu aujourd'hui incontournable dans la mise en œuvre de tout projet et/ou programme de développement.

L'intégration des données avancées de télédétection dans le contexte d'un SIG offre des possibilités significatives pour des applications de conservation durable des ressources naturelles floristiques et fauniques.

De la Base de Données à Référence Spatiale du WAP, a été extrait le SIG de l'UPC Arly, un système qui, alimenté, fournit des données précises sur les situations écologique, hydrologique, sociale, économique, administrative de cette réserve ; autant d'informations indispensables dans la prise de décision éclairée sur ce qu'il faut protéger et comment le protéger durablement. Cette base de données a permis par exemple l'analyse de la distribution spatiale des éléphants (Fig. 13) dans l'UPC Arly.

Figure 13 – Couple d'éléphants dans l'UPC Arly

2. Contexte et justification d'une gestion intégrée du Complexe WAP

2.1. Situation géographique et statuts du Complexe WAP

Située à la jonction des trois pays (Bénin, Burkina Faso et Niger), le Complexe WAP est un écosystème transfrontalier (Cartes 11 et 12). Il constitue un patrimoine exceptionnel, dernier refuge en Afrique de l'Ouest d'énormes troupeaux d'antilopes, d'éléphants, de buffles et, d'une façon générale, des grands mammifères terrestres emblématiques qui caractérisaient le continent africain il y a moins d'un siècle.

Carte 11 – Localisation du Complexe WAP en Afrique

Le Complexe WAP, en partie ou en totalité, a été classé comme Site Ramsar, Réserve de Biosphère et Patrimoine Mondial Naturel. Il est composé de trois écosystèmes qui sont :

1) *l'écosystème de la RBT W* : classé globalement comme Réserve de Biosphère Transfrontalière et Patrimoine Mondial Naturel

comprenant : *le Parc W du Bénin* : classé Réserve de Biosphère et Site Ramsar ; *le Parc W du Burkina Faso :* classé Réserve de Biosphère et Site Ramsar ; *le Parc W du Niger* : classé Patrimoine Mondial Naturel, Réserve de Biosphère et Ramsar ;

2) *l'écosystème du Parc National de la Pendjari* : classé Réserve de Biosphère et Patrimoine Mondial ;
3) *l'écosystème du Parc National d'Arly* : classé Patrimoine Mondial et Site Ramsar.

Ces différents statuts qui sont conférés au complexe indiquent bien la valeur et le potentiel qui lui sont accordés et, par conséquent, la nécessité de conserver durablement ses ressources.

Le concept de gestion durable des ressources naturelles trouve aujourd'hui son écho dans une démarche de gestion participative et les différents projets mis en œuvre sur le Complexe WAP s'engagent de plus en plus dans cette dynamique.

Carte 12 – Les écosystèmes du Complexe WAP

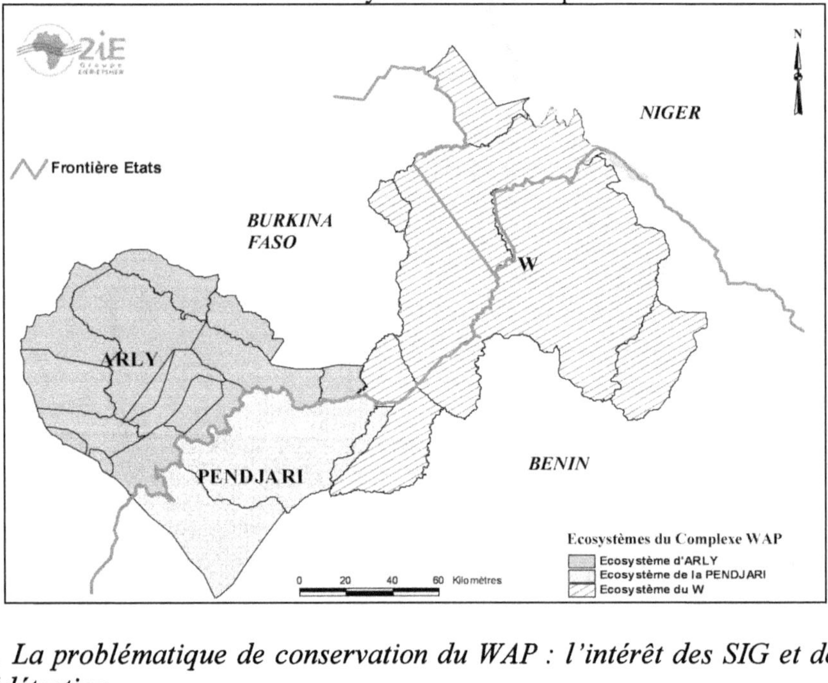

2.2. La problématique de conservation du WAP : l'intérêt des SIG et de la télédétection

2.2.1. Problématique de conservation du WAP

L'objectif de conservation de la biodiversité du Complexe WAP est consécutif aux activités anthropiques riveraines ou parfois lointaines qui ont, de tout temps, constitué une menace pour les ressources qui s'y trouvent.

L'analyse du bilan des différents modes de gestion de la faune, de la situation des ressources ainsi que les principales orientations et options nationales et internationales, permet d'identifier les quatre grandes thématiques qui condensent les principaux enjeux du secteur de la faune que sont :

- les menaces sur la diversité biologique, qui se traduisent par une augmentation du nombre d'espèces floristiques en péril, ainsi que par la dégradation des habitats et des ressources fauniques ;
- l'insuffisance de la contribution des ressources fauniques à la lutte contre la pauvreté, alors que cette lutte est affirmée comme la finalité de l'action publique ;
- la gouvernance de la gestion de la faune, qui doit s'améliorer non seulement pour mieux intégrer l'ensemble des partenaires publics, privés et communautaires, mais aussi pour se doter des méthodologies de planification et de suivi-évaluation plus performantes ;
- la gestion transfrontière des ressources partagées, qui doit permettre d'assurer la conservation des ressources naturelles à l'échelle de l'écosystème.

Les problématiques sont certes différentes d'une zone à une autre mais de manière générale, on observe une situation où la condition socio-économique des villages riverains reflue fortement sur les règles de conservation des potentiels floristiques et faunistiques ainsi que sur les fonctionnalités de l'écosystème dans ces aires protégées. Ces dernières sont, en effet, soumises au braconnage, à la pêche et au pâturage illégal, tant par les populations proches que par les éleveurs transhumants, à l'empiétement agricole et aux feux de brousse.

L'analyse socio-économique de la problématique de conservation du complexe se fonde ainsi sur des éléments relatifs à la culture des populations riveraines, à l'histoire de l'exploitation des ressources, aux systèmes de production dans les zones périphériques, aux compétitions ou conflits liés à l'exploitation des ressources naturelles (Casti, 2004b). Les évolutions récentes liées à une forte croissance démographique ainsi qu'à des migrations provoquées par des épisodes de sécheresse, incitent à lier la protection de ces aires à la problématique de développement et à l'implication des populations dans la conservation et la gestion de ces espaces.

L'analyse des menaces reflète la situation critique des parcs et plus particulièrement la nature « en péril » des aires protégées. Cette situation justifie pleinement l'intervention de projets et/ou programmes dans le Complexe WAP et suscite la recherche de toutes les alternatives durables (gestion participative, collaboration transfrontalière, etc.) afin de promouvoir une conservation qui réduise la pauvreté au niveau des communautés riveraines.

Comment améliorer la subsistance des populations défavorisées sans porter davantage préjudice au capital-ressources sous-jacent ? Comment faire pour que les objectifs mondiaux de réduction de la pauvreté et de pérennité de l'environnement se complètent au lieu de s'opposer ? Il s'agit de questionnements auxquels essaie de réponde la multitude des projets/programmes mis en œuvre dans et autour des réserves du Complexe WAP, dont un exemple est le Programme de Conservation à Base Communautaire de la diversité biologique dans les zones périphériques transfrontalières du Complexe WAP de l'UICN/ BRAO.

2.2.2. Concept de SIG et télédétection pour la gestion des écosystèmes du WAP

Le système de pilotage préalablement présenté est à concevoir au niveau régional et devrait se baser sur l'emploi des SIG et de la télédétection. Ceci souligne l'intérêt fondamental de ces deux instruments dans un processus de conservation durable des ressources naturelles.

Un *Système d'Information Géographique* est un outil informatique permettant de représenter et d'analyser toutes les choses qui existent sur terre ainsi que tous les événements qui s'y produisent. Il constitue l'outil idéal pour les chercheurs. Grâce à lui, ils peuvent modéliser le monde réel, classer et observer des phénomènes et prévoir les changements à venir. Les SIG et, de façon spécifique, les Systèmes de Gestion de l'Information Écologique sont maintenant des outils essentiels dans l'aménagement des forêts et d'autres ressources naturelles.

Un SIG aide ses utilisateurs à prendre de meilleures décisions pour gérer les ressources, assurer des services et fédérer durablement des communautés. Il est utilisé à l'échelle mondiale dans les laboratoires d'écologie, les services de planification, les parcs, les agences et les organismes à but non lucratif pour promouvoir un développement durable.

La *télédétection* est l'ensemble des techniques permettant d'obtenir de l'information sur un objet, un territoire ou un phénomène géographique à travers l'analyse des données acquises à distance sans contact direct avec cet objet, ce territoire ou ce phénomène géographique (Lillesand, Kiefer, 1994).

Elle est surtout reconnue comme la science de l'environnement : surveillance de la terre, des ressources naturelles sur la surface terrestre et d'autres planètes du système solaire. La télédétection fait appel soit à l'imagerie satellitaire soit à la photographie aérienne, mais dans le cas du Complexe WAP, elle a surtout était utilisé pour tout ce qui était mesure d'image terrestre grâce aux satellites d'observation terrestre.

Des images de la télédétection ont été plusieurs fois recommandées dans les projets en cours afin de disposer de l'information nécessaire pour enrichir la Base de Données à Référence Spatiale Complexe WAP :

- possibilité d'avoir des mesures très diverses en imagerie : plusieurs types d'images satellitaires (Landsat, Spot) ont été traitées afin d'extraire les informations sur un certain nombre de thématiques à prendre en compte dans une politique de conservation et de gestion des ressources naturelles ;

- possibilité d'avoir des images à plusieurs échelles : les images satellitaires sur le WAP existent à une moyenne échelle, pour une étude du complexe dans sa globalité et plus ciblées à grande échelle, ou même les photographies aériennes qui ont permis des études plus spécifiques telles que l'inventaire spatial sur les zones périphériques ;

- possibilité de plus en plus développée d'avoir des images précises de meilleure résolution : la haute résolution (10 à 30 m) a été recherchée dans le cas du WAP ;

- possibilité d'avoir des images répétitives sur des durées définies car le temps entre deux acquisitions d'images satellitaires varie d'une demi heure à plusieurs jours ; ceci est très important dans une problématique de protection de l'environnement dans laquelle le suivi impose l'élaboration de cartes d'évolution pour étudier la dynamique des écosystèmes.

Ces intérêts énumérés font de la télédétection et des SIG des technologies liées car :

i) pour être analysées efficacement, les données de télédétection doivent être combinées avec d'autres informations qui peuvent provenir des SIG et des bases de données. Cette combinison dans les SIG créé une information complémentaire pour améliorer les produits dérivés de la télédétection ;

ii) pour une efficacité optimale des SIG, les données mises en jeu doivent être précises et mises à jour et il n'y a que la télédétection comme moyen efficace pour répondre à ce besoin effréné de production régulière de données. La télédétection est ainsi utilisée comme outil d'acquisition et de mise à jour.

Il existe donc une complémentarité réciproque entre télédétection et SIG et de façon encore plus spécifique dans la problématique des ressources naturelles, d'où l'intérêt de les avoir intégrées au profit de la gestion et conservation durable des écosystèmes du Complexe WAP.

3. Le SIG du WAP

Avoir l'information pertinente au bon moment est capital pour la planification, le suivi et l'évaluation de tout programme. La qualité de l'information et son accessibilité sont déterminantes dans le processus de décision.

Pour protéger efficacement les richesses naturelles et le cadre de vie du Complexe WAP, il a fallu avant tout les connaître, c'est-à-dire réaliser des inventaires (connaître le milieu humain et physique, les potentialités, les difficultés et les principales contraintes du territoire) et aussi savoir structurer et croiser toutes les données intervenant dans le processus de gestion de cet espace pour une synthèse et une prise de décision éclairée.

Avec l'appui de l'UICN, des études ont été menées pour la mise en place d'outils aidant à la prise de décision dans une politique de gestion durable des écosystèmes du WAP. Une de ces études a porté sur la mise en place d'une Base de Données à Référence Spatiale ou SIG, objet du présent chapitre. Dans ce cadre, l'Institut International d'Ingénierie de l'Eau et de l'Environnement (2iE) a réalisé et proposé à l'UICN l'architecture de cette base de données (Kedowide, Kientga, Thiam, Some, 2004).

3.1. Objectifs

L'objectif global de la mise en place du SIG du Complexe WAP était de le doter de l'architecture d'un outil permettant de regrouper toutes les informations pertinentes relatives aux aires protégées de l'écosystème, à leurs zones d'influences et périphériques, afin de faciliter l'échange de ces informations entre les différentes composantes et les institutions partenaires.

Il s'agit d'un système qui dispose d'une triple fonction, à savoir :

- la fonction de *capitalisation* qui permettra de stocker toutes les données/informations produites, ce qui lui servira de support pour pérenniser tous ses acquis, d'un point de vue spatial ou descriptif ;
- la fonction d'*information* qui permettra d'asseoir un réseau de circulation assez souple et fluide des informations et données capitalisées ;
- la fonction de *suivi-évaluation*, qui permettra, via des traitements spécifiques sur les données capitalisées, de sortir des éléments de base pour les études de suivi-évaluation, ainsi que des éléments d'aide de prise de décision pour une gestion durable des ressources naturelles.

Des systèmes fonctionnels existants au niveau des directions des parcs de la Pendjari et du W, le but visé a été de développer un système centralisé qui gèrera de façon globale toutes les données (géographiques et descriptives) relatives aux différents écosystèmes du complexe.

3.2. Démarche méthodologique et mise en œuvre

Pour mettre en place le SIG du WAP, différentes étapes ont été suivies (Fig. 14).

Une étude des besoins pour identifier les différentes fonctionnalités à donner au système a précédé la phase de collecte des données ponctuée par la recherche documentaire, des entretiens et des enquêtes menées sur le terrain et auprès de structures détentrices de données sur le complexe.

La conception de l'architecture de la base de données s'est faite selon le concept de Mérise ; et de ce fait, les différents modèles de conception ont été construits.

Figure 14 – Démarche méthodologique de mise en place du SIG/WAP

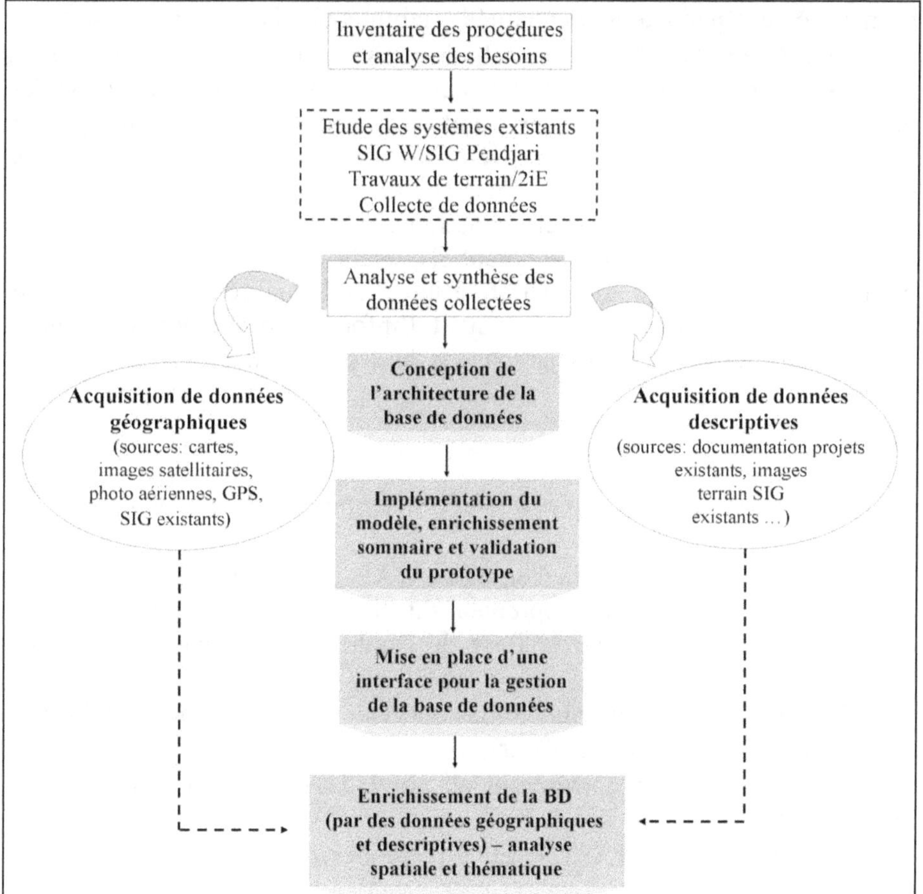

L'implémentation du modèle élaboré, la création des différentes « tables » à renseigner pour l'enrichissement en données du système, ont été faites via le logiciel de SGBD (Système de Gestion de Base de Données)

Access. La validation du prototype créé a permis de compléter les besoins en informations spatiales et en informations descriptives qu'il faudrait avoir pour alimenter le système.

La mise en place d'une interface assez conviviale pour des utilisateurs non avertis des SIG a permis aux différents acteurs impliqués dans le Complexe WAP d'apprécier l'apport de cet outil dans le processus de prise de décision pour une gestion durable des écosystèmes protégés. Ceci s'est fait à travers des macro-commandes écrites sous Visual Access (langage de programmation de Access) ou sous Avenue (langage de programmation du logiciel SIG ArcView 3.2).

La mise en place de données géographiques de base et des données descriptives en fonction de l'existant a occupé une bonne partie de cette étude; en effet les données sont le « cœur » des SIG et la vie et l'efficacité d'un système dépend de leurs qualités : fiabilité, précision, exactitude.

Le SIG du WAP s'est enrichi avec les données existantes : cartes topographiques et thématiques, données écologiques et environnementales, photographies aériennes, images Landsat et Spot existantes ainsi que des fichiers issus des SIG de la Réserve de Biosphère Transfrontalière du W et des SIG du Parc National de la Pendjari. Ce système a ainsi permis différentes analyses spatiales et thématiques sur le complexe : état des lieux de la biodiversité, analyse des potentiels, analyse des menaces, la pression humaine, la couverture administrative, les fonctionnalités et les statuts des réserves, le suivi écologique, etc., autant d'informations à rendre disponibles pour le suivi-évaluation des actions de tout projet ou programme mis en œuvre.

4. Le SIG ou Base de Données à Référence Spatiale de l'UPC Arly

Des trois écosystèmes du Complexe WAP, l'UPC Arly était celui qui ne disposait pas d'un système proprement dit. Il a donc été pris comme base le SIG du WAP pour élaborer la Base de Données à Référence Spatiale sur l'UPC Arly.

Quatre domaines d'application ont été privilégiés pour définir la fonctionnalité du SIG de l'UPC Arly :

- *écologique* qui correspond au suivi des écosystèmes (biotope et biocœnose) ;
- *social* qui inclut le rôle et la place des populations dans les aires protégées ;
- *économique* qui se rapporte à la valorisation directe ou indirecte des aires protégées et sa périphérie ;
- *institutionnel* qui examine les cadres institutionnels dans lesquels les aires protégées se situent.

Plusieurs objectifs spécifiques découlaient de cette tendance globale sur l'Arly à savoir :

- servir à la représentation cartographique de différentes zones fonctionnelles de l'ensemble des aires protégées, des zones cynégétiques et des zones périphériques de l'UPC ;
- contrôler, harmoniser et intégrer toutes les informations fournies par les systèmes existants (données issues des projets sur l'Arly et sa périphérie, SIG/WAP) ;
- caractériser la structure socio-économique (et sa tendance), les principales productions (coton, céréales, animales) dans les zones riveraines d'Arly ;
- décrire, à l'aide des SIG, l'utilisation faite des sols dans les zones riveraines d'Arly ;
- identifier et localiser, à l'aide des SIG, les zones de conflits au niveau des pâturages, points d'eau et corridors de migration ;
- contribuer avec l'UICN à la réalisation d'une base de données sur les éléphants d'Arly et établir un système de gestion des informations spatiales sur l'ensemble de l'UPC.

Le SIG de l'UPC Arly étant extrait de celui du WAP, sa réalisation a donc suivi la démarche méthodologique annoncée dans le paragraphe 3.2 consacré à cet effet.

Le Système d'Information Géographique mis en place pour l'Arly présente deux aspects : la *base de données géographiques* (alimentée surtout par les données issues du SIG du WAP et celles des techniques de télédétection) et la *base de données sémantiques*. Ces deux bases s'interconnectent pour l'échange de données, ce qui permet aux différents projets mis en œuvre dans la zone de capitaliser leurs acquis et aussi de prendre en compte dans leur mode de gestion les changements pouvant surgir dans l'espace et dans l'organisation, dans un souci de conservation durable des ressources.

4.1. Conception et modélisation de la base de données de l'UPC Arly

La conception d'un système d'information n'est pas chose évidente car il faut réfléchir sur l'ensemble de la structure que l'on doit élaborer pour trouver des réponses aux questionnements spécifiques auxquels on se trouve confrontés.

Pour mettre en place l'architecture du système qui fédère les différentes fonctionnalités énoncées aux objectifs, il est nécessaire de comprendre les règles de gestion en cours dans les réserves, de déterminer la typologie des acteurs impliqués dans la conservation et de comprendre les interrelations qui s'opèrent entre eux. A cela, s'ajoute la connaissance fondamentale des richesses naturelles de l'Unité par le biais d'un inventaire.

Des actions spécifiques ont été menées pour la conception du modèle. Il existe plusieurs méthodes de modélisation. Pour la conception de la base de données du SIG de l'UPC Arly, nous avons utilisé, comme dans le cas du WAP, la méthodologie MERISE, une approche systémique basée sur la notion ''entité-association''. Les hypothèses de base adoptées nous ont permis de procéder à un inventaire des entités qui pourraient intervenir dans le Système d'Information de l'UPC Arly.

MERISE est une méthode de conception, de développement et de réalisation de projets informatiques dont le but est d'arriver à concevoir un système d'information. Cette méthode est basée sur la séparation des données et des traitements à effectuer en plusieurs modèles conceptuels et physiques.

La séparation des données et des traitements assure une longévité au modèle. En effet, l'agencement des données n'a pas à être souvent remanié, tandis que les traitements le sont plus fréquemment.

La conception du Système d'Information de l'UPC Arly s'est faite par étapes, afin d'aboutir à un système d'information fonctionnel reflétant une réalité physique. Il s'agit donc de valider une à une chacune des étapes en prenant en compte les résultats de la phase précédente.

D'autre part, les données étant séparées des traitements, il faut vérifier la concordance entre données et traitements afin de s'assurer que toutes les données nécessaires aux traitements sont présentes et qu'il n'y a pas de données superflues.

Les étapes qui ont été suivies pour la conception du SIG de l'UPC Arly sont :

- expression des besoins et synthèse des informations de base ;
- élaboration des différents modèles de conceptions notamment le Modèle Conceptuel de Données (MCD) et le Modèle Physique de Données (MPD) ;
- implémentation des modèles ;
- enrichissement et validation du modèle ;
- réalisation de l'interface de pilotage de la base de données descriptives ;
- interconnexion avec la base de données géographiques ;
- traitement et restitution cartographique.

4.2. Quelques informations de base pour la conception du SIG de l'UPC Arly

4.2.1. Les acteurs de l'UPC Arly et leurs interactions

Le mode de gestion participative de l'UPC Arly implique trois types d'acteurs (Fig. 15) :

- l'*Etat***,** à travers la Direction Générale de la Conservation de la Nature (DGCN) qui assure l'exécution technique des missions en matière des forêts et de faune et la Direction Nationale du Cadre Paramilitaire des Eaux et Forêts (DNCPEF) qui veille à la protection du patrimoine environnemental de l'Etat. Ces deux directions sont deux structures centrales au sein du Ministère de l'Environnement et du Cadre de Vie ;

- le *privé* : personne physique ou morale ayant en charge l'entière responsabilité de la gestion des concessions de chasse. La Direction de la Faune et de la Chasse (DFC) les appuie dans les activités de conservation des zones (surveillance, suivi écologique, etc.) et ils y font des aménagements et développent le tourisme et la chasse ;

- les *populations* qui n'ont pas eu pendant longtemps un rôle officiel en tant qu'acteurs impliqués dans la gestion du parc et qui sont aujourd'hui au cœur de la gestion participative des aires protégées de toute l'UPC Arly.

Figure 15 – Relations entre les acteurs intervenant dans la gestion de l'écosystème d'Arly (adapté du SIG WAP/UICN)

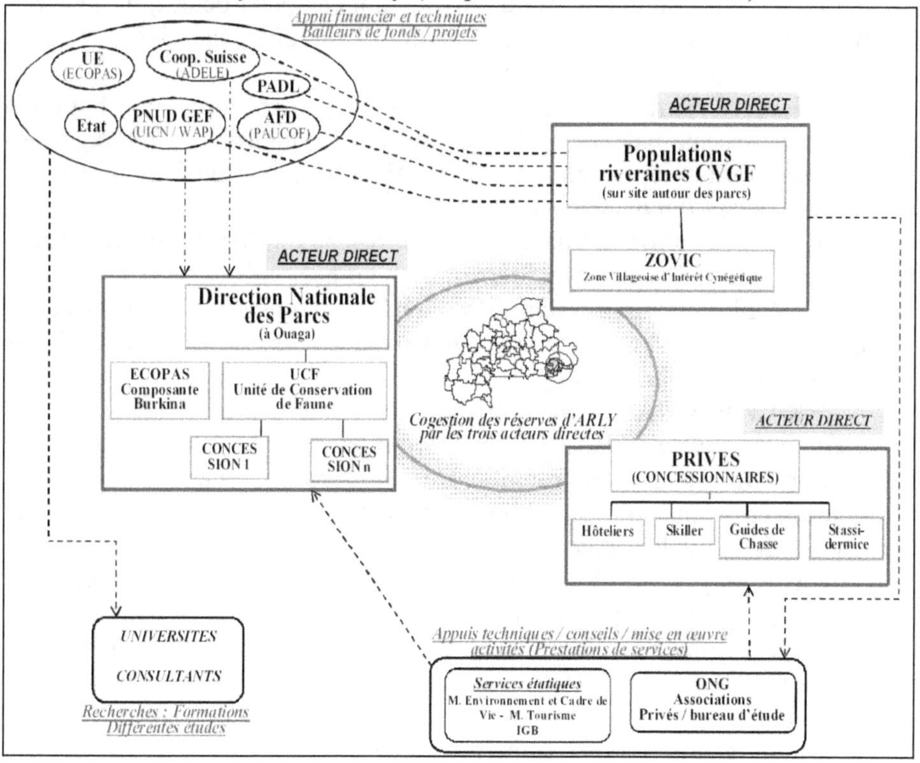

Dans le domaine de la gestion environnementale, les populations riveraines de l'UPC Arly sont organisées en Comités Villageois de Gestion de la Faune (CVGF). Ce sont les représentants des riverains aux parcs, acteurs choisis pour participer à la conservation durable des ressources notamment cynégétiques et à la gestion des Zones Villageoise d'Intérêt Cynégétique (ZOVIC). Mais l'ampleur des problèmes socioéconomiques (mise en culture, braconnage, etc.) ne facilite pas la mise en œuvre d'une cogestion directement avec les privés (voir Chapitre 6 de ce volume).

En dehors des acteurs d'appui technique et financier qui sont les bailleurs des projets, il existe d'autres acteurs intervenants dans le processus tels que les ONG, les associations, les consultants, les techniciens, les chercheurs possédant des compétences requises et apparaissant en prestataires de services dans différents domaines liés à la problématique de la conservation des ressources naturelles.

4.2.2. Les projets autour de l'UPC Arly pour la conservation

Spécifiquement, plusieurs projets ont été mis en œuvre autour de l'Unité de Protection et de Conservation Arly (Carte 13).

Certains sont terminés et d'autres en cours de lancement :

- PADL : Programme d'Appui au Développement Local, qui mène des interventions dans tous les secteurs de développement dans la zone périphérique et qui a pris fin en 2006 ;
- ADELE : Programme d'Appui au Développement Local de l'Est qui a pour objectif principal le renforcement de la maîtrise d'ouvrage des populations. Il intervient dans la sensibilisation, la formation des populations riveraines à la gestion des ressources naturelles ;
- ARECOPA : Programme d'Appui au Réseau de Communication sur le Pastoralisme qui intervient dans l'aménagement pastoral ;
- PAUCOF : Projet d'Appui aux Unités de Conservation de la Faune qui a supporté tous les acteurs ayant participé à la gestion de la faune (direction des parcs, privés, populations);
- PRPW/ECOPAS : Programme Régional Parc W/Écosystèmes Protégés en Afrique Soudano-Sahélienne qui appuie l'UPC Kabougou de la Réserve de Biosphère Transfrontalière du W dans l'aménagement, le suivi écologique, etc. dans son noyau central tout comme autour de sa périphérie (activités d'éco-développement et d'écotourisme) ;
- WAP : Programme W, Arly, Pendjari, qui concerne la périphérie des trois écosystèmes et qui est en cours de lancement.

La mise en place de l'architecture de la Base de Données à Référence Spatiale ou SIG de l'UPC Arly s'est appuyée sur les différents modes de gestion adoptés par les acteurs directs de conservation, ainsi que sur l'organisation et les modes d'intervention mise en œuvre à travers les différents projets, car le système devra servir et faciliter le suivi-évaluation des actions menées par les différents projets intervenant dans la zone.

Carte 13 – Les projets mis en œuvre dans les écosystèmes du W, d'Arly et de Pendjari

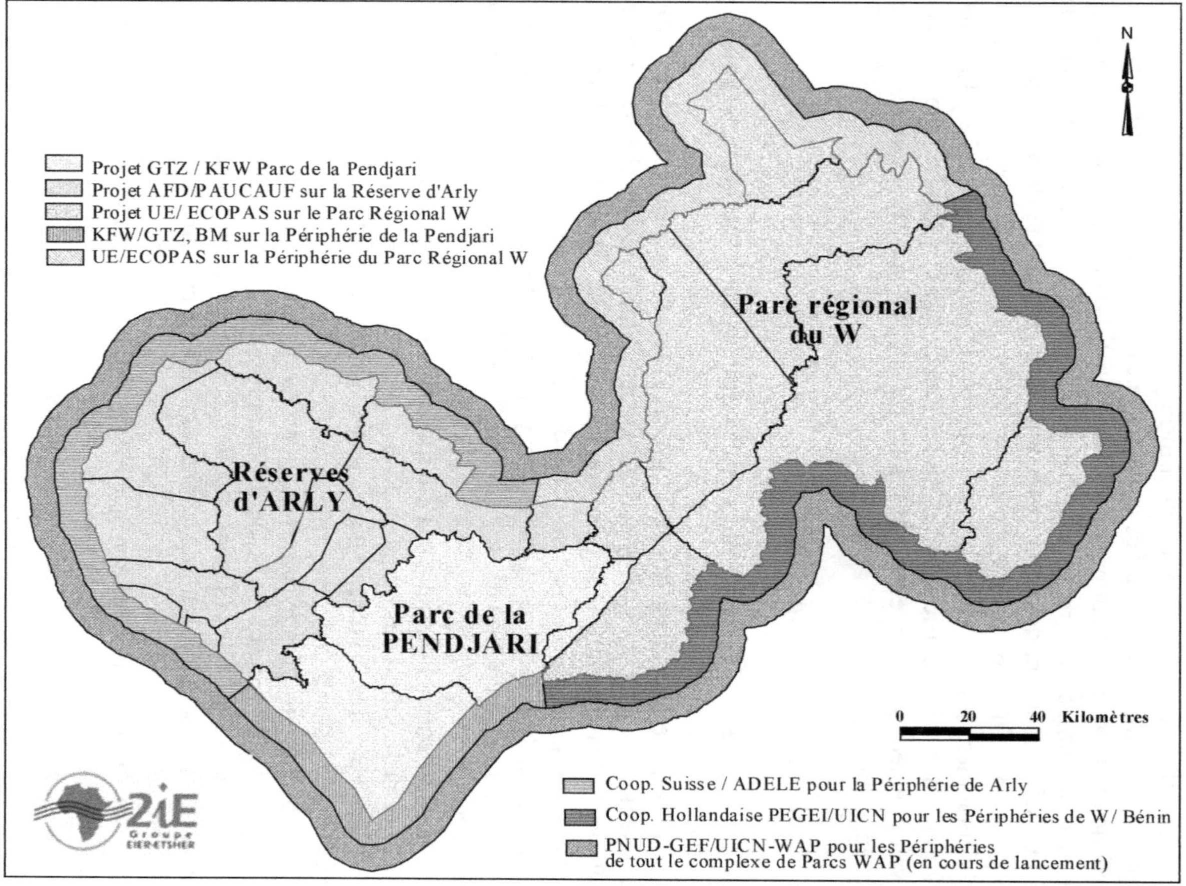

4.2.3. Les besoins en information

Les besoins en informations concernent les données géographiques de base, les données descriptives ainsi que les données thématiques nécessaires pour la gestion et les traitements du système.

La définition des besoins en informations est fondée sur les besoins exprimés, l'analyse des données collectées et les informations gérées par les systèmes existants notamment le SIG du WAP. Les couches géographiques identifiées comme besoins pour la Base de Données à Référence Spatiale de l'UPC Arly découlent des principales fonctionnalités du système protégé.

Les besoins en informations du SIG de l'UPC Arly concernent spécifiquement les axes suivants : cartographie thématique, suivi écologique, gestion des infrastructures, suivi touristique, gestion de l'éco-développement, études, recherches, partenariats, prospectives sur les projets mis en œuvre.

4.3. Traitements et cartographie

Le SIG de l'UPC Arly a été adapté selon les contextes de cette unité de protection et de conservation.

A cette étape, des données géographiques ont été produites afin d'alimenter le système qui, via des requêtes, des analyses thématiques et spatiales, des restitutions cartographiques, nous fournit l'information synthétique nécessaire pour une prise de décision éclairée sur la protection durable de la biodiversité de l'UPC Arly, ce qui reste transposable sur toute aire protégée connaissant les mêmes problématiques de menace de conservation.

Les traitements spatiaux ont été réalisés sous le logiciel ArcView 3.2 de ESRI et l'acquisition des données a suivi :

- collecte des données spatiales (achats images, cartes, photographie, levés GPS);

- corrections géométriques et géoréférencement des données (calage d'images, de photographies ou de cartes après scanage) ;

- saisie des données (saisies manuelles, numérisations complémentaires, transfert et récupération de données, interprétation et classification d'images) ;

- manipulations géométriques (topologie, conversion de formats, changement de système de projection, etc.) ;

- structuration des données en fonction des entités spatiales définies par l'implémentation de la base de données.

L'alimentation en données géographiques du SIG de l'UPC Arly a été suivie d'une série de requêtes, d'analyses thématiques, d'analyses spatiales afin de réaliser des cartes synthétiques qui mettent en exergue la pertinence des différents éléments impliqués dans la problématique de la conservation.

La restitution cartographique est la fonctionnalité la plus visible des SIG, de même que la carte est un instrument fondamental de communication ; un support d'aide à la décision pour le gestionnaire.

Sur l'Arly, la conception de la base de données et les différents traitements ont abouti à la classification des besoins en données du système selon la thématique de conservation, à une alimentation partielle du système selon la disponibilité de ces données et à la réalisation de quelques cartes thématiques de synthèse.

4.3.1. Connaissance de l'état des lieux des ressources de l'UPC Arly par le SIG

Pour ce faire, l'architecture du SIG prévoit l'introduction des données y relatives (Cartes 14 et 15), telles que :

- limites administratives ;
- limites des aires protégées (réserve totale de faune, concession de chasse, etc.) ;
- limites des zones cynégétiques et zones tampon à conserver ;
- réseau hydrographique (permanent, temporaire) ; plan d'eau ; points d'eau à l'intérieur des réserves ;
- infrastructures routières (pistes permanentes, pistes saisonnières) ;
- situation de la périphérie : sites des villages.

Il s'agit ici de données de base qui doivent être constituées et servir de support pour les autres données géographiques complémentaires. Pour le SIG de l'UPC Arly, ces données sont tirées des données spatiales des SIG WAP qui ont été mises en place sur la base des cartes topographiques au 1:200.000.

Pour la plupart des thèmes, des complètements ont été effectués avec des images et des informations collectées grâce à la documentation et aux entretiens sur le terrain. Le choix du fond numérique de la carte au 1:200.000 se justifie du fait qu'elle est la carte à la plus grande échelle et la carte de base couvrant toute la zone d'étude. Les couches géographiques telles que les limites administratives et le zonage des aires protégées sont tirées de la Base Nationale des Données sur le Territoire (BNDT) du Burkina Faso.

4.3.2. Suivi hydrologique de l'UPC Arly par le SIG

Pour ce faire, l'architecture du SIG prévoit l'introduction des données y relatives (Carte 16) telles que :

- la localisation des stations pluviométriques et climatologiques ;
- la localisation des stations fluviométriques ;
- la répartition des points d'eau (puits, forages) ;
- la localisation des zones d'inondation en saison de pluies ;
- la cartographie des bassins versants du complexe.

Carte 14 – Statuts et fonctionnalités des aires protégées de l'UPC Arly

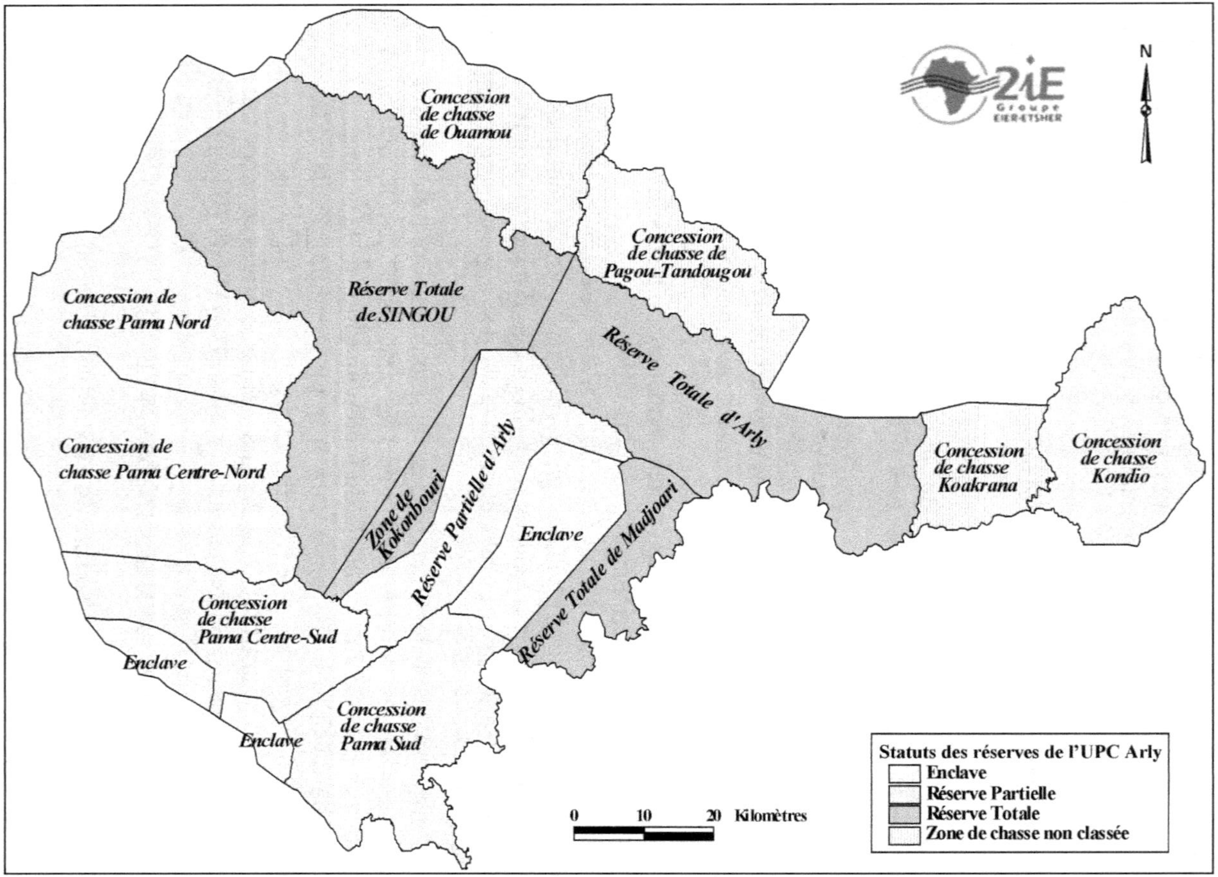

Les données hydrologiques introduites dans la Base de Données à Référence Spatiale de l'UPC Arly sont de plusieurs sources : SIG WAP, images Landsat, BNDT de l'Institut Géographique du Burkina (IGB).

Carte 15 – Emprise administrative des aires protégées de l'UPC Arly

4.3.3. L'information thématique de base sur les réserves de l'UPC Arly

Ici, l'architecture du SIG prévoit l'introduction des données y relatives (Carte 17) telles que :

- les données géologiques ;
- les données pédologiques ;
- l'occupation des sols et couverts végétaux ;
- la topographie, avec les courbes de niveau.

Les couches géographiques thématiques (végétation, géologie, reliefs, courbe de niveau) proviennent des SIG existant et ont été complétées avec les données de l'IGB. D'autres données géographiques complémentaires ont été constituées d'images satellitaires Landsat et Spot ainsi que des cartes analogiques collectées et scannées.

Carte 16 – Réseau hydrographique de l'UPC Arly

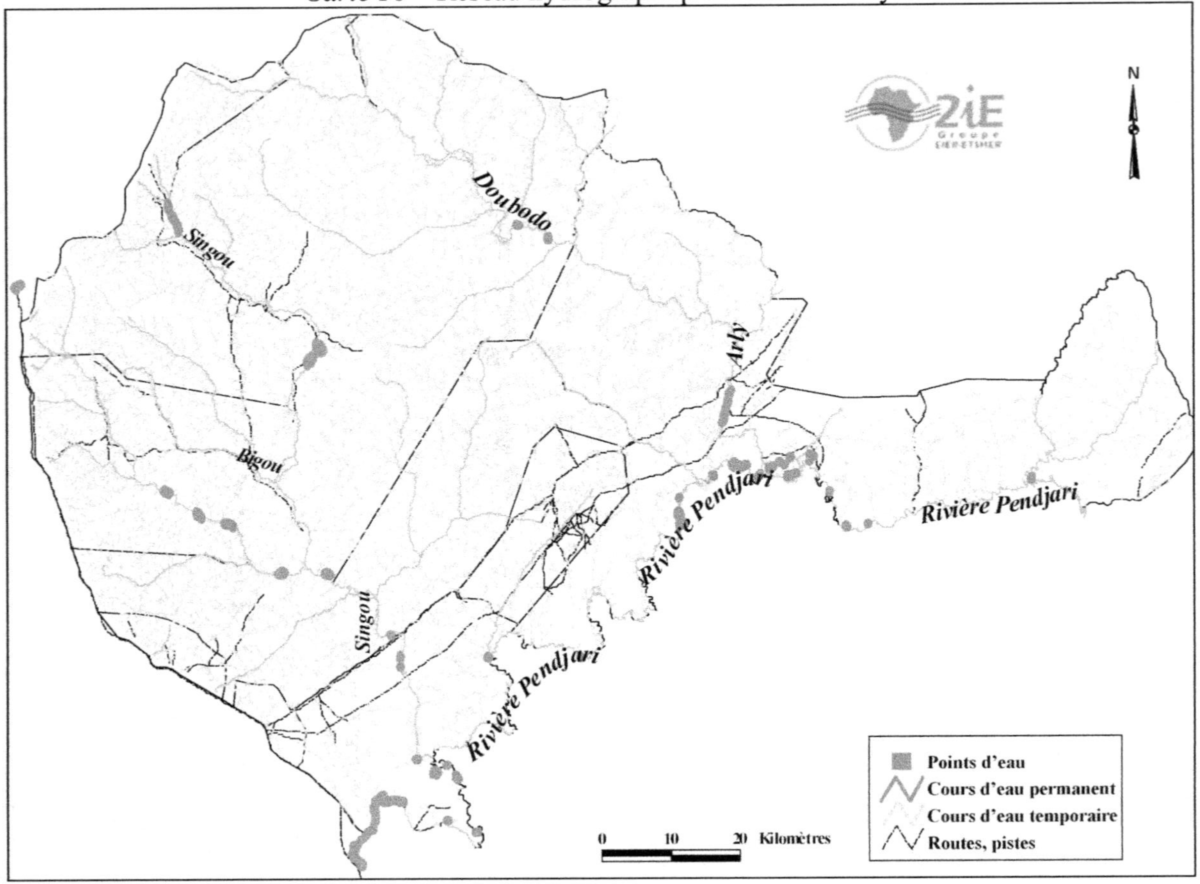

Carte 17 – Occupation des terres de l'UPC Arly

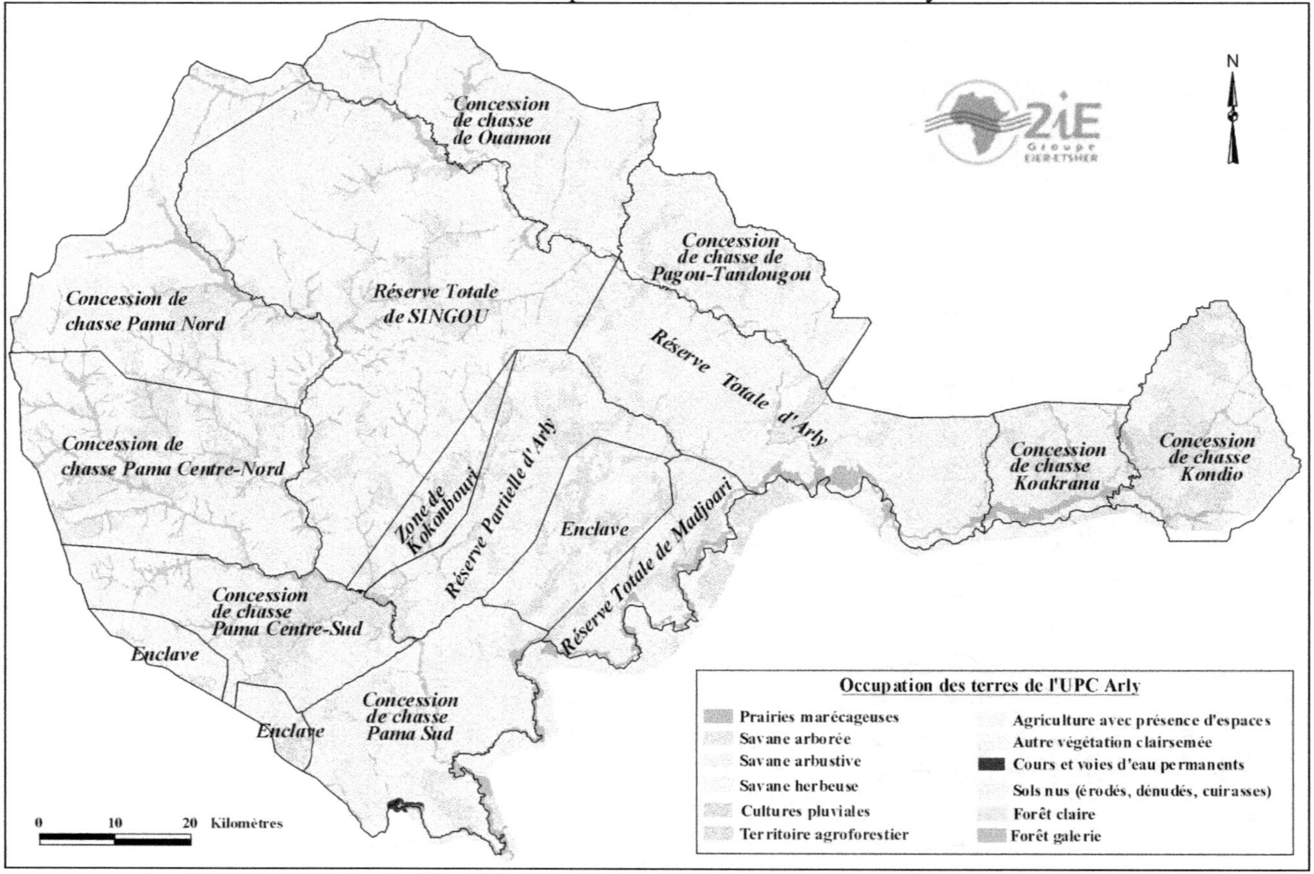

4.3.4. Suivi écologique de l'UPC Arly par le SIG

Pour le suivi écologique de l'UPC Arly (Carte 18), l'architecture du SIG prévoit l'introduction des données y relatives telles que :

- les clés (nomenclature) des formations végétales du Burkina Faso ;
- la situation des mares et salines au niveau des réserves ;
- les feux de brousse au niveau des réserves ;
- les couloirs principaux de transhumance à l'intérieur des aires protégées ;
- les transects du recensement des animaux ;
- la répartition et la densité des populations animales par parc ;
- les espèces animales protégées et vivant à l'intérieur des réserves ;
- la dynamique de la couverture végétale au niveau de l'écosystème ;
- la dynamique de la faune observée.

Des données ont pu être introduites, mais elles doivent être complétées et mises à jour au fur et à mesure qu'elles seront produites par des projets, des résultats de recherche. Le SIG d'Arly a ainsi permis d'analyser sur la base de données collectées dans le cadre du projet Conservation des éléphants de l'UICN « la répartition spatiale des troupeaux d'éléphants sur une partie de la Réserve Totale de Faune d'Arly ainsi que la localisation des zones de conflits 'cultures – éléphants' ».

4.3.5. Suivi des activités d'éco-développement dans la périphérie de l'UPC Arly par le SIG

Ce volet concerne les différents projets qui développent des activités au profit des populations riveraines pour qu'en contre partie, elles participent à la conservation durable de la biodiversité. Pour ce faire, l'architecture du SIG prévoit l'introduction des données y relatives telles que :

- la localisation des villages d'intervention dans toute la zone périphérique ;
- la localisation des microprojets selon le type, le financement, l'objectif;
- la localisation des infrastructures construites par les projets mis en œuvre dans l'unité ;
- la répartition de la population dans la périphérie de la réserve ;
- la répartition des services sociaux (écoles, dispensaires, etc.) au sein des localités.

Ce volet (Carte 19) est à alimenter par les différents projets mis en œuvre sur le terrain ainsi que par les privés chargés de la gestion des concessions de chasse.

Carte 18 – Présence de la faune dans l'UPC Arly

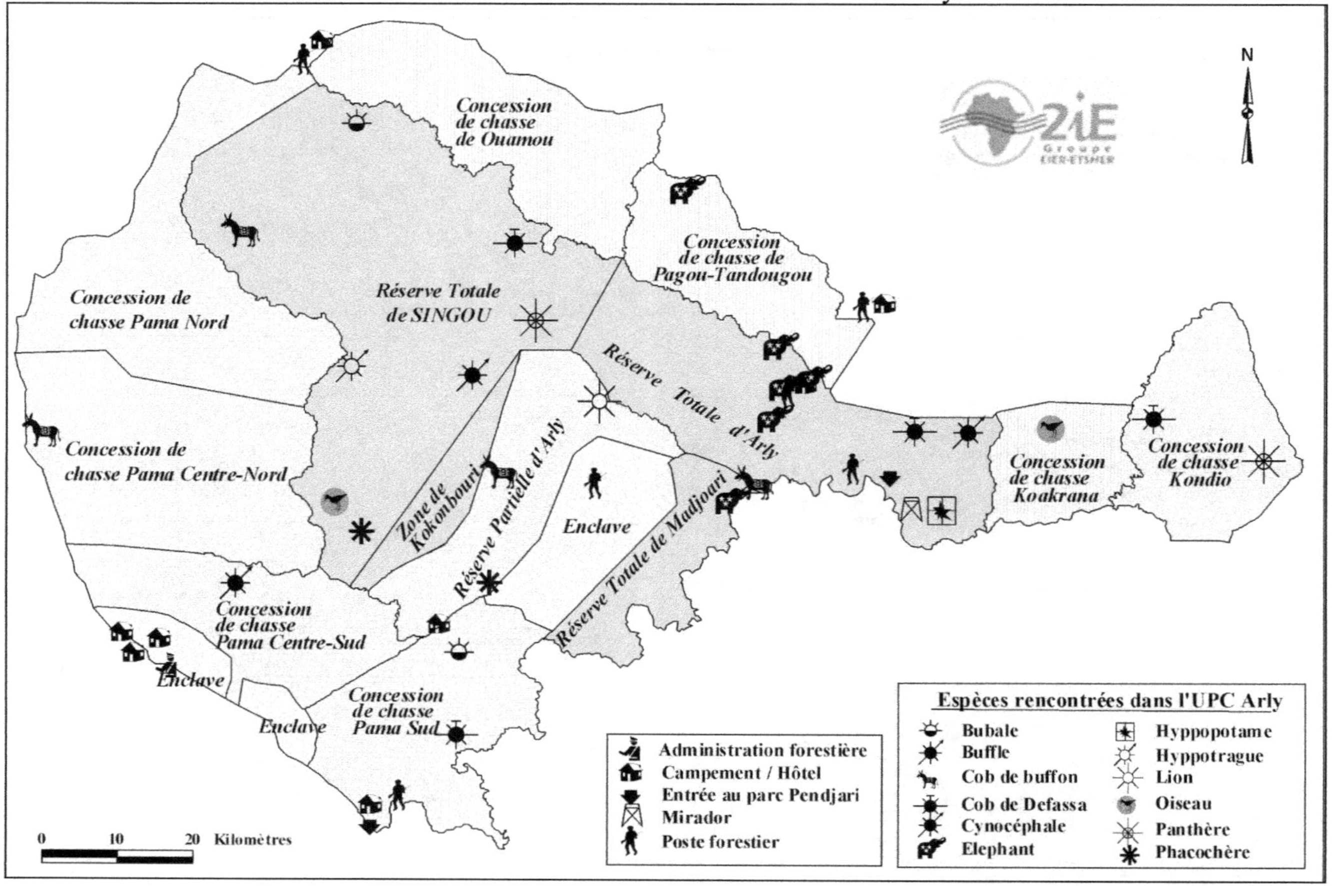

Carte 19 – Localisation des zones de conflits « cultures/population/éléphants » dans l'UPC Arly

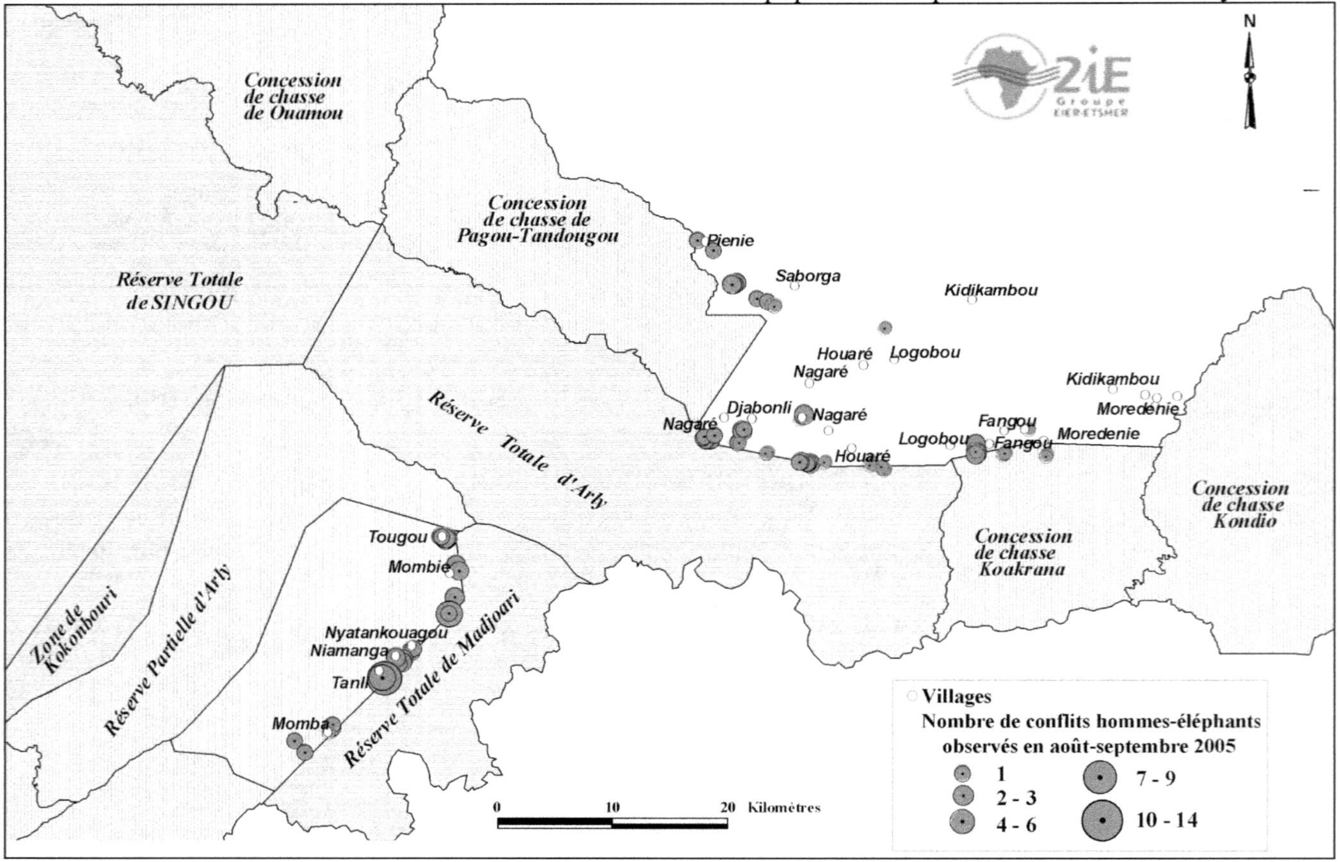

L'architecture du SIG prévoit également l'introduction des données y relatives telles que la localisation :

- des postes de surveillance ;
- des zones « rouges » de braconnage ;
- des zones « rouges » de pêcherie illégale ;
- des animaux blessés ou malades ;
- des traces de braconnage (cadavres des animaux, armes, etc.) ;
- des traces hors pistes d'observation ;
- des touristes non autorisés ;
- de l'enregistrement des circuits de surveillance. La liste n'est pas exhaustive et pourra être complétée selon des études de cas spécifiques des projets de conservation de l'UPC.

4.3.6. Planification de « l'écotourisme » au sein de l'UPC Arly par le SIG

Ce volet aussi est à alimenter par les différents projets mis en œuvre sur le terrain ainsi que par les privés chargés de la gestion des concessions de chasse. L'architecture du SIG prévoit l'introduction des données y relatives telles que la localisation :

- des entrées des parcs et des centres d'information de tourisme ;
- des hôtels au niveau des deux écosystèmes ;
- des campements touristiques ;
- des campements de chasse ;
- des sites de camping ;
- des miradors et des caches ;
- des panneaux de signalisation ;
- d'autres infrastructures touristiques ;
- des mares, salines et points d'eau touristiques ;
- des pistes d'observation ;
- d'autres sites d'intérêt touristiques existant dans les aires protégées ;
- des circuits touristiques au niveau des sites.Une partie des données concernant ces différentes rubriques a été collectée lors des investigations sur le terrain par la méthode GPS.

4.3.7. Suivi des études et recherches au sein de l'UPC Arly par le SIG

La base de données doit permettre la bonne gestion et la planification de toutes les problématiques qui touchent à la conservation durable de la biodiversité de l'UPC Arly ; il parait donc nécessaire que soient suivies et capitalisées toutes les études qui y sont menés. Pour cette raison, l'architecture du SIG prévoit également l'introduction des données y relatives telles que :

- l'emprise géographique des sites d'intervention des études et consultations ;
- la localisation des sites potentiels identifiés pour des études spécifiques ;
- la localisation géographique des différents partenaires.

5. Conclusion

Les Systèmes d'Information Géographique constituent de nos jours un outil performant de gestion et d'aide à la décision. Ils ont fait leurs preuves dans les domaines variés et dans plusieurs pays. La connaissance sur la zone d'intervention d'un programme de conservation de ressources naturelles ne serait complète que si l'on peut disposer sur une même plate-forme des données sémantiques et des données géographiques à jour ; ceci impose d'intégrer l'utilisation des SIG et de la télédétection pour y aboutir.

Certes, la Base de Données à Référence Spatiale (communément appelée SIG) du WAP ou de l'UPC Arly n'apportera pas sûrement des solutions miraculeuses à la conservation durable de leur biodiversité ; mais elle contribuera efficacement à une amélioration de la gestion et de la planification des ressources vu la démarche de la prise de décision éclairée qu'elle impose.

Pour les décideurs, le SIG est un outil d'aide à la décision, pour les cadres gestionnaires, il s'agit d'un outil de conception, de gestion, de suivi-valuation, de capitalisation et bilan, et pour les techniciens, il s'agit d'un outil de production (cartographie, rapports, etc.) et pour tout acteur concerné par la problématique, il s'agit aussi d'un outil de consultation et d'information. Le choix de l'UICN était donc bien justifié de le choisir comme outil d'information, de capitalisation, de suivi-évaluation et de communication pour les actions à élaborer dans le cadre de son programme.

Le SIG du WAP et donc de l'UPC Arly reste transposable sur toute aire protégée connaissant les mêmes problématiques de menace de conservation.

DEUXIEME PARTIE

CONTEXTE HISTORIQUE ET DYNAMIQUES EMERGENTES

Chapitre 4

La politique coloniale française dans le Cercle du Gourma : les réserves d'Arly et les aires contiguës

La politique entamée à l'époque coloniale sur les ressources naturelles du Gourma[1] avait comme finalité l'appropriation intellectuelle et matérielle du territoire habité précédemment par la société gourmantché.

Ce processus de construction territoriale commença avec la conquête militaire en 1897[2] après laquelle il y eut la mise en place de l'administration coloniale française par l'institution du Cercle, c'est-à-dire d'une structure administrative découpant le territoire existant et organisé par les populations gourmantchés, pour le soumettre à des régimes législatifs et fiscaux externes à la logique locale[3].

Afin de connaître les interventions coloniales au sein du Cercle du Gourma[4], on va suivre un parcours d'analyse qui, à partir des premiers rapports officiels et documents cartographiques de la région, essaie de démontrer le rôle secondaire du Cercle dans les premières décennies de la colonisation[5] et le changement de perspective pendant les années cinquante

---

[1] Le nom *Gourma* indique en langue songhay la rive droite du fleuve Niger, par opposition à *Hausa* qui signifie rive gauche. A partir de l'époque coloniale, il est considéré comme le domaine géographique de l'ethnie gourmantché dans la partie orientale de la Haute-Volta, l'actuel Burkina Faso. Pour une étude historique du Gourma voltaïque précolonial voir : Chantoux, 1966 ; Madiéga, 1982.

[2] Le document qui atteste la conquête française de 1897 est : Veermensch, 1897 (série 1G 178, microfilm 200Mi 663). Pour des plus amples approfondissements voir : Kambou-Ferrand, 1993, p. 147-153.

[3] Les colonies de l'AOF ont été subdivisées en : Cercles, Subdivisions, Cantons, Villages. Le Cercle correspond à la cellule administrative de base présent en France : les *département* (Suret-Canale, 1964). Pour une analyse de la négation des structures politiques africaines et l'imposition des structures coloniales, voir : Turco, 2000.

[4] Le Cercle du Gourma a été annexé cinq fois à des colonies différentes de l'AOF pendant une vingtaine d'années à partir de 1898 : 1898-1907 « Cercle du Gourma » au Dahomey ; 1907-1919 « Cercle de Fada » entre le Haut-Sénégal et le Niger ; 1919-1932 « Cercle de Fada » en Haute-Volta ; 1932-1947 il fut réaffecté au Niger ; après 1947 il devient « Cercle de Fada N'Gourma » en Haute-Volta. Pour des questions de simplification, la première dénomination sera utilisée ici.

[5] Parmi les études consacrées à l'analyse de la situation de la Haute-Volta coloniale, voir : Kambou-Ferrand, 1993 ; Madiéga, Massa, 1995 ; Madiéga, Nao, 2003. De façon spécifique sur le Cercle du Gourma on rappelle : Menjaud, 1932 ; Madiéga, 1974 ; 1982 ; Lompo G.F., 1995. On notifie également la présence des rapports de l'Antenne Sahélienne de l'Université de Wageningen rédigés à Ouagadougou (Lutgendorf, 1997 ; Traoré, 1997 ; Zuurd, 1997) et ceux de l'IRD (Guiré, Santoir, 2000 ; Guiré, Santoir, Sy, 2001a, b).

avec la mise en place d'une politique coloniale de protection et de valorisation environnementale.

1. Le Cercle du Gourma selon la perspective coloniale

C'est suivant le désir de connaissance et de contrôle du territoire que le Gourma fut décrit dans les premières années qui suivirent sa conquête, dans les documents rédigés par les administrateurs et dans les représentations cartographiques officielles[6]. L'analyse de ces documents permet de dégager les idées et interprétations qui ont conditionné profondément la planification coloniale[7].

1.1. Le premier rapport sur la géographie du Cercle du Gourma

Le premier texte colonial qui cherche à maîtriser la complexité territoriale du Cercle du Gourma est le *Rapport d'ensemble sur la géographie du Gourma,* rédigé en 1903 par l'administrateur français Georges Poiret[8]. Le but est de présenter la région au Gouverneur Général de l'AOF, en lui fournissant des informations de base sur la géographie physique, les aspects sociopolitiques et certaines questions à caractère économique qui ont conduit à le considérer en dehors des intérêts coloniaux.

Si on appréhende le document, à partir d'une analyse de la géographie physique, il émerge la représentation d'un territoire à basse fertilité et fortement isolé. En ce qui concerne l'hydrographie, la pédologie et la pluviométrie[9], le Gourma n'est que « un vaste désert semé d'oasis qui, sauf

[6] La plupart des documents de l'époque coloniale se trouvent dans les fonds du Gouvernement Général de l'AOF (Côte d'Ivoire, Dahomey, Guinée Française, Haute-Volta, Mauritanie, Niger, Sénégal et Soudan) qui sont en train d'être microfilmés. Une copie des microfilms est conservée au Centre des Archives d'Outre Mer d'Aix en Provence (CAOM) sous la côte 14Mi et au Centre Historique des Archives Nationales de Paris sous la côte 200Mi. Les références données dans cet article concernent le deuxième ; les sous-séries suivantes ont été également consultées : 1G – Etudes générales : missions, notices et monographies, 1818-1921 ; 2G – Rapports périodiques.

[7] Même après l'indépendance de la Haute-Volta en 1960, une mission de connaissance du Gourma fut entreprise par l'ORSTOM (Balandier, Sautter, 1963) et les résultats furent insérés dans une collection dirigée par deux élèves de Pierre Gourou : l'*Atlas des structures agraires au sud du Sahara* (Pellissier, Sautter, 1967 ; Remy, 1967). Pour une analyse de la genèse, de l'articulation et des perspectives de cet atlas, voir : Casti, 1995.

[8] Poiret, 1903 (série 1G 285 37, microfilm 200Mi 684).

[9] Pour ce qui est du réseau hydrographique, le Cercle « est mal arrosé » (Poiret, 1903, p. 2) ; il se trouve à cheval entre deux bassins versants : au nord et au nord-est la Tapoa ; au sud et au sud-ouest l'Arly, puis la Pendjari. Les cours d'eau s'écoulent de chaque côté de la ligne de faîte pour s'arrêter seulement dans les grandes vallées. Ce régime est le résultat de conditions pédologiques et pluviométriques : le sol de granit, troué par le grès avec des couches

rares exceptions, s'allongent en chapelets dans les principales vallées » (Poiret, 1903, p. 4). La morphologie et la végétation, par contre, restituent la description d'un paysage monotone : on relève une série indéfinie d'ondulations inextricables recouvertes de végétation soudanaise et de nombreux karités. En plus, dans les endroits les moins monotones, les difficultés d'accès et de communication sont mentionnées à cause de la morphologie et de l'hydrographie qui isolent le Gourma du Haut Dahomey. En effet, les rares exemples de formations montagneuses situées seulement dans le sud « rompent la monotonie du paysage mais rendent les communications plus difficiles », c'est ici « que se trouvent les plus grand marais qui ajoutent pendant six mois de l'année une nouvelle barrière à celle de l'Atakora pour séparer le Gourma du Dahomey » (Ibidem, p. 5).

D'un point de vue social, la région la plus intéressante est celle « qui s'allonge à l'ouest » (Ibidem, p. 4), comprenant douze des dix-sept cantons qui composent le Cercle. Par contre, l'est, peu habité et composé de cinq cantons (Matiacoali, Bizougou, Gobnangou, Kodjari, Konkonbiri)[10], est moins attrayant à cause de l'indolence et la réticence dans les activités agricoles. Outre la reconstruction du processus de fondation du pays gourmantché, Poiret identifie une stratégie politique que l'administration coloniale devrait réaliser dans ce territoire[11], afin de combattre la situation économique stagnante : « le caractère paresseux de ses habitants », « le commerce nul, aucune industrie n'y est pratiquée, le banditisme compte d'assez nombreux adeptes » (Ibidem, p. 18), « un vaste territoire ne possédant aucun moyen rapide et facile de communication et qui doit attendre toute sa subsistance de son sol peu fertile » (Ibidem, p. 22)[12].

---

argileuses supportant souvent une couche de conglomérat ferrugineux, est pratiquement imperméable empêchant la création de nappes souterraines. A cela s'ajoute la faible pluviométrie (Leprun, Trompette, 1969 ; Remy, 1967 ; Pallier, 1978).

[10] La transcription des toponymes dans ce chapitre reprend celle présent dans les documents d'archive analysés.

[11] En ce qui concerne le premier aspect, Georges Poiret (1903, p. 5) donne une description très détaillée, créant l'image d'un territoire complexe et caractérisé par une organisation foncière et politique hiérarchique difficile à gérer et à maîtriser. Pour le deuxième, la politique envisagée est celle de demi protectorat, ainsi les chefs ayant assez d'ascendant sur leurs sujets peuvent devenir des agents intermédiaires de l'administration coloniale (Ibidem, p. 16).

[12] Afin d'argumenter cette vision, Georges Poiret fait référence aux différentes activités productives, telles que l'agriculture, l'élevage, l'industrie et le commerce qui démontrent le faible potentiel de la région, auquel s'ajoute l'état des trois voies d'accès qui sont difficiles à pratiquer en raison du relief accidenté, des nombreuses mares et des animaux sauvages (Ibidem, p. 22).

Il est évident donc que la description géographique du Gourma[13] produit un cadre peu agréable dans lequel la région du sud-est, comprenant la falaise du Gobnangou[14], se démarque comme une aire peu attrayante pour l'administration coloniale et ce pour des raisons variées : le bas niveau de fertilité des sols, le faible intérêt agricole, la difficulté de recrutement de main-d'œuvre à cause du bas peuplement et du caractère des populations et le fort isolement. Ces évaluations ont profondément conditionné l'attitude des gouverneurs envers cette région dans les années qui ont suivi. Ainsi, le Cercle ne rentrera pas dans les aires prioritaires de planification coloniale et ne figurera pas parmi les zones choisies pour investir dans des interventions de valorisation, au moins jusqu'aux années cinquante. C'est seulement à partir de cette période que certains éléments émergeants de la description, tels que la présence d'un paysage distinctif et d'un nombre consistant d'animaux sauvages, feront l'objet d'un projet de valorisation.

1.2. Le Gourma dans les premiers exemples de cartographie topographique officielle

La cartographie a joué un rôle stratégique dans le processus de connaissance territoriale à l'époque coloniale[15]. En effet, elle a assuré l'appropriation symbolique et facilité le contrôle matériel du territoire africain de la part de l'acteur colonial, en produisant deux issues communicatives[16] : d'une part, la négation des valeurs sociales des populations africaines et, de l'autre, l'introduction d'instances provenant de la culture occidentale, créant de nouvelles significations du territoire. Cela est évident dans deux documents topographiques réalisés pendant les

---

[13] Pour une analyse de l'organisation sociale et des dynamiques territoriales des populations qui vivent aujourd'hui dans cette zone, voir le Chapitre 1, paragraphe 5 de ce volume.

[14] Le Gobnangou est « un plateau allongé, encadré par deux falaises, [...] s'étirant sur 55 km, large de 5 à 12 km. C'est un bloc de grès du voltaïen supérieur, aux dalles épaisses inclinées vers le sud » (Remy, 1967, p. 13-14). Pour une analyse du rôle central de cette falaise en tant qu'élément symbolique catalyseur de l'organisation socio-territoriale des populations qui y vivent autour, voir le Chapitre 1, paragraphe 2 de ce volume.

[15] Pour une analyse des cartes de la connaissance représentant le territoire de l'autre, voir la quatrième section de l'œuvre : Bord, Baduel, 2004. Sur les issues communicatives de la cartographie de l'AOF, il faut mentionner la vaste bibliographie fournie par Emanuela Casti : 2001 ; 2003a ; 2004a, b ; 2007b, c. L'analyse cartographique qui suit adoptera l'approche de la sémiosis cartographique (Casti, 2000b).

[16] A l'aide du processus d'icônisation – concept né à l'intérieur de la sémiosis cartographique – qui permet de proposer comme des vérités, des idées conjecturelles émergeant de l'interprétation cartographique. Cela est possible grâce à l'autoréférence, c'est-à-dire à la capacité de rentrer de façon autonome dans la communication indépendamment de la volonté du cartographe. Ces idées ainsi produites conditionneront la façon dont le territoire doit être conçu et vécu. Pour une analyse du processus d'icônisation en tant qu'issue de l'autoréférence cartographique, voir : Casti, 2005, p. 11-12.

premières années de la colonisation, lorsque l'on analyse les icônes à l'aide de la sémiosis cartographique.

1.2.1. Le Cercle du Gourma : une structure administrative peu stratégique

Le premier document est la feuille quatre de la *Carte générale de l'AOF* rédigée entre 1906 et 1908 par le Service Géographique de l'AOF[17] et, en particulier, le détail qui reproduit le Cercle du Gourma (Carte 20) à l'échelle 1:1.500.000, montrant trois typologies d'information se référant : i) à la géographie physique de l'aire; ii) à l'espace construit par les populations locales ; iii) à celui construit par les Français.

La première concerne le relief et l'hydrographie, démontrant leur rôle dans la mobilité à l'intérieur de la région. Le relief est représenté surtout dans la partie méridionale du Cercle de façon assez approximative, à l'aide de signes figuratifs sans le recours aux toponymes, démontrant ainsi le peu de connaissance qu'on avait de la zone durant les premières années de la colonisation. L'hydrographie est montrée par les cours d'eau et les aires inondables pendant la saison pluvieuse. Ces dernières se trouvent dans la partie sud-orientale du Cercle et sont indiquées seulement par le nom « marais », sans transcription des noms en langue locale mais aussi sans introduction des valeurs sociales européennes. Ce choix démontre un intérêt seulement référentiel du phénomène qu'il faut représenter, fût-ce sommairement, puisqu'il est important pour la mobilité[18]. De toute façon, la transcription de noms français, en caractère majuscule et en grande dimension, exprime leur importance par rapport aux cours d'eau écrits en langue locale, en caractère italique et petit.

Les icônes cartographiques référant au territoire construit par les populations locales montrent l'extension du royaume du Gourma et de ses installations.

---

[17] Le Service Géographique de l'AOF est une institution gouvernementale née en 1903 qui a rédigé des cartes topographiques et des documents de base de plusieurs territoires de l'AOF. Pour un répertoire de la cartographie officielle produite dans les premières décennies de la colonisation, voir : De Martonne, 1925, p. 9-10. Sur l'analyse de la production cartographique française dans l'Outre Mer, voir : Pelletier, 1987, p. 26-28.

[18] Comme l'avait déjà montré Poiret dans le document qui a été analysé au paragraphe 1.1.

Carte 20 – Service Géographique de l'AOF, *Carte générale de l'Afrique Occidentale Française*, 1:1.500.000, dessinée par Gugelmann et Roume, 1906-1908, feuille n° 4 « Côte d'Ivoire et Dahomey »

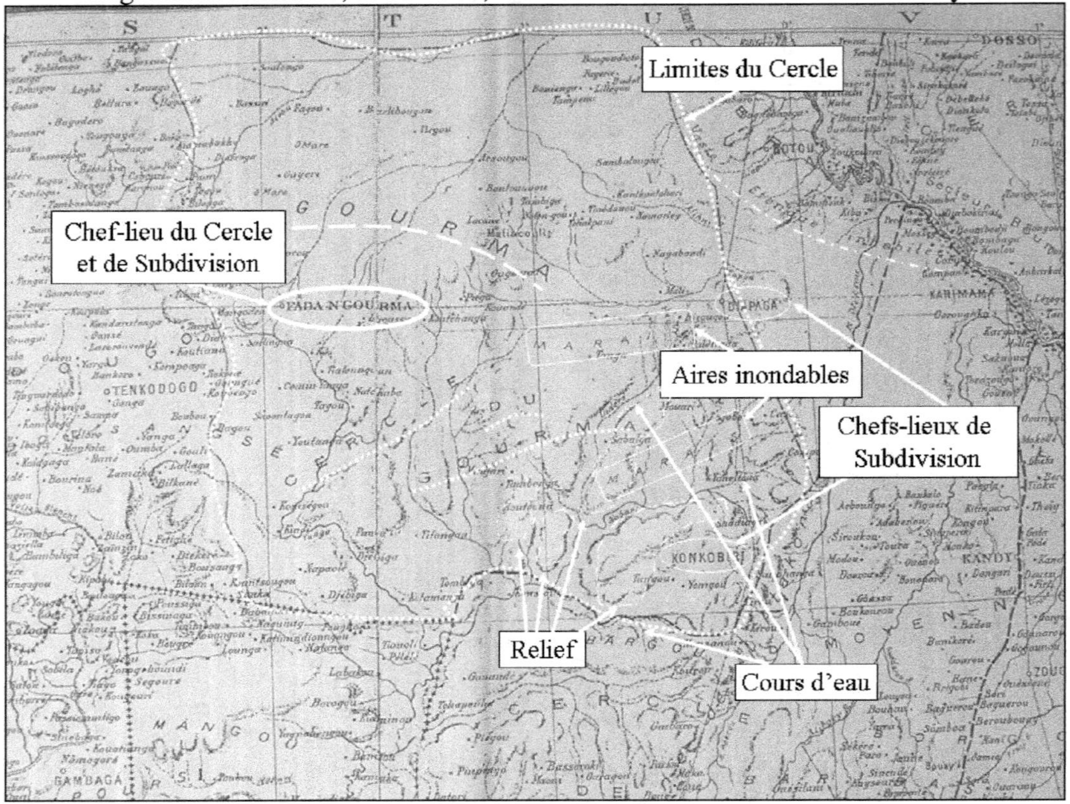

(le détail montre le Cercle du Gourma ; les icônes cartographiques ont été remarquées par l'auteur)

L'icône du royaume est formée seulement par le nom « Gourma », en caractères majuscules. Les installations présentes à l'intérieur de cette zone sont peu nombreuses (par rapport aux régions à l'ouest et au sud-est) et accompagnées par un petit cercle et par des noms écrits en caractère italique et petit, exception faite pour celles qui ont un rôle administratif dans l'organisation coloniale, montrées en majuscule. Le processus d'annulation du rôle politique traditionnel des installations villageoises africaines est clairement visible et met en évidence l'imposition d'un pouvoir administratif.

En effet, les icônes se référant au territoire construit par les Français comprennent celles du Cercle et celles des centres du pouvoir administratif. La première est représentée par une ligne hachée qui indique les limites et par le nom « Cercle du Gourma » écrit à caractère majuscule et positionné dans la partie inférieure du détail. Les icônes des centres administratifs (le chef-lieu du Cercle et de Subdivision Fada N'Gourma, et les chefs-lieux de Subdivisions Diapaga et Konkonbiri) sont rendus par le caractère majuscule et gras[19].

De façon générale, la comparaison du Cercle du Gourma aux parties qui l'entourent, laisse entrevoir la présence de beaucoup d'espaces vides. Cela pourrait indiquer qu'il s'agit de zones encore non-étudiées ou de zones inhabitées. Mais la présence de l'icône « vaste étendue inhabitée » dans une région contiguë située à l'est du Cercle, indique probablement que les villages sont présents mais très dispersés. Les messages de la carte sont à la fois d'ordre stratégique – parce qu'elle indique un territoire peu habité et riche en éléments qui entravent la mobilité – et d'ordre politique – véhiculant une annulation du rôle traditionnel des installations africaines et l'imposition d'un pouvoir administratif très proche de celui adopté en France.

1.2.2. Le Cercle de Fada selon le modèle métropolitain

Avec l'amélioration des techniques cartographiques de restitution du territoire africain, le processus de représentation topographique investit toutes les colonies de l'AOF. Il y a une augmentation des opérations sur le terrain pour le perfectionnement des cartes régulières, même s'il faut attendre les années soixante pour avoir une représentation complète de la région du Gourma.

Quelques années après ce premier document – lorsque les relevés réguliers n'avaient pas encore été terminés – paraît l'*Atlas des Cercles de*

[19] Analysant le détail relatif au cours du fleuve Niger présent dans ce document Emanuela Casti a démontré le triomphe d'une logique cartésienne qui se réalise par l'uniformité, la concentration et la hiérarchisation des noms des lieux (Casti, 2007b, p. 73-94).

l'AOF, rédigé en 1926 par le Service Géographique de l'AOF, dans lequel le fascicule IV – relatif à la colonie de la Haute-Volta – dédie la carte 54 au Cercle de Fada (Carte 21).

Carte 21 – Service Géographique de l'AOF, *Atlas des Cercles de l'AOF*, 1:1.000.000, Fascicule IV Haute-Volta, carte n° 54 – Cercle de Fada, Forest, Paris. 1926

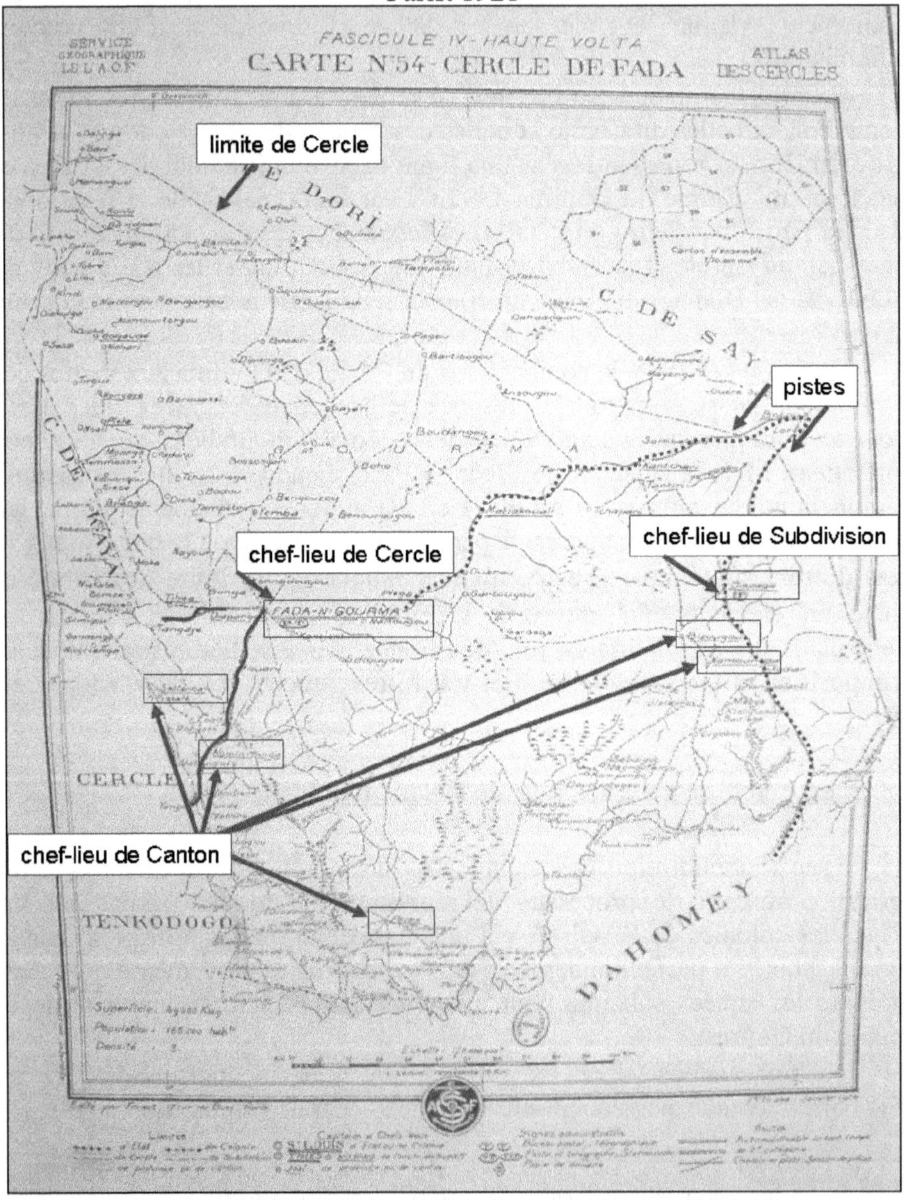

(les icônes cartographiques ont été mises en évidence par l'auteur)

Déjà, à travers son titre, la carte confirme un objectif précis, montrant la structuration administrative de la région[20].

Le territoire géré administrativement par les Français est montré par les différents niveaux d'information : les limites et les infrastructures administratives, les chefs-lieux et les voies de communication.

Les limites administratives aident à indiquer les structures territoriales dans lesquelles le Cercle a été partagé : Subdivisions et Cantons. En outre, les icônes des chefs-lieux sont composées aussi bien par le toponyme, que par des signes se référant aux infrastructures présentes, comme s'il s'agissait de villages en France[21]. Cela nous permet de comprendre l'avancement de la structuration territoriale coloniale, qui a nié le rôle politique des certains villages gourmantchés, attribuant ainsi une fonction administrative à ceux qui pouvaient avoir un intérêt particulier. La dernière icône importante est celle des voies de communication : la carte montre une région assez reculée n'ayant pas de réseau routier facilitant la communication. En effet, il n'y a pas d'icônes se référant aux routes carrossables mais seulement deux renvoyant aux pistes « de deuxième catégorie » rejoignant Fada N'Gourma[22].

L'objectif du Service Géographique est donc de représenter le territoire africain sur la base d'un modèle métropolitain, indiquant les infrastructures amenées par l'administration coloniale. Le résultat est que – exception faite des chefs-lieux de Cercle et de Subdivision – le reste du territoire, annulé dans son organisation politique traditionnelle, ne présente pas de grandes interventions.

---

[20] A cette période, cette structure administrative appartenait à la colonie de la Haute-Volta. On note le changement de dénomination du Cercle qui, dans la première moitié du XXème siècle est appelé Cercle de Fada et à partir des années cinquante, Cercle de Fada N'Gourma, renforçant l'importance de son rôle de chef-lieu plutôt que de son statut traditionnel.

[21] On trouve par exemple l'icône du chef-lieu du Cercle (et en même temps de Subdivision), composée par le nom « Fada N'Gourma » en majuscule souligné et accompagné par un cercle à double couronne et le symbole « P.T. », indiquant le bureau postal et le télégraphe. En ordre hiérarchique suit le village de Diapaga, indiqué en tant que chef-lieu de subdivision avec le nom souligné et accompagné d'un petit cercle et du « T. », indiquant la présence du télégraphe. Pour ce qui est des autres installations villageoises, le toponyme souligné distingue les chefs-lieux de Canton des autres villages, par exemple au sud de Fada N'Gourma (à partir de l'ouest) : Saltenga, KarninYanga, Pama, Pougnoa, Namoungou et Bizougou.

[22] Parmi les autres voies de communication, deux pistes sont montrées : celle qui lie Fada N'Gourma à Botou et celle qui de Botou passe par Diapaga et rejoint Konkonbiri au Dahomey. Les sentiers piétons sont les plus nombreux et caractérisent à la fois la zone du Gobangou et celle de Pama. Cela démontre l'isolement de la zone de la falaise du Gobnangou et confirme l'importance de la voie qui allait du Dahomey à Diapaga en passant par Kodjari.

2. La valorisation des ressources du Gourma à l'époque coloniale

Une fois que le territoire est connu et organisé sur le plan administratif, la politique territoriale coloniale procède à l'utilisation des ressources qu'il offre, afin d'entreprendre des activités économiques et de fournir des revenus à la colonie à travers l'exploitation agricole, l'activité minière, la zootechnie, l'exploitation des forêts et de la faune.

Si on examine le cas spécifique du Gourma, selon les rapports officiels rédigés par les différents services coloniaux, cette région n'est pas au centre des intérêts de valorisation et d'exploitation coloniale jusqu'aux années cinquante. C'est seulement à partir de cette période qu'elle devient un lieu stratégique pour une activité coloniale bien précise : la valorisation des ressources forestières et faunistiques.

Avant 1919, la Haute-Volta est considérée comme une colonie périphérique de l'AOF caractérisée par une organisation ancienne et traditionnelle de la production agricole, de l'élevage, de la cueillette et du commerce. A partir des années vingt, une nouvelle logique est imposée par l'extérieur : les premières formes de travail forcé[23]. En effet, s'il est vrai que le coton joue un rôle important dans l'économie précoloniale, le pouvoir français lui donne une nouvelle orientation à partir des années vingt (Schwartz, 1995, p. 267). Pour opérationnaliser la politique de valorisation agricole en 1923, un service de l'agriculture est créé. Sur le plan territorial, des stations agricoles[24] sont établies. C'est à partir de 1924 que les stratégies productives coloniales en domaine agricole établissent la culture obligatoire du coton (par le biais de la circulaire du gouverneur Edouard Hesling aux commandants de Cercles), en promouvant une autre intervention qui a une portée institutionnelle et territoriale : la création d'un Service Local des Textiles et la mise en œuvre des champs collectifs obligatoires réservés au coton. Dans un premier temps, les Cercles trop éloignés sont exclus de cette politique, parmi lesquels celui de Fada[25], qui commence la production

[23] Le projet de loi de mise en valeur des colonies proposé par le ministre Albert Sarraut au Parlement français en 1921 préconise le développement d'une culture cotonnière intensive à l'aide de l'irrigation, surtout dans les pays situés dans la vallée du Niger et ayant comme la Haute-Volta une grande ressource : la main-d'œuvre. Pour une analyse des travaux forcés, voir : Schwartz, 1995, p. 264.

[24] Il s'agissait « d'organiser méthodiquement, sur des bases scientifiques, les cultures indigènes dont l'existence et le développement sont indispensables à l'essor économique de la colonie et qui doivent aller de pair avec l'exécution du programme de développement des moyens de transport » ; Territoire de la Haute-Volta, *Rapport politique*, 1923 (série 2G 23, microfilm 200Mi 1699).

[25] Duranthon, 1925 (série 2G 25, microfilm 200Mi 1709). Voir aussi l'analyse de la politique cotonnière de Eduard Hesling (Schwartz, 2003, p. 1289-1309).

seulement à partir de 1925[26]. L'issue de cette politique cotonnière[27] est un réel échec, démontrant l'incapacité de la colonie de la Haute-Volta de continuer à exister sur le plan administratif. Elle est donc supprimée en 1932.

Lors de la période pendant laquelle la Haute-Volta fut partagée entre le Niger, le Soudan et la Côte D'Ivoire (1932-1947), le Cercle de Fada N'Gourma devient une partie du territoire du Niger. A cette époque, les rapports annuels n'attestent pas d'interventions importantes au niveau économique dans la région. Il y a un démantèlement des structures administratives et sociales coloniales et une reprise des activités productives de subsistance traditionnelle. La fonction la plus importante de l'ex Haute-Volta est de pourvoir en main-d'œuvre les colonies environnantes : surtout la Côte d'Ivoire pour les chantiers forestiers et les plantations de café et de cacao, et le Soudan pour les rizières[28].

Si l'on considère la période après 1947, lorsque la Haute-Volta redevient autonome dans ses limites de 1932, le Cercle de Fada N'Gourma se trouve dans une situation d'éloignement et d'isolement par rapport au reste de la colonie, du fait de l'absence des voies de communication[29]. La seule activité pour laquelle la zone sud-orientale du Cercle est citée est la zootechnie, qui rentre dans les trois domaines prévus par le deuxième plan de développement (1953-1959) de l'AOF. Par cette activité, l'importance de l'exportation du bétail de Diapaga au Togo et au Dahomey est mentionnée (1.223 bovins et 72 ovins et caprins en 1954). Cependant, ce chiffre est

---

[26] En 1925 le Gouvernement de la Haute-Volta émet l'arrêté local du 23 mai « réglementant les conditions de mise en vente et circulation et d'exportation du caoutchouc et du coton dans la Colonie de la Haute-Volta » et donc étendant la production à tous les Cercles de la colonie. L'année suivante il y a l'instauration du « champ collectif obligatoire de coton à superficie proportionnelle à l'effectif démographique » (circulaire du 4 juin 1926), à travers lequel on attribue quatre ha pour 100 habitants finalisés à l'exportation.

[27] Vers la fin des années vingt, un investissement dans les voies de communication est conduit dans toute la colonie (également dans le Gourma). En effet, dans les rapports officiels de l'AOF de 1929 on précise que « le Cercle de Fada s'est appliqué avec succès à maintenir la viabilité de la voie inter coloniale Ouagadougou-limite-Say-Niamey ». On signale la création de la ligne télégraphique Ouagadougou-Fada N'Gourma de 229 km. Voir à ce propos : Gouvernement Général AOF, Service de l'Agriculture, 1929 (série 2G 29, microfilm 200Mi 1727) ; Service des Postes Télégraphes et Téléphones, 1929 (série 2G 29 - 55, microfilm 200Mi 1727).

[28] Dès l'époque coloniale la Haute-Volta fut considérée comme un *réservoir de main-d'œuvre* pour les autres colonies (Mandé, 1995). Pour un cadre des migrations récentes dans la périphérie de l'UPC Arly, on renvoie au Chapitre 5, paragraphe 5 de ce volume.

[29] Gouvernement Général AOF, Service de l'Agriculture, 1954 (série 2G 54, microfilm 200Mi 1994).

toujours très bas comparativement aux autres localités du pays citées dans le même rapport[30].

L'AOF cherche également à entreprendre une politique d'exploitation minière[31], qui en Haute-Volta n'est toutefois pas possible comme dans les autres colonies[32]. Dans le Cercle de Fada N'Gourma l'exploitation minière n'est pas importante, du moins à l'époque coloniale[33]. La documentation officielle témoigne de ce manque d'intérêt : les cas d'exploitation minière cités en Haute-Volta ne concernent pas ce Cercle mais seulement ceux de Gaoua et Batié et ce sont le Soudan (le Mali actuel) et la Guinée les lieux les plus importants pour l'exploitation de l'or[34].

Il est clair donc que la politique coloniale de valorisation des ressources naturelles du Cercle de Fada N'Gourma au niveau agricole, zootechnique et minier a été assez faible. Par contre, c'est grâce à la valorisation des forêts et de la faune que l'administration coloniale réalise une véritable géographie de la protection environnementale.

3. La politique environnementale dans le Gourma : l'Arly et le réseau d'aires contiguës

Dans la géographie coloniale de la protection environnementale[35] la mise en réserve des forêts se traduit par une action de structuration du territoire qui se matérialise par plusieurs actes : dénomination, délimitation,

---

[30] Pô et Léo 4.379 b./72.503 o.c. ; Tenkodogo, Fada N'Gourma et Bogandé 23.378b./39.002 o.c. ; Ouagadougou et Koudougou 1.921b./145.911 o.c. ; Bobo-Dioulasso, Banfora et Gaoua 5.387 b./6.241 o.c. Voir : Gouvernement Général AOF, Service de l'Agriculture, 1954, p. 38 (série 2G 54, microfilm 200Mi 1994).

[31] En 1896 il y a l'adoption du premier décret devant réglementer l'exploitation minière en AOF, surtout au Sénégal et au Soudan. En 1897 il est étendu à la Guinée pour être remplacé après, en 1899, par un nouveau texte (6 juillet 1899) qui concerne tous les territoires du protectorat établissant les phases d'acquisition minière.

[32] La Haute-Volta n'est pas comptée parmi les territoires les plus importants pour l'exploitation minière: Legoux, Marelle, 1991.

[33] Par exemple, dans le Rapport d'ensemble annuel de l'Inspection Générale des Travaux Publics de l'AOF de 1914, quand le Cercle du Gourma est rattaché au Dahomey, on affirme que : « à l'heure actuelle il n'y a pas des mines exploitées au Dahomey », Service du Gouvernement Général de l'AOF, Inspection Générale des Travaux Publics, Service des Mines, 1914 (série 2G 14, microfilm 200Mi 1677).

[34] Gouvernement Général de l'AOF, Service des Mines, 1932, (série 2G 32 - 5, microfilm 200Mi 1744). Même dans le rapport sur le fonctionnement de la Section des Mines à l'intérieur du Service des Travaux Publics de la Haute-Volta, le Cercle de Fada n'est pas cité et on signale seulement les Cercles de Bandiagara, de Ouahigouya et de Dédougou, où des missions géologiques sont envoyées pour compléter la rédaction de la carte géologique de la Haute-Volta. Territoire de la Haute-Volta, Service des Travaux Publics, Section des Mines, 1932 (série 2G 32 - 11, microfilm 200Mi 1744).

[35] Pour une analyse de la conservation environnementale en Afrique de la phase précoloniale à nos jours, voir : Cencini, 2004a.

imposition de règles d'accès, exploitation et sanction. Elle est donc un moyen à travers lequel le colonisateur peut contrôler le territoire africain de façon symbolique et matérielle avec le but d'organiser et de gérer les ressources naturelles, selon un cadre législatif et normatif qui établit les modalités et les conditions d'action. C'est pour cette raison qu'avant de chercher à comprendre la forme territoriale de l'action environnementale dans le Gourma, il est nécessaire d'introduire le cadre normatif qui l'a réglementée.

3.1. La classification d'un complexe de réserves contiguës dans le Cercle du Gourma

3.1.1. La première phase : les forêts classées et les réserves de chasse en AOF

Le cadre normatif en matière d'environnement en AOF se met en place sur le modèle de la France[36]. Il faut souligner d'abord que cette action législative concerne deux « catégories » de ressources naturelles : les forêts et la faune. Dans une première phase, ces deux ressources sont gérées de façon distincte, ensuite elles sont simultanément protégées et valorisées.

En ce qui concerne les forêts, c'est le nouveau Code Forestier de l'AOF[37], ratifié le 4 juillet 1935, qui a déterminé l'action de classification, réaffirmant sur les aires forestières la propriété et le contrôle de l'Etat. Il prévoie des droits usufruitiers, non-commerciaux et limités pour les indigènes, tenant compte de la réglementation du régime foncier[38]. Cette juridiction établit deux types d'actions à réaliser en matière forestière : le classement[39], avec l'instauration des forêts classées et protégées, et le

---

[36] Pour une analyse spécifique de la géographie de la protection environnementale engendrée en AOF par l'acteur colonial sur le modèle de la France, voir : Calandra, 2000, p. 139-153.

[37] Décret du 4 juillet 1935 sur le Régime Forestier de l'Afrique Occidentale Française. Il s'agit de la mise à jour de la première loi forestière dans les colonies établie en 1900 par le Service Colonial de l'Agriculture et des Forêts de l'AOF.

[38] Le code a été créé sur la base du Code Foncier de 1904 et ensuite sur la base de celui de 1935 qui définit mieux la notion de terre vacante comme « terre ne faisant pas l'objet d'un titre régulier et légal de propriété ou de jouissance et restée inexploitée ou inoccupée depuis plus de dix ans ». Cela avait un but économique puisque les terres non-cultivées et d'usage collectif pouvaient légalement être confisquées par l'Etat. Décret du 15 novembre 1935, art. 1. Voir à ce propos l'analyse faite par Jean Suret-Canale, 1964, p. 327-336.

[39] Cette procédure prévoyait que le Service des Eaux et Forêts, en accord avec le commandant de Cercle et les représentants des villages, choisit l'aire et décide les droits d'usage et d'exercice. Le classement intéresse surtout les forêts denses qui ne peuvent plus être exploitées de façon libre par les populations locales, car considérées comme fondamentales dans les échanges commerciaux du bois avec la France. Le code prévoit aussi des droits usufruitiers, non-commerciaux et limités pour les indigènes qui peuvent pratiquer la cueillette de produits alimentaires ou médicinaux, mais n'ont pas le droit d'exploiter des espèces

reboisement[40], en tant que technique sylvicole servant à accroître le capital végétal et en même temps à lutter contre l'érosion, la savanisation et la désertification. Pour ce qui est de la faune, on assiste à la construction d'un appareil juridique spécifique pour les colonies africaines qui, outre la rédaction de règles de gestion, établit le statut d'aires créées spécifiquement par l'acteur colonial pour les protéger ou les exploiter. L'arrêté du 28 avril 1914, portant sur les permis de chasse (sportif, administratif et indigène) et sur les degrés de protection pour les différentes espèces, institue des réserves de chasse[41] partielles ou totales[42]. Mais c'est le décret du 10 mars 1925, qui est le plus pertinent pour la question de la chasse en AOF[43]. En effet, avec ce décret le Gouverneur général – outre la définition du nombre de permis (capture scientifique, sportif de grande chasse, commercial, chasse ordinaire, indigène), du droit à la chasse selon un calendrier spécifique, des nouvelles classes de protection pour les espèces – institue les premiers Parcs Nationaux de Refuge en AOF, en les considérant comme des aires dans lesquelles il n'est permis de chasser aucune espèce[44]. A côté de l'idée d'exploitation, il se diffuse donc l'idée de l'espace protégé où l'activité humaine n'est pas tolérée.

Le cas du Cercle de Fada

Dans la première phase de la politique environnementale au Gourma, l'acteur colonial décide d'investir dans la faune sauvage plutôt que dans les

---

d'arbres, sauf en cas d'obtention de permis pour le défrichage de terres agricoles destinées à des cultures temporaires. Le pâturage peut être pratiqué s'il ne cause aucun dommage à la forêt et il est interdit pour les cinq années succédant à un incendie.

[40] L'article 6 du code dispose que « sont classées obligatoirement comme périmètre de reboisement, les parties de terrains non ou insuffisamment boisées comprenant : i) les versants montagneux [...] ; ii) les dunes du littoral ; iii) les terrains où pourraient se produire des ravinements et éboulements dangereux ».

[41] Voir l'arrêté du 28 avril 1914 promulguant en AOF le décret du 25 mars 1914 réglementant la chasse dans les colonies de l'AOF : « Les réserves de chasse sont constituées par un territoire étendu qui regroupe les conditions les meilleures pour l'habitat de la grande faune et pour sa reproduction sans difficultés » (art. 30).

[42] Si dans la réserve totale il n'est pas possible de chasser, tuer ou capturer un animal sans la permission des autorités pour des finalités scientifiques ou administratives, dans les réserves partielles, il est possible de mettre à la disposition du public chasseur une partie de la faune correspondant à l'excédent du croît des certaines espèces.

[43] Décret du 10 mars 1925 réglementant la chasse et instituant des Parcs Nationaux de Refuge pour les espèces animales en AOF.

[44] Les parcs de refuge sont institués par le décret de 1925 à travers l'article 18, mais c'est l'arrêté du 16 avril 1926 fixant certaines conditions d'exécution du décret du 10 mars 1925 qui en définit la localisation et les limites au Sénégal, en Mauritanie, au Soudan, en Côte d'Ivoire, au Dahomey et en Haute-Volta.

forêts ou le reboisement. L'arrêté du 26 avril 1926 déclare l'existence des deux *Parcs de Refuge de Diapaga et de Say* entre le Niger et ses affluents Tapoa et Mékrou, celui de Diapaga se trouvant dans le Cercle de Fada et l'autre dans le Cercle de Say. Cette déclaration est également reprise dans la liste annexée à la Convention de Londres de 1933 où l'on indique les *Réserves Totales de Faune* dans les Cercles de Say et de Fada, créées en 1926, ainsi qu'une réserve limitrophe dans le Cercle du Moyen Niger au Dahomey. Le statut de *Réserve Totale de Faune* dure seulement onze ans jusqu'au changement en 1937, lorsque le Gouverneur du Niger, avec l'arrêté du 13 novembre, établit le classement et l'évolution des *Réserves de Diapaga et de Say* en *Parcs Nationaux W*, interdisant la chasse et toute capture et favorisant la recherche scientifique et le tourisme de vision[45]. Simultanément le Gouverneur du Dahomey reprend le classement de la *Réserve du Moyen Niger* sous le nouveau titre de *Réserve Naturelle Intégrale Provisoire* pour empêcher toute activité d'exploitation cynégétique[46].

3.1.2. La deuxième phase : une nouvelle vision de la nature

Le changement de politique sur la faune en AOF suit l'idéologie qui s'est diffusée en Europe et a été consolidée avec la Convention de Londres[47]. La nature est vue en tant que laboratoire scientifique et de récréation et il faut donc adopter une stratégie pour mettre à jour les aires déjà créées, mais qui jusqu'aux années quarante existent presque uniquement sur papier.

C'est ainsi qu'une deuxième phase d'intervention coloniale dans le domaine forestier et faunistique commence. A partir de 1943 – lorsque deux arrêtés établissent la nouvelle réglementation en matière de chasse et de conservation – il y a une considération simultanée des deux ressources. Le premier texte[48] interdit l'exercice de la chasse sur le domaine forestier classé et figurant dans une liste annexée à l'arrêté. Automatiquement, sans aucune dépense supplémentaire, l'AOF peut répondre aux exigences de conservation déclarées au niveau international. Cette solution immédiate permet de

---

[45] Le nouveau nom choisi pour le parc indique la forme des méandres du fleuve Niger qui, dans les cartes coloniales orientées avec le nord dans la partie supérieure, correspond au « W » de l'alphabet. Le docteur Fiasson fut le responsable du bornage de la limite ouest du parc durant la période juillet-septembre 1937 (Fiasson, 1945).

[46] Arrêté du 30 septembre 1937.

[47] Il s'agit de la *Convention relative à la Conservation de la Faune et de la Flore à l'Etat Naturel en Afrique* (8 novembre 1933) qui dénonce le danger d'extinction des espèces et propose un régime spécial pour leur conservation à travers l'institution de parcs nationaux, de réserves naturelles, de réserves de faune et de réserves spéciales. Cette convention a été adoptée en AOF par l'arrêté n° 2.767, promulguant en AOF le décret du 31 mai 1938.

[48] Arrêté général n° 1.214 SE du 24 mars 1943 interdisant l'exercice et la pratique de la chasse sur le domaine forestier classé.

récupérer les domaines déjà classifiés : certaines forêts classées comme déclarées correspondent par exemple aux parcs de refuge déjà institués en 1935. Il en résulte que toute forêt classée devient *Réserve de Faune*. Le deuxième arrêté[49] organise la conservation des *Réserves Naturelles Intégrales* en AOF, à travers l'institution des Conservations[50], cellules administratives créées par l'Inspection Générale des Eaux et Forêts en collaboration avec l'IFAN (Institut Français d'Afrique Noire)[51].

Il est clair qu'après la deuxième guerre mondiale, la protection de la nature devient un enjeu politique et économique. En effet, au niveau politique, l'administration coloniale découvre dans la faune et dans la végétation[52] deux ressources très importantes qui permettent au Service des Eaux et Forêts de devenir le garant de la conservation du patrimoine naturel des colonies, donnant légitimation et justification à un appareil ministériel qui est en train de s'agrandir[53]. Sur le plan économique, on trouve dans la chasse et dans la protection, des nouvelles formes de pression fiscale qui permettent d'augmenter les ressources économiques disponibles et de demander la participation aux fonds de financement publics[54].

C'est dans cette période qu'une nouvelle forme de revenu est envisagée : le tourisme cynégétique et de vision. En effet, en 1949, on assiste

---

[49] Arrêté n° 4.294 SE du 22 décembre 1943 organisant la conservation des ressources naturelles intégrales en AOF.

[50] Les Conservations sont établies dans chaque colonie. Elles organisent et gèrent les réserves naturelles intégrales et sont dirigées par un conservateur. L'inspecteur, le contrôleur et le brigadier assurent respectivement l'administration de l'inspection, du cantonnement et de la brigade. Cette dernière est une unité d'exécution des travaux de terrain, où les brigadiers dirigent les gardes-faunes.

[51] On précise que l'activité coloniale en AOF a été entreprise, d'une part, à travers l'aide d'organismes ou institutions ministériels et, d'autre part, par des institutions à vocation de recherche. Parmi ces derniers il y a le Comité d'Etudes Historiques et Scientifiques de l'AOF, créé à Dakar et devenu en 1939 l'IFAN (Institut Français d'Afrique Noire) et l'ORSTOM (Office pour la Recherche Scientifique et Technique Outre-Mer) ayant son siège à Paris et correspondant aujourd'hui à l'IRD (Institut de Recherche pour le Développement).

[52] L'importance de la végétation dans la politique coloniale de l'AOF est démontrée par l'étude et la cartographie réalisés par Guy Roberty de l'ORSTOM, terminés en 1964. Emanuela Casti a démontré, d'un côté, la prétention taxonomique de la carte pour la connaissance des aspects quantitatifs et qualitatifs de la végétation de l'AOF et, de l'autre, à l'aide de l'analyse sémiotique, la difficulté de sa compréhension et interprétation (Casti, 2000a).

[53] Avec le décret n° 45-1.344 du 18 juin 1945, il y a l'institution de l'Inspection de la Chasse et de la Protection de la Nature au sein de la Direction de l'Agriculture, de l'Elevage et des Forêts. Il y a en outre le Conseil Supérieur de la Chasse et le Conseil Supérieur de la Protection de la Nature dans les colonies qui dépendent de la Direction du Plan d'Organisation et de Développement des colonies. Toutes ces institutions relèvent du Ministère des Colonies (Décret n° 45-1.344 du 18 juin 1945).

[54] Il s'agit des Fonds d'Investissement et de Développement Economique et Social (FIDES) des territoires d'outre-mer, organisme financier alimenté à 55% par des fonds de l'Etat qui assure la continuation de l'entreprise coloniale.

à la création du Comité Fédéral du Tourisme en AOF, ayant comme objectifs la programmation et la coordination des activités nécessaires à l'organisation de l'activité touristique, surtout cynégétique, qui semble fournir beaucoup de revenus. Le tourisme rentre parmi les activités prévues dans la planification de l'AOF, grâce aux FIDES qui donnent des fonds sur les chapitres « Chasse et tourisme cynégétique » et « Protection de la nature ». Par ces moyens, le Service des Eaux et Forêts de chaque colonie peut créer, organiser et acheter l'équipement pour les réserves, parcs, campements dans les aires les plus intéressantes du point de vue faunistique.

La volonté de l'administration coloniale de promouvoir un mouvement d'intérêt et de tourisme cynégétique vers l'AOF se manifeste intensément pendant cette période, à travers la poursuite du classement des différentes aires protégées[55], la création d'institutions spécifiques[56], l'aménagement et la construction de pistes, postes forestiers et campements touristiques et l'établissement de trois itinéraires principaux : l'axe ouest, l'axe est et l'axe central[57].

Le cas du Cercle de Fada N'Gourma : la création des réserves d'Arly et aires contiguës

Dans les années cinquante on assiste à la création rapide d'un véritable complexe d'aires protégées contiguës dans le Cercle de Fada N'Gourma.

D'un côté, les aires déjà proclamées en 1926 et en 1937 sont déclarées – suite à la loi de 1943 – *Forêt Classée* et *Réserves Totales de Faune du W du Niger* (en 1952 du côté du Dahomey et en 1953 du côté du Niger et de la Haute-Volta)[58]. De ce fait, des commissions de classement se réunissent pour

---

[55] Dont la procédure de classification suit celle des forêts classées. Une nouvelle loi établit le classement, l'exercice de la chasse sportive et coutumière, les catégories d'animaux, les règles d'abattage, le personnel habilité aux contrôles. Pour la chasse coutumière on reconnaît l'existence du « chasseur de village » et son droit à exercer l'activité cynégétique selon les normes traditionnelles par des engins traditionnels.

[56] Du point de vue institutionnel, le territoire de la Haute-Volta possède son Service des Eaux et Forêts à Ouagadougou qui comprend trois Inspections : de Bobo-Dioulasso, du Mossi et du Nord. L'inspection du Mossi a son siège dans la capitale et englobe le Cercle de Fada N'Gourma possédant plusieurs cantonnements parmi lesquels Diapaga comme lieu de résidence du contrôleur des Eaux et Forêts.

[57] C'est grâce à une mission en AOF de 1954 du Haut Commissaire de l'AOF Bernard Cornut-Gentille que le développement touristique a commencé, promouvant ainsi une collaboration entre institutions : le Comité de Chasses Coloniales, le Comité Fédéral du Tourisme et le Syndicat d'Initiative et de Tourisme de l'AOF. Voir à ce propos : Gouvernement Général de l'AOF, Inspection générale des Eaux et Forêts, 1954, p. 59-73 (série 2G 54, microfilm 200Mi 1993).

[58] Voir l'arrêté n° 7.640 SE/F du 03 décembre 1952 pour la partie située sur le territoire du Dahomey ; arrêté n° 2.606 SE/F du 14 avril 1953 pour celle située sur le territoire de la Haute-Volta ; arrêté n° 4.676 SE/F du 25 juin 1953 pour la partie située au Niger.

exécuter les délimitations. La zone est proclamée de façon définitive *Parc National du W* par le décret du 4 août 1954[59] qui le subdivise entre les trois colonies : Haute-Volta, Niger et Dahomey. En 1954 le Gourma dispose donc de la composante voltaïque du *Parc National du W*. Le changement de statut de « réserve » à « parc » témoigne de l'intérêt à promouvoir la protection des ressources naturelles pour des finalités scientifiques et récréatives plutôt que cynégétiques. Ces dernières ne sont pas abandonnées totalement parce que entre 1953 et 1954, l'administration coloniale décide d'investir sur des réserves de faune ceinturant le Parc National du W (*Réserves de Faune de la Tapoa et de Diapaga*)[60]. C'est ainsi que des pistes, des postes forestiers et des campements touristiques sont construits à la Tapoa, à Diapaga et à Kondjo.

A cela s'ajoute un projet de création d'aires protégées vouées au tourisme cynégétique et de vision dans la zone méridionale du Cercle de Fada N'Gourma, où en 1953 l'administration coloniale décide de réunir une commission de classement pour exécuter les délimitations et étudier des nouvelles réserves au sud de la falaise du Gobnangou. Il s'agit d'un autre système hydrologique intéressant l'Arly et la Pendjari, que l'acteur colonial avait déjà vérifié en tant qu'aire particulièrement giboyeuse qui méritait d'être valorisée par un réseau cynégétique et touristique.

Ces réserves sont déclarées juridiquement en 1954 : *Forêt Classée* et en même temps *Réserve Totale de Faune d'Arly* (76.000 ha) et *Réserve Partielle de Faune d'Arly* (130.000 ha)[61] pour une superficie totale de 206.000 ha. Dans le rapport annuel des Eaux et Forêts de 1954[62] on affirme que « cet ensemble doit constituer la plus belle réserve de faune de l'AOF dont les splendides terrains de chasse ne manqueront pas d'acquérir une rapide notoriété »[63]. Cette structure territoriale dans son double statut (de

---

[59] A ce propos voir le décret du 4/08/1954 portant sur la transformation en Parcs Nationaux de Trois Réserves Totales de Faune et les rapports : Territoire du Niger, Service des Eaux et Forêts, 1954 (série 2G 54 – 29, microfilm 200Mi 1992) ; Territoire du Dahomey, Service des Eaux et Forêts, 1954 (série 2G 54 – 31, microfilm 200Mi 1992) ; Territoire de la Haute-Volta, Service des Eaux et Forêts, 1954 (série 2G 54 – 95, microfilm 200Mi 2004).

[60] On ajoute une réserve contiguë non seulement au W mais aussi à la rivière Pendjari (*Réserve de Faune de la Kourtiagou* qui sera classée par la suite par l'arrêté n° 3.146/SE du 29 mars 1957, pour une extension de 51.000 ha).

[61] Voir l'arrêté n° 8.885/SEF du 13/12/54.

[62] Se référer à : Territoire de la Haute-Volta, Service des Eaux et Forêts, 1954, p. 33 (série 2G 54 – 95, microfilm 200Mi 2004).

[63] Cette notoriété a été développée et elle est une réalité actuelle, puisque ces aires protégées font partie du « Complexe WAP », l'ensemble des Parcs W, Arly et Pendjari, l'un des écosystèmes les plus étendus des savanes africaines (pour un total de près de cinq millions d'hectares). Parmi ces aires la Réserve de Biosphère Transfrontalière du W représente le premier exemple de complexe écologique soumis à une gestion régionale entreprise par le Programme Régional Parc W/ECOPAS.

Réserve Totale et Partielle) est créée sur la base des ressources faunistiques qu'elle possède. En les protégeant d'un côté, on crée des espaces de tourisme de vision et, de l'autre, on exploite ces ressources à travers la chasse. Dans les deux cas émerge le rôle économique de la faune qui engendre des activités de rente[64].

La politique environnementale autour de 1954 présente donc un centre très important de tourisme cynégétique, à tel point que le Service des Eaux et Forêts dans son rapport annuel introduit un croquis de planification où, à côté des aires déjà créées du W (A) et des deux réserves d'Arly (B et C), il indique les deux réserves de Singou et de Pama (D et E) comme projets d'élargissement du « massif classé » d'Arly (Carte 22)[65].

Carte 22 – Les aires du « massif classé » d'Arly en 1954

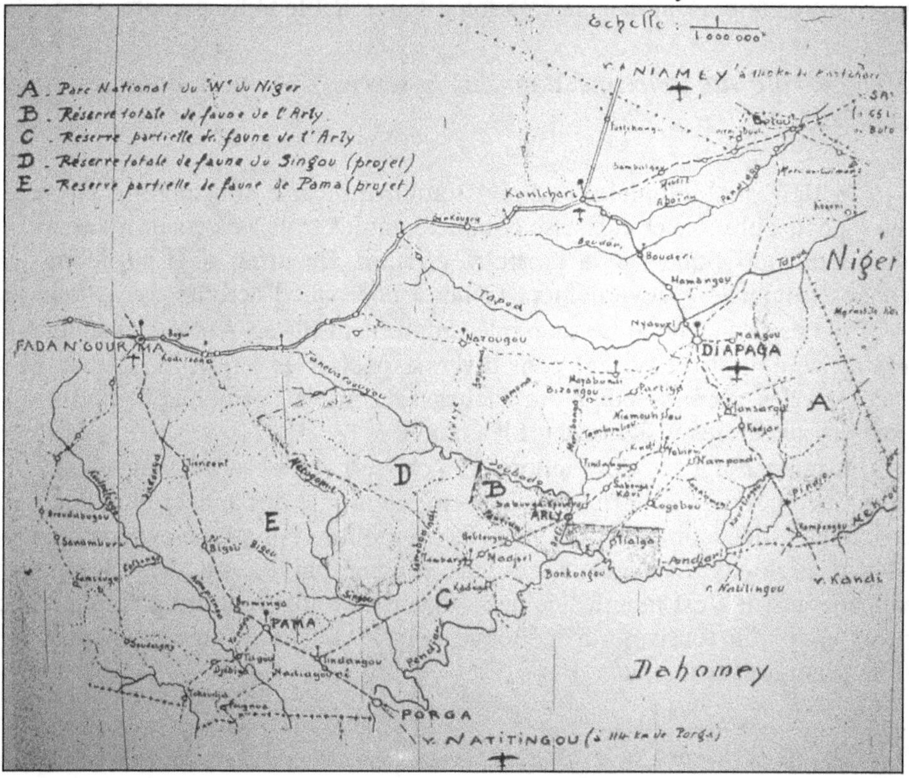

---

[64] La dimension économique de la faune introduite par l'acteur colonial, nie son rôle symbolique et culturel auprès de la société gourmantché. Sa consommation traditionnelle concernait la survie et les échanges d'une communauté selon des règles coutumières plutôt qu'une consommation individuelle et dédiée à la récréation et au sport.

[65] Pour plus de détails voir : Territoire de la Haute-Volta, Service des Eaux et Forêts, 1954, p. 48 (série 2G 54 – 95, microfilm 200Mi 2004).

L'ensemble de l'Arly est donc élargi par la création de la *Réserve Totale de Faune de Singou*[66] et de la *Réserve Partielle de Faune de Pama*[67]. Ces aires, selon le Service des Eaux et Forêts de la Haute Volta « complètent les réserves de faune déjà existantes permettant le développement du tourisme cynégétique et de la chasse sur les terrains voisins »[68].

Ce projet trouve un accord au Dahomey même avec la création de la *Réserve de Faune de la Boucle de la Pendjari*[69] qui devient en 1955 une Réserve Totale de Faune[70] et de la *Réserve Partielle de Faune de l'Atakora* entre la boucle de la Pendjari, la Mékrou et le Parc National du W du Niger. Comme on peut le constater dans une carte insérée dans le guide touristique publié par Roure (1956, p. 196) sur la faune et la chasse en AOF (Carte 23) il émerge le grand complexe écologique – créé au croisement entre la Haute-Volta, le Niger et le Dahomey – dans lequel les réserves d'Arly recouvrent un rôle très important dans la création d'un véritable tourisme international.

3.2. Le rôle du tourisme dans les réserves d'Arly et dans les aires contiguës

A l'époque coloniale, l'administration française considère le paysage, les aspects culturels et la chasse comme étant les trois aspects promoteurs de l'activité touristique sur le territoire africain. En effet, déjà au début des années trente, le Gouvernement Général décrivait l'activité touristique en AOF de cette façon : « Le tourisme proprement dit en Afrique Occidentale Française doit être envisagé sous divers aspects : les paysages, l'étude de s races et des mœurs indigènes, la chasse sont les principaux motifs qui peuvent attirer des visiteurs dans la colonie »[71].

L'intensification des actions de classement et d'aménagement des réserves contiguës à l'Arly dans la première moitié des années cinquante est strictement liée à un plan plus vaste de promotion touristique cynégétique au niveau régional. Dans cette période, comme on l'a vu dans les pages précédentes, il s'est manifestée une volonté de l'administration coloniale de promouvoir un tourisme cynégétique vers l'AOF, à travers la création de trois itinéraires principaux.

---

66 Arrêté général n° 6.089/SE du 03/08/55, portant constitution en forêt domaniale classée et en Réserve Totale de Faune dite du Singou, de 192.800 ha.

67 Arrêté général n° 6.090/SE du 03/08/55, portant constitution en forêt domaniale classée et en Réserve Partielle de Faune dite de Pama, de 223.700 ha.

68 Cit. de Territoire de la Haute-Volta, Service des Eaux et Forêts, 1955, p. 42 (série 2G 55, microfilm 200Mi 2025).

69 Arrêté général n° 3.884 SE/F du 13/12/54, de 275.500 ha environ.

70 Arrêté général n° 2.579/SE du 06/04/55, portant transformation de la Réserve de Faune de la Boucle de la Pendjari en Réserve Totale de Faune.

71 Gouvernement Général de l'Afrique Occidentale Française, 1931, p. 9-10.

Carte 23 – IGEF-AOF, *Parc National du W, Réserves de Faune d'Arly (Haute-Volta) et de la Pendjari (Dahomey)*, 1:2.000.000, 1956

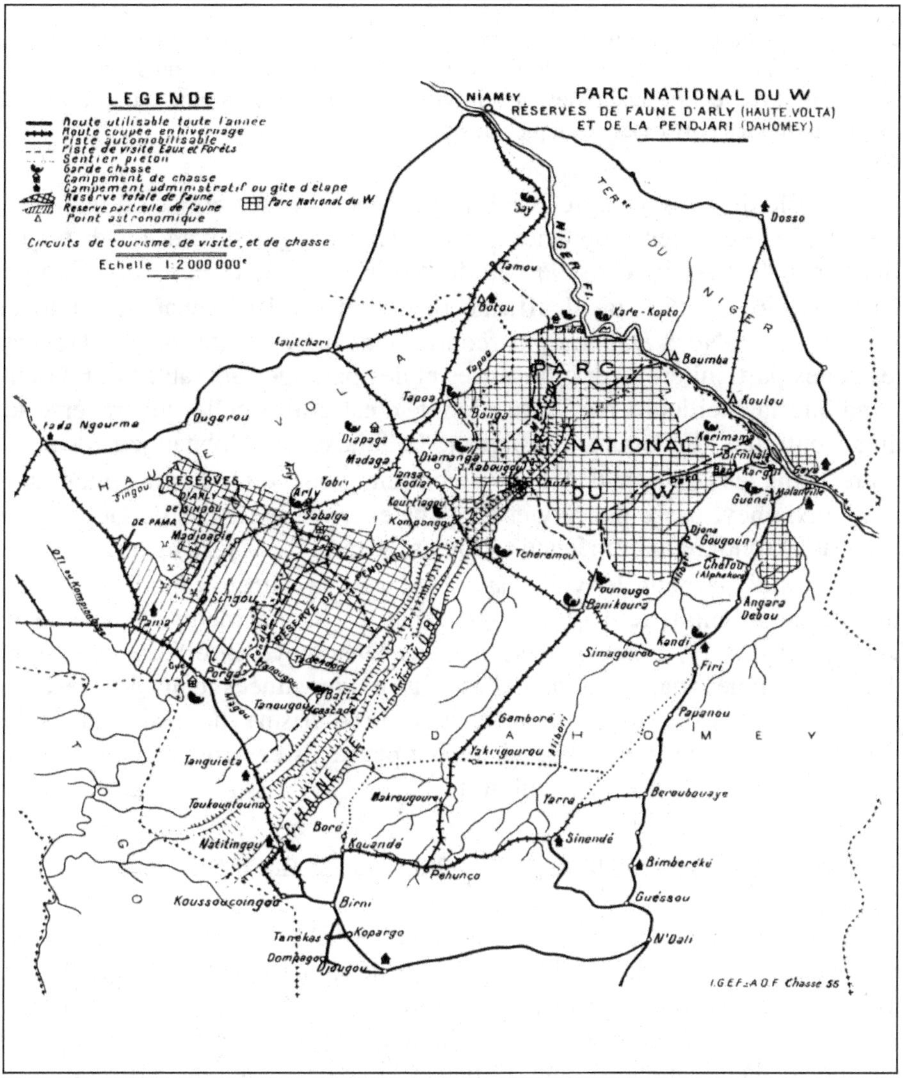

Le Gourma rentre dans l'itinéraire touristique Est de l'AOF, allant de Gao à Cotonou par Niamey et Natitingou. La planification du tourisme et de la chasse devient alors le secteur productif dans lequel il faut investir. A partir donc de 1954, les rapports du Service des Eaux et Forêts indiquent dans le tourisme une activité complète et très variée :

« L'intérêt touristique de la Haute-Volta est étroitement lié à ses possibilités cynégétiques. Les régions riveraines des territoires du Niger et du Dahomey sont particulièrement favorisées à cet égard. Ces régions possèdent des terrains de chasse de saison sèche qui sont certainement parmi les plus beaux de la Fédération tant par l'abondance que par la variété de la faune : éléphants, buffles, hippopotames, antilopes, bubales, damalisques, phacochères, caïmans, etc. [...]. En outre ces terrains de chasse présentent l'intérêt de se trouver à proximité des centres touristiques situés dans les territoires voisins, tels que les rives du Niger dans la région du 'W' et au Dahomey les monts 'Atakora' qui allient au pittoresque géographique les curiosités ethniques des pays Bomba et Berba »[72].

Le rôle du paysage agréable émerge dans les descriptions ou récits que les touristes pouvaient apprécier pendant leur voyage suivant les différents itinéraires de l'AOF. C'est le cas du guide touristique écrit par Georges Roure (1956, p. 362) où il affirme que « un touriste venant en auto de Niamey ou du Nord Dahomey parcourra dans le cercle de Fada N'Gourma des zones particulièrement giboyeuses et des paysages agréables ». En outre il indique la meilleure partie du circuit, c'est-à-dire celle qui traverse les aires contiguës du Gourma, longeant la falaise du Gobnangou avant de rentrer dans les réserves d'Arly : « le circuit cynégétique le plus intéressant part de Niamey, passe par Say et Diapaga et longe la falaise du Gobnangou jusqu'à la frontière dahoméenne » (Ibidem, p. 363 ; Carte 24).

Comme on peut le voir dans la carte, la partie centrale de l'axe touristique oriental de l'AOF passait par les campements de chasse de Diapaga et d'Arly, avant de descendre au Dahomey. En effet, l'activité de chasse pratiquée dans les parcelles d'abattage situées dans les réserves partielles[73] pouvait être accompagnée d'un tourisme de vision dans les réserves totales, ou bien d'une visite des paysages environnants et de leurs populations pour un tourisme culturel.

3.2.1. L'évolution de l'activité touristique dans les réserves d'Arly

L'évolution du tourisme dans les réserves d'Arly a été caractérisée par des phases intermédiaires qui ont vu : i) de 1953 à 1954, la construction des infrastructures de base : pistes, postes forestiers, campements ; ii) de 1955 à 1957, une activité d'extension ou d'amélioration des infrastructures déjà existantes. Pendant la première phase, l'acteur colonial procède à la construction de pistes (de Arly à Bonkongou jusqu'à la Pendjari, 22 km),

[72] Territoire de la Haute-Volta, Service des Eaux et Forêts, 1954, p. 28-29 (série 2G 54, microfilm 200Mi 2004).

[73] Les aires d'abattage étaient prévues dans les arrêtés généraux n° 5.661 du 14/12/1948 et n° 2.996 du 16/04/1954. Les animaux chassés étaient : buffles, lions, hippotragues, bubales, damalisques, *waterbucks*, cobs de buffon, *cobs redunca*, gazelles rubifrons, phacochères, oribi et céphalophes (Gouvernement Général de l'AOF, Service des Eaux et Forêts, 1954, p. 28, série 2G 54, microfilm 200Mi 1953).

d'un poste forestier comprenant un logement des gardes forestiers, d'un campement de chasse avec une cuisine et d'un magasin[74].

Carte 24 – G. Roure, *Les grands itinéraires de tourisme cynégétique en AOF*. 1956 (détail)

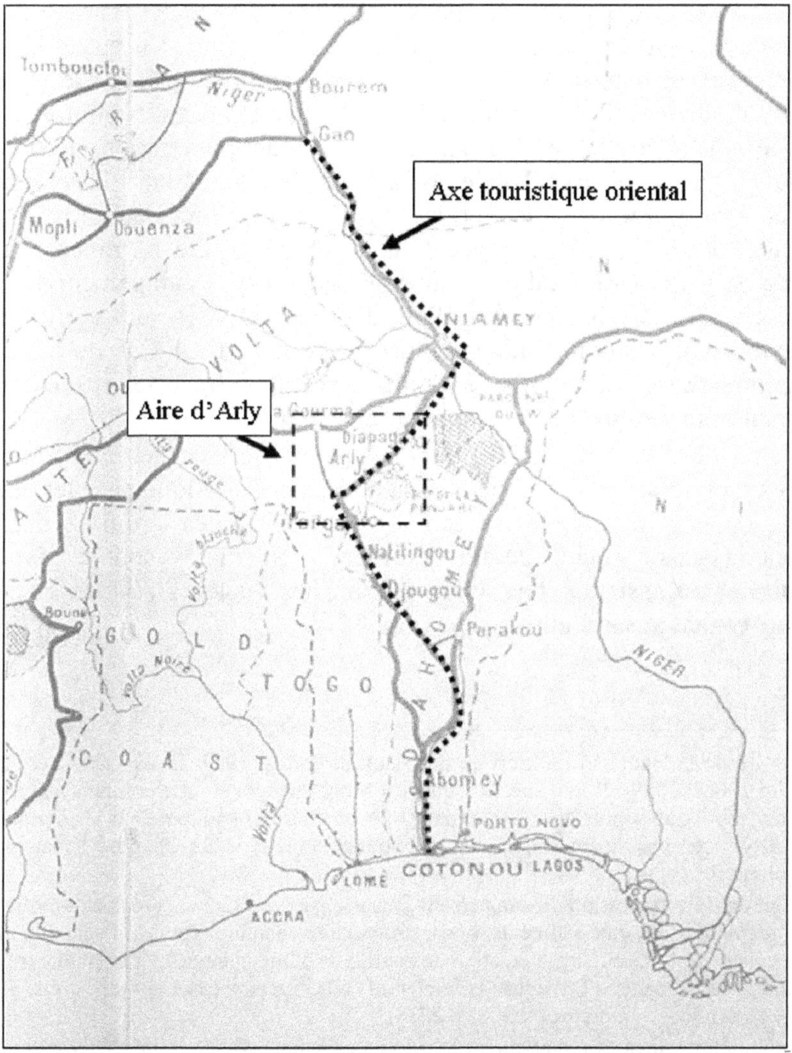

(les icônes cartographiques ont été accentuées par l'auteur)

[74] Les campements de chasse de Diapaga et Arly ont commencé à fonctionner en décembre 1954. Ils étaient gérés par le personnel du Service des Eaux, Forêts et Chasse et fonctionnaient suivant la délibération n° 45/54 du 5 novembre 1954 signée par J.M. Morin qui établit les tarifs de logement, de restauration et des autres services offerts auprès des deux campements.

Dans la deuxième phase, à l'aide des fonds FIDES, ces institutions interviennent dans l'amélioration et l'aménagement des infrastructures présentes dans les réserves ou dans la création de nouvelles. En ce qui concerne le réseau de pistes, il est élargi, comme c'est le cas de la piste parallèle à la Pendjari (14 km), dans la Réserve Totale de Faune d'Arly, et de celle située au confluent de l'Arly et de la Pendjari. En outre, le réseau déjà existant est amélioré tel que la piste longitudinale principale (allant de Botou à Tindangou, en passant par Tapoadjerma, Diapaga, Namounou, Arly, Madjoari, Tambarga, de 241 km) ; la piste de pénétration d'Arly à la Pendjari (dans la Réserve Totale de Faune d'Arly de 24 km), la réfection du pont de Yobri. En 1957 le Service des Eaux et Forêts annonce que des nouvelles routes sont commencées mais n'ont pas été terminées, comme celle de Arly à Kondjo et de Arly au Mont Pagou[75]. Le campement de chasse d'Arly est agrandi en 1955. En 1956, d'autres activités sont réalisées[76], ce qui favorise la création d'une structure fonctionnant à l'aide du travail des populations africaines[77]. L'amélioration de ces infrastructures est liée à l'augmentation progressive du nombre de visiteurs.

Si on observe les données publiées par le Service des Eaux et Forêts dans les rapports annuels concernant la présence touristique dans les réserves d'Arly, on peut noter que les campagnes touristiques – qui se déroulent pendant la saison sèche, de fin décembre à fin mai – sont en évolution continue et on assiste à une augmentation des visiteurs résidents en AOF mais provenant aussi d'autres pays (Fig. 16)[78].

---

[75] Territoire de la Haute-Volta, Service des Eaux et Forêts, 1957, p. 49 (série 2G 57 – 59, microfilm 200Mi 2059). Il faut spécifier que le « Mont Pagou » est une colline ayant une forte fonction symbolique auprès des populations gourmantchés qui habitent dans les périphériesde l'UPC Arly. A propos de son importance symbolique on renvoie au Chapitre 1, paragraphe 2 de ce volume.

[76] Il s'agit de l'électrification du campement financée par les FIDES, la réalisation d'un puits, le raccordement d'eau aux bâtiments, la construction de chambres rondes, l'achat de matériel pour la cuisine et le mobilier, la création de pavillons, d'une chaussée submersible traversant la Pendjari, de pancartes (Territoire de la Haute-Volta, Service des Eaux et Forêts, 1956, p. 51-52 série 2G 56 – 54, microfilm 200Mi 2038).

[77] Les populations locales recouvraient le rôle de cuisinier, *boy* et main-d'œuvre chargés de l'approvisionnement de l'eau et de l'entretien des abords du campement, deux pisteurs accompagnaient les touristes et les chasseurs au cours de leurs sorties dans les réserves ou à la chasse. Ce personnel était payé par le budget local. Voir à ce propos : Territoire de la Haute-Volta, Service des Eaux et Forêts, 1955, p. 78 (série 2G 55 – 85, microfilm 200Mi 2025).

[78] Les données des figures 16 et 17 sont réelles sur le nombre de visiteurs, dégagées de : Territoire de la Haute-Volta, Service des Eaux et Forêts, 1953, p. 35 (série 2G 53, microfilm 200Mi 1982) ; 1954, p. 50 (série 2G 54 – 95 microfilm 200Mi 2004) ; 1955, p. 79 (série 2G 55 – 85, microfilm 200Mi 2025) ; 1956, p. 53 (série 2G 56 – 54, microfilm 200Mi 2038 ; 1957, p. 50 (série 2G 57 – 59, microfilm 200Mi 2059).

Figure 16 – Visiteurs des réserves d'Arly (campagnes '53-'56)

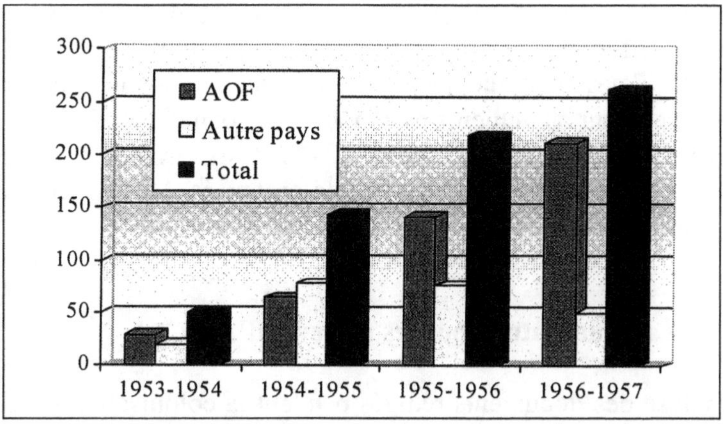

Il est intéressant de noter que le Service publie aussi des données qualitatives sur la provenance et l'occupation des visiteurs. En ce qui concerne le pays de provenance (Fig. 17) 60% des visiteurs est originaire de l'AOF[79], tandis que 40% restant (soixante-dix personnes) provient surtout d'Europe (France, Allemagne, Suisse, Belgique, Italie, Irlande, Autriche et Hollande).

Figure 17 – Pays de provenance des touristes de l'Arly

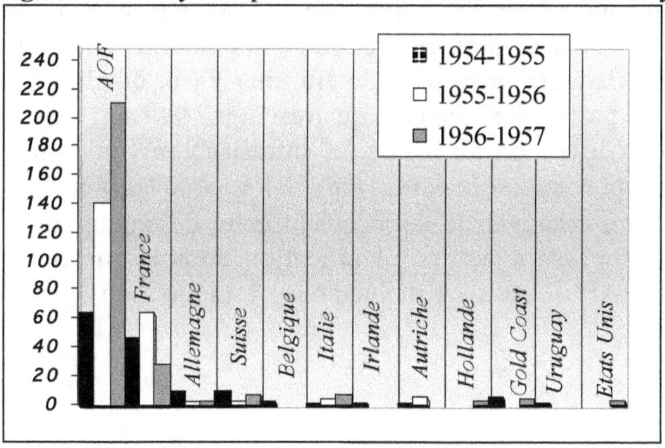

Il y a aussi des cas isolés de touristes provenant d'autres parties de l'Afrique et d'Amérique[80]. En ce qui concerne leur profession, ils sont des

[79] Trente visiteurs en 1953, soixante-cinq en 1954, cent-quarante-deux en 1955, deux-cent-onze en 1956.

[80] Respectivement : cinq de la Côte d'Or en 1954, trois en 1956 ; un de l'Uruguay en 1954 ; deux des Etats Unis en 1956.

cinéastes, des photographes et seulement en petit nombre de chasseurs. Les visiteurs des réserves d'Arly sont normalement organisés en groupes par des institutions différentes : Wagon-lits, Touring Club de France, Office Algérien du Tourisme, quelques-uns viennent isolément, soit par avion depuis Niamey, soit en véhicule automobile personnel[81].

Durant la campagne touristique 1955-1956 six circuits Wagon-lits et un circuit du Touring Club de France ont été organisés. Mais la majeure partie sont des touristes en groupes isolés venus de Niamey.

4. Conclusion : quel futur pour les réserves d'Arly ?

L'analyse des documents rédigés pendant la colonisation du Gourma a mis en évidence le destin incertain du Cercle et sa situation économique critique. Une « rédemption » de l'aire a cependant eu lieu dans les années cinquante, lorsque les réserves contiguës à l'Arly sont devenues le centre d'une politique touristique confirmée même après l'indépendance.

Dans la première édition de la feuille *Arli* de la carte topographique régulière de la Haute-Volta rédigée par l'IGN en 1965 (Carte 25), on peut observer, pour la première fois dans le détail, le complexe écologique, avec des informations topographiques faisant référence aux pistes carrossables et aux infrastructures touristiques.

Le Gobnangou émerge comme aire de passage pour rejoindre l'entrée de l'ensemble des aires protégées et du campement d'Arly, étape inévitable pour tous les visiteurs provenant du Burkina Faso, du Bénin ou du Niger. Cependant, à partir des années quatre-vingt, les activités de tourisme cynégétique et de vision ainsi que les infrastructures ont subi un abandon progressif compromettant le dessin initié à l'époque coloniale.

Dans un tel contexte, le défi devient celui de conjuguer le projet déjà entamé dans le passé avec une planification durable qui, dans le cadre du Complexe WAP[82], suit l'inéluctable logique de la participation communautaire.

[81] Les rapports annuels citent la présence d'une piste d'atterrissage pour avions légers à Arly qui doit être arrangée chaque année après la saison pluvieuse. Aujourd'hui elle est abandonnée, tout comme les structures touristiques. Voir le Chapitre 9, paragraphe 1 de ce volume.

[82] A l'heure actuelle les réserves d'Arly sont comprises dans le Complexe WAP (Réserve de Biosphère Transfrontalière W, UPC Arly, Parc National de la Pendjari) en tant que Unité de Conservation et Protection. Pour des détails, voir le Chapitre 2, paragraphe 1 de ce volume.

Carte 25 – IGN, *Carte de l'Afrique de l'Ouest*, 1:200.000, feuille « Arli » NC31XX, 1965

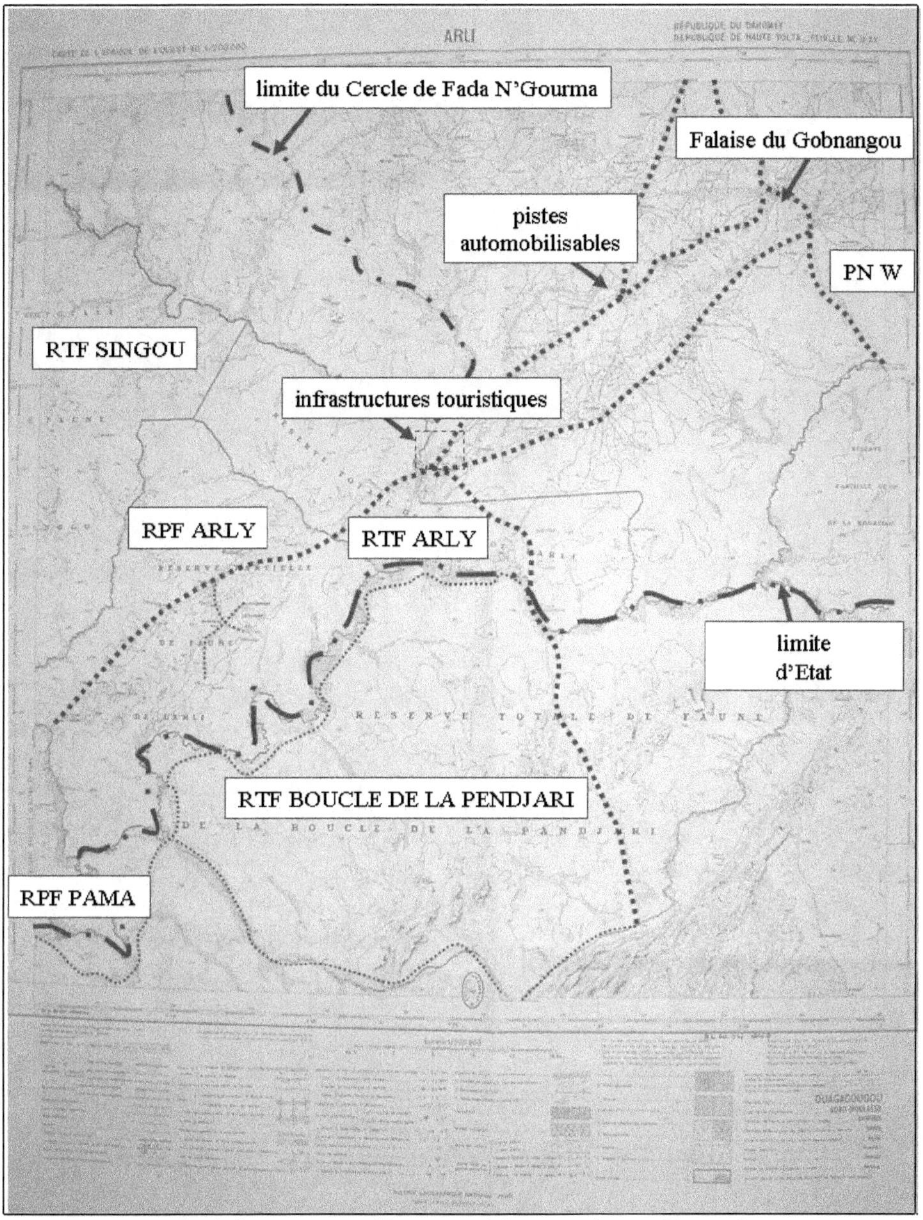

(les icônes cartographiques ont été accentuées par l'auteur)

Chapitre 5

La distribution et le dynamisme de la population dans la périphérie de l'UPC Arly : un processus de densification démographique

1. Les aspects socio-territoriaux et le dynamisme de la population

Ce chapitre considère les aspects démographiques de la périphérie de l'Unité de Protection et de Conservation Arly, peuplée d'environ 161.000 habitants répartis dans 286 villages. Il poursuit deux objectifs : mettre en évidence le rôle central joué par l'aire protégée en tant qu'élément attractif pour la présence humaine ; montrer l'importance des données de terrain pour une étude géographique des dynamiques de la population[1].

Concernant le premier objectif, dans la Région de l'Est, l'UPC Arly présente une grande richesse en ressources naturelles qui sont de plus en plus rares dans un milieu sahélien en voie de dégradation[2]. L'aire protégée, donc, constitue un élément attractif à la fois pour les habitants de la région, qui ont tendance à se rapprocher d'elle – jusque, parfois, à en dépasser les limites pour certains activités productives –, et pour les gens venant d'ailleurs, qui s'installent *ex novo* dans sa périphérie. Il en dérive une distribution hétérogène de la population, montrant des niveaux différents de pression démographique et villageoise[3].

Pour ce qui est du deuxième objectif, dans le contexte rural ouest-africain dépourvu de données statistiques fiables, l'information construite à travers la recherche de terrain vise à combler le vide d'une connaissance produite institutionnellement. Il s'avère donc nécessaire de recourir à une étude concernant l'ensemble de l'organisation territoriale, afin de créer un

[1] Les outils théoriques employés pour l'analyse des aspects démographiques dans le cadre d'une étude socio-territoriale sont tirés de la Stratégie SIGAP, une méthodologie de recherche appliquée aux périphéries des aires protégées – notamment à la Réserve de Biosphère Transfrontalière du W (RBT W) et à l'UPC Arly – et formalisée dans : Casti, 2006.

[2] Pour des détails sur la localisation, l'extension et la composition de l'Unité de Protection et de Conservation Arly – que l'on appellera UPC Arly – et de sa périphérie, nous renvoyons respectivement aux Chapitres 2 et 1 de ce volume.

[3] Comme spécifié dans le Chapitre 1, note 35 de ce volume, l'extension de la périphérie – correspondant à environ 3.400 km^2 – a été calculée en délimitant l'aire des villages selon les critères suivants : i. proximité avec l'aire protégée ; ii. appartenance à un réseau traditionnel auquel fait partie un village limitrophe de l'aire protégée ; iii. exercice d'une activité anthropique ayant un impact direct sur l'aire protégée.

système d'information articulé pouvant restituer non seulement les aspects quantitatifs, mais aussi l'identité des populations locales[4].

Plus précisément, on prendra d'abord en considération les données restituant les dynamiques démographiques de cette aire. Ensuite, à l'échelle régionale, on reconstruira les mouvements de population entre la zone d'étude et les états ouest-africains. Puis, se focalisant sur la périphérie de l'UPC Arly, on montrera les aspects démographiques (nombre d'habitants et d'installations villageoises) et, spécialement, les lignes localisatrices de la population ainsi que les aires à majeures présence humaine, calculant ensuite les pressions démographique et villageoise. On approfondira, donc, les dynamiques de fondation des villages mettant en évidence les différents niveaux de stabilité territoriale et les processus de hiérarchisation villageoise sur la base du statut traditionnel des installations. On tracera, enfin, le cadre des mouvements actuels de populations qui, engendrés par des événements à influence régionale ainsi que locale, constituent les facteurs principaux d'intensification de la présence démographique.

2. Le système démographique : données de terrain et dynamique de peuplement

Dans le contexte africain, les données quantitatives et qualitatives sur les aspects démographiques sont limitées et l'évaluation statistique de phénomènes spécifiques – telles que les migrations – est rarement effectué[5]. On peut suppléer à ce manque de source par le biais de données collectées sur le terrain à travers une méthodologie produisant une connaissance du territoire. Celle-ci, n'étant pas exclusivement basée sur des aspects quantitatifs, s'appui sur la collecte de données qualitatives relatives à

---

[4] Dans ce chapitre, nous analyserons certaines données de terrain collectées au cours des années 2006, 2007 et 2008 dans le cadre du projet de collaboration interuniversitaire *Outils pour la prise de décision dans la protection environnementale : le Complexe WAP* coordonné par les professeurs Emanuela Casti et Samuel Yonkeu, auquel je participe en tant que chercheur junior. Je remercie toute l'équipe qui m'a donné la possibilité d'utiliser l'ensemble des données de terrain.

[5] En Afrique l'évaluation numérique de la population est fragmentaire et, au fur et à mesure qu'on agrandit l'échelle d'enquête, elle devient approximative. Dans le cas burkinabè, les données démographiques existantes sont produites : au niveau national, par l'INSD (Institut National de la Statistique et de la Démographie) qui, depuis les années soixante-dix, publie chaque dix ans le Recensement Général de la Population et de l'Habitation, le plus récent datant de 2006 ; au niveau régional, par des institutions privées telles que l'IRD (Institut de Recherche pour le Développement) qui a produit des publications concernant la Région de l'Est (Guire, Santoir, Sy, 2001a, b). Toutefois, le détail des informations au niveau local reste réduit. C'est pourquoi, il peut s'avérer stratégique de faire recours aux méthodologies de recherche alternatives comme les enquêtes de terrain, dont nous présentons ici quelques résultats.

l'organisation territoriale et pouvant donc, restituer l'identité du groupe social[6].

Assumant la sémiologie du territoire[7] en tant que cadre théorique de référence, on cherche à interpréter les signes renvoyant aux valeurs sociales et aux instances identitaires des populations locales, afin de retracer les grandes lignes de la distribution de la présence humaine. Toutefois, cette analyse ne se limite pas à une description de la situation actuelle mais, utilisant des données quantitatives, elle permet de calculer les pressions démographique et villageoise présentes dans la région. En outre, sur la base des données qualitatives, elle se fonde sur les processus ayant déterminé l'actuelle distribution démographique et identifie les tendances des phénomènes, avec une prospection sur les dynamiques futures. Il en dérive un cadre diachronique de la présence humaine établit sur la base d'un système de données de terrain de type direct et indirect. Dans le premier cas, il s'agit d'informations quantitatives sur les habitants et les installations villageoises. Dans le deuxième cas, les données se rapportent aux processus de fondation et de hiérarchisation des villages, ainsi qu'aux phénomènes migratoires exerçant une influence sur la croissance démographique.

3. Le contexte régional ouest-africain

L'analyse du système démographique de la périphérie de l'UPC Arly n'est pas disjointe du cadre ouest-africain car, au contraire, elle se fonde sur le contexte socio-territorial de la région. En effet, notre cas d'étude est inséré dans le système démographique de l'Afrique de l'Ouest, une région dont le peuplement est en voie d'accroissement, tout spécialement au cours des dernières décennies[8]. Ce phénomène est directement influencé par les

[6] Pour plus d'informations sur cette approche relative à l'analyse des phénomènes socio-territoriaux, nous renvoyons aux travaux réalisés par l'équipe coordonnée par Emanuela Casti – parmi lesquels : Casti, 2004c ; Ghisalberti, 2003-2004 ; s.p. a ; Casti, Bernini, 2008 – montrant l'application d'une méthodologie de recherche dans des contextes différents et faisant ressortir les aspects connotatifs du territoire à travers l'emploi de données collectées sur le terrain.

[7] Il y a plusieurs études théoriques novatrices sur la sémiologie du territoire et de ses représentations. Pour les aspects relatifs au paysage, se référer à : Turri, 1979 ; pour ceux se rapportant au territoire, voir : Turco, 1994 ; pour la carte géographique, consulter : Casti, 2000.

[8] Depuis les quarante-cinq dernières années, en Afrique de l'Ouest, le nombre d'habitants est passé de 88 millions à 290 millions. La population régionale dépasserait 400 millions aux alentours de 2020 et 500 millions entre 2030 et 2035. Pour des détails, voir l'atlas en ligne sur les études menées par la CEDEAO (Communauté Economique des Etats de l'Afrique de l'Ouest) et le CSAO (Club du Sahel et de l'Afrique de l'Ouest) dans le but de relever les phénomènes (démographiques, économiques, politiques, etc.) de portée régionale : CSAO/SWAC, CEDEAO/ECOWAS, 2006.

dynamiques migratoires agissant sur ce territoire depuis des siècles[9], influant de plus en plus la répartition de la population.

Selon la configuration du système migratoire ouest-africain, donc, jusqu'à la fin des années quatre-vingt on privilégiait l'émigration vers les contextes urbains ou ruraux des pays donnant sur le Golfe de Guinée pour la pratique, respectivement, du commerce ambulant et de l'agriculture de plantation. Dans ce cadre, la Côte d'Ivoire joua un rôle de premier plan comme pays d'accueil des migrants, tout comme le Burkina Faso en tant que pays de départ. Toutefois, pendant les années récentes, et précisément au début des années quatre-vingt-dix, l'émigration vers les nouvelles aires à culture intensive – telles que le Bénin septentrional[10] – est de plus en plus importante, car ces zones présentent des alternatives utiles pour le domaine agricole.

D'une part, l'héritage de la fonction stratégique au plan politico-économique assumée par les pays côtiers en période coloniale se révèle aujourd'hui encore dans l'importance du rôle qu'ils jouent en tant que points de départ de certains mouvements migratoires actuels. D'autre part, la retombée des programmes de développement d'aires périphériques à travers la promotion d'activités spéculatives, telle que la culture du coton, émerge de façon de plus en plus nette les faisant devenir des aires de départ ou d'arrivée de flux migratoires. Dans les zones de provenance, la logique de l'exode rural privilégiant l'aire d'installation urbaine est de plus en plus remplacée par la nécessité pour les migrants de trouver des moyens immédiats de subsistance dans un rayon proche. Les régions rurales précédemment sous-développées deviennent de nos jours des sources de flux migratoires du fait des politiques agricoles étatiques qui, depuis quelques décennies, sont mises en acte afin de promouvoir une production agricole intensive.

Parmi les causes des phénomènes migratoires, on relève une multiplicité de facteurs : la persistance des conditions climatiques drastiques ; l'intensification des pratiques traditionnelles d'exploitation des ressources naturelles ; l'introduction de logiques modernes de gestion agraire. A côté des éléments historiques, qui depuis des centaines d'années marquent ce territoire, on enregistre des conditions politico-économiques en mutation dans toute la région ouest-africaine, augmentant le nombre de migrants.

---

[9] Pour plus d'informations sur les migrations qui ont caractérisé l'Afrique et, spécialement, la région occidentale, nous renvoyons à : Amin, 1974.

[10] L'analyse des migrations internes et internationales intéressant la région du Bénin septentrional et, plus spécialement, les périphéries de la RBT W, est à retrouver dans : Ghisalberti, 2003-2004 ; 2006 ; 2008 ; s.p. b.

4. Dynamiques dans la périphérie de l'UPC Arly : peuplement et pressions démographique et villageoise

Nous allons maintenant considérer ce qui se passe dans notre zone d'étude, en analysant les données relatives à la distribution ainsi qu'aux pressions démographique et villageoise, avant de considérer les processus de fondation et les systèmes de hiérarchisation des villages, restituant la tendance au dynamisme ou à la stabilité territoriale.

4.1. Répartition de la population et des villages : une périphérie à trois composantes

Les habitants de la périphérie de l'UPC Arly se répartissent (Carte 26)[11] selon les critères suivants : une prévalence d'installations à dimensions réduites (67% des villages a moins de 500 habitants) ayant principalement une fonction agricole ; un bon nombre de structures à dimensions moyennes (30% appartenant aux intervalles intermédiaires) constituant pour la plupart des nœuds du commerce local ; de rares installations de grandes dimensions (3% entre 3.501-6.500 habitants) jouant un rôle important sous le profil administratif. Ces villages retracent la présence de trois aires identifiables grâce aux éléments différenciateurs tels que la falaise du Gobnangou et le système d'aires protégées.

La première, s'étendant dans les communes rurales de Tambaga, de Namounou et de Partiaga, est localisée au nord de la falaise du Gobnangou, arrivant à l'ouest jusqu'à la commune de Matiacoali et au sud jusqu'à l'aire protégée. Elle est caractérisée par une densité de peuplement moyenne[12] et on y relève la prévalence d'installations villageoises de petite-moyenne taille[13] à côté de quelques gros villages : les chefs-lieux de Commune[14], dont l'importance s'est accrue suite au processus de décentralisation[15] ; les

[11] Nous spécifions que les cartes présentées dans ce chapitre ont été élaborées au Laboratoire Cartographique de l'Université de Bergame, comme détaillé au Chapitre 1, note 40 de ce volume.

[12] Dans l'aire, s'étendant sur 2.000 km^2, nous avons relevé 160 installations villageoises pour 82.000 habitants. Il s'agit de villages ainsi constitués : 69% de petites dimensions (moins de 500 habitants) ; 28% de moyennes (intervalles intermédiaires) ; 3% de grandes (3.501-6.000 habitants).

[13] Elles sont localisées : à proximité de la falaise, de Tampiengou à Saborgkpéla, en passant par Yobri, Tindangou et Yirini ; en position éloignée, de Tiakoagli à Boungou-Woula ; dans des rares cas (réseau de Yobri), au-dessus de la falaise.

[14] Par exemple Partiaga qui est reconnu comme chef-lieu de département depuis la révolution en 1984.

[15] C'est en 2004 que le Burkina Faso adopte le Code Général des Collectivités Territoriales consacrant la communalisation intégrale du territoire à travers l'institution de communes urbaines et rurales (Sanou, 2006c, p. 7). Pour un éclairage supplémentaire, nous renvoyons au Chapitre 8 de ce volume.

villages ayant des marchés à rayonnement régional[16] ; les villages possédant une localisation stratégique le long des voies principales[17] ; les villages ayant statut de village-mère qui, en raison de leur importance sur le plan traditionnel, sont les plus peuplés.

La deuxième zone inclut la commune rurale de Logobou, au sud de la falaise du Gobnangou. Elle est entourée par le système protégé de l'est au sud – l'UPC Kabougou à l'est, l'UPC Arly au sud – et la falaise à l'ouest. Cette aire est caractérisée par une concentration démographique assez élevée, liée à une abondance des ressources hydriques[18] qui fait qu'elle est devenue le lieu d'installation de plusieurs villages, à l'ouest, jusqu'au-dessus de la falaise et, à l'est, jusqu'à la limite des aires protégées[19]. On y retrouve un nombre élevé de villages à petites ou moyennes dimensions, face à un nombre réduit de ceux de grande taille[20]. Les petits villages sont éparpillés à partir de Tchiampoanli, à l'est, jusqu'à Sekoamou, à l'ouest[21], constituant une présence capillaire liée au rôle central de la culture cotonnière dont la présence s'intensifie de plus en plus, engendrant une course aux revenus

---

[16] Par exemple Namounou, accueillant le marché le plus important de la sous-région, joue un rôle significatif dans le choix des marchandises et la commercialisation des produits finis venant de l'extérieur – des centres urbains burkinabès (Fada N'Gourma, Koupéla et Ouagadougou), mais aussi du Togo, du Nigéria, du Niger et du Bénin – et pour l'achat de produits agricoles, pastoraux et halieutiques locaux.

[17] Par exemple Tambaga – sur la principale piste d'accès à l'UPC Arly, la route nationale 19 – qui, non seulement a été choisi en 1954 comme point d'installation par des missionnaires qui créèrent une école catholique, mais aujourd'hui est traversé régulièrement par des transporteurs. En effet, avec la crise ivoirienne, l'accès au Bénin est devenu stratégique pour les échanges commerciaux. Il y a une nouvelle réorientation des axes dans le système des transports internationaux, ce qui a suscité un grand afflux des marchandises et des personnes aux frontières bénino-burkinabè. Cette situation a induit plusieurs effets, au niveau régional spécialement auprès des pays continentaux – Niger, Mali et Burkina Faso – car leurs importations dépendaient pour environ 75% d'Abidjan (Afrique Verte, 2003).

[18] On y relève la présence de plusieurs cours d'eau, pour la plupart temporaires, liés au vaste système des bassins versants de la rivière Pendjari – constituant la limite avec le Bénin – et, spécialement, des sous-bassins-versants de la Kourtiagou. Toutefois, sur la base des données collectées au cours de la recherche de terrain, il apparaît que ce système hydrique connaît une forme de pollution dérivant de l'emploi de produits chimiques issus de la culture cotonnière. Voir le Chapitre 7 de ce volume.

[19] Il s'agit d'une zone ayant connu une explosion démographique depuis deux dizaines d'années grâce à la fertilité des sols du fait de la profondeur et de la richesse en eau, comme déjà relevé dans : Ballouche, Küppers, Neumann, Wotzka, 1993 ; Küppers, Müller-Haude, 1993. Ces auteurs spécifient que ces sols sont particulièrement appréciés par les populations locales pour l'agriculture, car ils sont riches en argile dans les strates inférieures, mais ils sont suffisamment éloignés des principaux cours d'eau et capturent l'eau des pluies en empêchant les inondations et en permettant de faire face aux périodes les plus sèches.

[20] Dans l'aire s'étendant sur 800 km^2, on a relevé la présence d'une centaine d'installations villageoises pour 67.000 habitants. Il s'agit de villages ainsi constitués : 53% de petites dimensions (moins de 500 habitants) ; 41% de moyennes (intervalles intermédiaires) ; 6% de grandes (3.501-6.000 habitants).

[21] En outre, dans le cas du réseau de Houaré, pour la pénurie de terres cultivables, des villages ont été implantés au-dessus de la falaise.

faciles et immédiats. Ce fait a déterminé la consolidation de l'attraction de cette aire en tant que réservoir agricole, ainsi que l'installation de villages de plus en plus proches des aires protégées, constituant un danger pour la conservation[22]. Les gros villages, par contre, sont le plus souvent situés à proximité de la falaise, comme dans le cas de ceux installés depuis Nampoanpuoli jusqu'à Logobou[23]. Ce fait est lié à plusieurs facteurs : sous le profil historique, ces villages sont les premiers à être créés dans la partie sud ; l'axe routier le plus important (route départementale 8) a facilité l'accès à cette aire ; plusieurs projets d'appui à la pratique agricole ont déterminé la création de lieux de stockage, d'aires de vente et de bâtiments pour les groupements des producteurs locaux, spécialement cotonniers ; la plupart des villages longeant la falaise abritent des projets de coopération ou sont des lieux d'évangélisation. On relève, donc, une présence démographique de plus en plus consistante pouvant s'avérer problématique d'autant plus que l'accès aux ressources naturelles est limité.

La troisième zone, localisée dans la commune rurale de Madjoari, est enclavée par plusieurs aires protégées : l'UPC Arly au nord et à l'est (respectivement la Réserve Totale de Faune d'Arly et celle de Madjoari), ainsi que l'UPC Pama au sud et à l'ouest.

---

[22] Dans une vision systémique de la protection environnementale, l'activité humaine incontrôlée à proximité des aires protégées constitue un danger pour ces dernières et la diffusion des cultures de rente engendre plusieurs dynamiques conflictuelles entre producteurs locaux et conservateurs. Un exemple de cette situation s'est vérifié dans la périphérie de la composante béninoise de la RBT W – auprès des villages localisés dans l'aire de Banikoara (Kandérou et Igrigou) – appartenant aussi au Complexe WAP. Pour des approfondissements, consulter le système cartographique et multimédia Multimap : www.multimap-parcw.org.

[23] Ce phénomène est valable pour la plupart des installations sauf le cas de Fangou, un village secondaire sous le profil administratif qui émerge pour ses grandes dimensions dans une position assez éloignée de la falaise, ce qui est reconductible à la fertilité des terres et à leur disponibilité dans ce terroir.

Carte 26 – La dimension démographique des villages dans la périphérie de l'UPC Arly

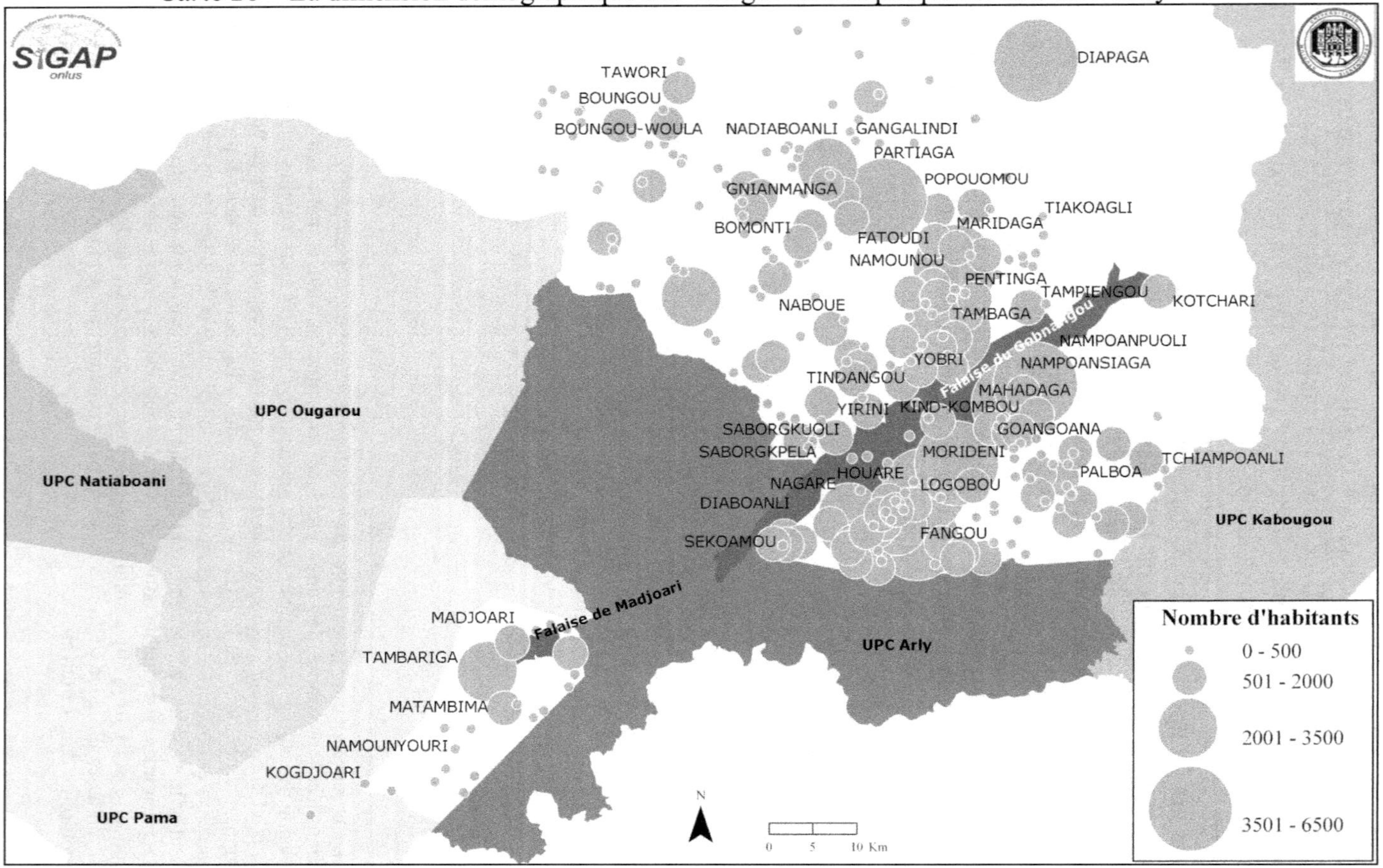

Cet enclavement fait que l'aire de Madjoari connaît une forte présence de ressources végétales et animales, par contre elle n'est pas très peuplée car, pour l'instant, on peut dénombrer moins d'une trentaine de villages[24]. Toutefois, en présence d'un vaste système hydrique composé par les affluents des rivières Pendjari, Singou et Arly, les villages sont assez dispersés : à proximité de la piste principale (la route nationale 19) ; dans une couronne autour de la falaise de Madjoari ; au voisinage de l'UPC Arly. Pour la plupart, ces villages sont de petites dimensions (moins de 500 habitants), tandis qu'il n'y a pas d'installations de grande taille, car l'occupation humaine est restée stable après la fondation des villages les plus anciens Madjoari et Tambariga[25] qui sont de taille moyenne. Ce fait tient à : une difficulté d'accès qui a toujours caractérisé l'aire ; au rôle secondaire de la Région de l'Est burkinabè par rapport à l'importance économique de l'Ouest et au rôle politique du Centre ; à l'enclavement de la zone par des aires protégées, rendant les pratiques humaines très limitées[26].

Cependant, depuis quelques ans on assiste à une augmentation démographique sensible. En effet, l'enclave semble devenir de plus en plus attractive pour des gens venant de l'extérieur. Il s'agit – comme on le verra plus tard – d'immigrés attirés par la disponibilité des terres fertiles, non encore exploitées. Ce fait a induit la présence de nouveaux habitants et la création d'installations villageoises jusqu'à proximité de la Réserve Totale de Faune de Madjoari.

4.2. Pression villageoise et pression démographique : indices de priorité d'intervention dans la protection environnementale

Il est maintenant indispensable de calculer les pressions exercées dans les trois aires identifiées, afin de mettre en évidence les zones les plus touchées par la présence humaine[27]. Les pressions restituent l'incidence de

---

[24] Dans l'enclave de Madjoari s'étendant sur 600 km^2, on a relevé la présence de 26 installations villageoises pour 12.000 habitants. Il s'agit de villages ainsi constitués : 96% de petites dimensions (moins de 500 habitants) ; 4% de dimensions moyennes.

[25] Le premier joue un rôle important sous l'autorité administrative en tant que chef-lieu de la commune rurale : il a toujours été au centre de l'organisation traditionnelle de l'enclave et au premier rang de l'histoire du Gourma. Le deuxième est le siège des échanges commerciaux de l'enclave car possédant un marché et des infrastructures scolaires et sanitaires réalisées par l'Etat.

[26] Suite aux toutes dernières enquêtes de terrain, il apparaît que la zone présente des difficultés de coexistence entre populations locales et animaux sauvages. En particulier, les éléphants, qui deviennent de plus en plus nombreux, provoquent des dégâts dans les champs de culture, ce qui rend difficile la pratique agricole et compromet la survie des habitants.

[27] Le modèle de référence pour l'analyse des pressions démographique et villageoise est celui élaboré par Emanuela Casti – et formalisé dans : Casti, 2006 – référé aux périphéries de la RBT W où, selon un zonage participatif conçu dans le même contexte (Casti, 2004b), le territoire a été partagé en unités socio-territoriales nommées « secteurs ».

l'action humaine sur la périphérie de l'aire protégée et permettent une évaluation des interventions prioritaires dans la perspective de la mise sous tutelle du système protégé. Plus précisément, on enregistre deux types de pressions : *démographique* et *villageoise*[28] qui résultent respectivement du nombre d'habitants et du nombre d'installations villageoises divisés par la superficie de chacune des aires identifiées dans la périphérie, en rapport avec l'extension de l'UPC Arly[29].

Pour ce qui est de la pression démographique, elle est élevée dans la zone au sud de la falaise du Gobnangou, alors qu'elle est moyenne dans la zone au nord et basse dans la zone de Madjoari. Pour ce qui est de la pression villageoise, dans ce cas aussi, elle est basse dans l'enclave de Madjoari, moyenne dans l'aire au nord de la falaise et élevée dans l'aire au sud (Carte 27). Les indicateurs sont très élevés dans l'aire au sud de la falaise et traduisent la nécessité d'actions de gestion dans le court terme. Au contraire, dans l'aire au nord de la falaise ils révèlent une situation meilleure pour l'exploitation des ressources naturelles. Pour ce qui est de l'enclave de Madjoari, ils révèlent une situation en évolution car, bien que la population ne soit pas encore trop nombreuse, la pression villageoise nécessite une véritable prise en charge de la part, à la fois, de l'administration locale et des gestionnaires des aires protégées limitrophes vu sa localisation au milieu d'un écosystème.

[28] Ces deux pressions en plus de la pression *anthropique* – définie en tant que rapport entre activité économique (agriculture vivrière, agriculture spéculative, pastoralisme, transhumance, commerce, chasse, pêche et cueillette) et ressources naturelles (eau, terre, végétation, faune) – permettent de déterminer la pression *territoriale*, c'est-à-dire celle exercée par chacune des aires composant la périphérie du système protégé. Pour des approfondissements, voir Casti, 2006, p. 964 et suivantes.

[29] Sous le profil méthodologique – récupérant le modèle cité – on spécifie que les résultats des calculs des pressions démographique et villageoise étant des chiffres très réduits, on a procédé d'abord à leur normalisation, ensuite à leur insertion dans une échelle subdivisée en trois niveaux de pression : haute, moyenne ou basse.

Carte 27 – Les pressions démographique et villageoise dans les trois zones de la périphérie de l'UPC Arly

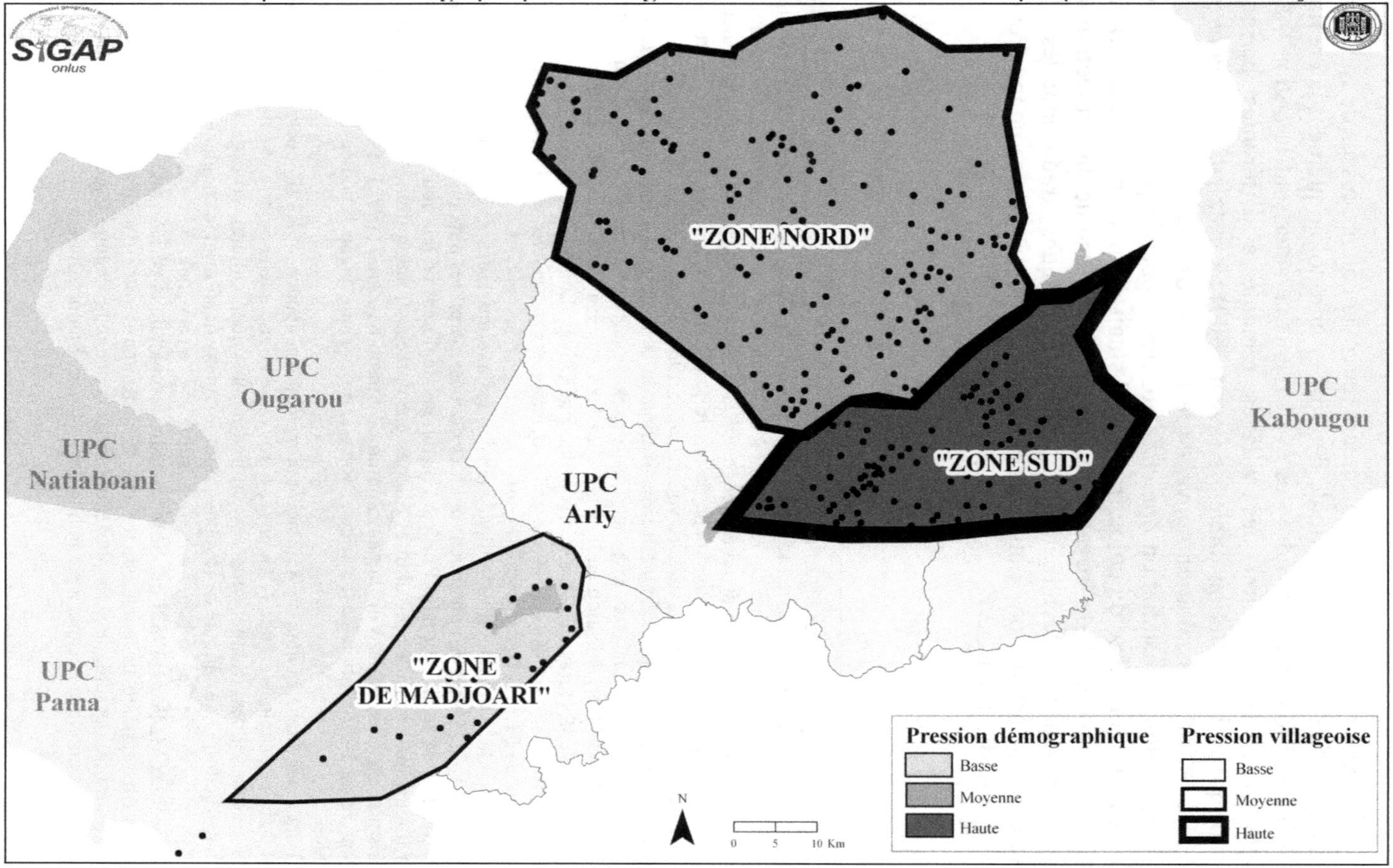

5. Dynamiques des villages : période de fondation, statut traditionnel et migrations

5.1. La période de fondation en tant que racine historique

Le repèrage de certains indicateurs renvoyant au processus de fondation du village[30] est stratégique afin de déterminer chronologiquement la création des installations dans le cadre des évènements caractérisant la région[31]. Sur cette base, la fondation des villages remonte à différentes périodes historiques : l'installation *ancienne* (avant 1900) ; l'installation *récente* (de 1901 à 1970) ; l'installation *nouvelle* (de 1971 à nos jours).

L'époque d'installation *ancienne* concerne, pour la plupart, la période précédant la présence du colon français. Il s'agit du moment de structuration et de renforcement du royaume gourmantché[32], lorsque la protection de l'environnement relevait uniquement des pratiques traditionnelles. La plupart des installations pouvant remonter à cette époque se concentrent à proximité des falaises.

---

[30] On peut essayer de situer historiquement la fondation d'un village à travers le récit oral des sages. L'information de départ à rechercher est le nom du village qui, au-delà de la référence, véhicule une signification sociale renvoyant à un évènement lié aux origines et permettant de remonter dans le temps afin de récupérer ce qui a été transmis oralement. Sur l'importance du nom pour l'appropriation intellectuelle du territoire et sur l'emploi du terme désignateur afin d'en souligner l'importance sociale, voir : Turco, 1988, spéc. p. 79-92. Ensuite, à partir du nom du fondateur on procède à la reconstruction de la succession généalogique des clans et des lignages pour analyser le processus d'expansion territoriale du village. Une étude approfondie sur l'organisation en lignages chez les Gourmantché sera bientôt éditée ; il s'agit de la thèse de doctorat en cours de rédaction par Olivier Lompo : *Legitimité territoriale et décentralisation en Pays Gourmantché : dynamiques et enjeux socio-territoriaux à la périphérie de l'UPC-Arly (Burkina Faso).*

[31] La date de fondation d'un village, ainsi que la plupart des évènements qui retracent l'évolution de l'Afrique, constituent une des données parmi les plus difficiles à repérer dans les sociétés de tradition orale. Plusieurs historiens déplorent ce fait pour mettre en évidence les limites mais aussi les possibilités offertes par la reconstruction d'une mémoire collective transmise par voie orale. Voir la contribution de Joseph Ki-Zerbo (1972), historien burkinabè ayant retracé l'évolution de l'Afrique Noire à travers une étude articulée sur les sources orales.

[32] Fondé par Diaba Lompo au XII^è^ siècle et mené à son apogée au XVII^è^ siècle par Yendabli qui établit la capitale à Fada N'Gourma, le royaume gourmantché montre encore de nos jours des traces solides d'unité sous les profils linguistique, culturel et organisationnel. La reconstruction historique de ce royaume, dont le toponyme, d'origine songhay, signifie droite – la rive droite du fleuve Niger – en opposition à « hausa » signifiant gauche, a été conduite par Georges Madiega (1982) qui offre un cadre complet de la période précoloniale. Pour une analyse du système de connaissance des Gourmantché, voir : Swanson, 1985. Enfin, un répertoire bibliographique sous plusieurs profils concernant l'ethnie Gourmantché, ainsi que le territoire qu'elle a occupé, a été publié dans : Guire, Santoir, 2000.

La période d'installation *récente* concerne les premiers soixante-dix ans[33] du XXè siècle, lorsque prend corps la politique environnementale coloniale à travers le classement des forêts et la limitation de l'intervention humaine en vue de créer des zones – considérées jusque-là comme des espaces naturels non-anthropisés – pour empêcher la déforestation. Cette idée de protection environnementale est complètement détachée du contexte social. C'est aux environs de cette période que se fondent certains villages : dans l'aire au nord de la falaise du Gobnangou, autour de Tambaga, Namounou et Maridaga ; dans l'aire au sud de la falaise, autour de Nagaré, Houaré et Logobou et entre Mahaadaga et Momba ; du côté de Madjoari, autour de la falaise. Toutefois, hormis quelques cas spécifiques, ces villages sont pour la plupart éloignés des falaises et des aires protégées.

La période de *nouvelle* installation, qui va de 1971 jusqu'à nos jours, voit l'introduction de nouveaux acteurs dans la politique environnementale : outre aux structures relevant de l'Etat (Ministère de l'Environnement et du Cadre de Vie), les organismes de coopération internationale (Union Mondiale pour la Nature – UICN, Union Européenne, etc.) et les populations locales[34]. Durant cette période, on relève la création de plusieurs installations suscitées par des facteurs régionaux : les sécheresses qui frappent aux cours des années soixante-dix et quatre-vingt le Sahel, engendrent des crises environnementales (Gado, 1993) ; la réintroduction du coton au début des années quatre-vingt-dix, qui devient la culture de rente même dans la Région de l'Est (Perret, 2006) ; la crise ivoirienne qui a provoqué des migrations de retour de la part de ressortissants burkinabé vers leur pays d'origine (Beauchemin, 2004) ; le déplacement – parfois forcé[35] – des villages proches ou internes aux aires protégées suite à la délimitation de l'UPC Arly. L'ensemble de ces facteurs, comparativement à la précédente période de stabilité, se traduit par une forte dynamique territoriale. Plusieurs installations sont dispersées dans toute l'aire : au nord du Gobnangou, à

[33] Elle comprend l'année 1954, date du premier classement de l'Arly avec arrêté n° 8885 du 13 décembre. Pour plus de détails sur le processus évolutif de l'Arly, jusqu'à sa classification en UPC, voir la Chapitre 4, paragraphe 3 de ce volume.

[34] Pour la première fois, donc, on porte intérêt nouveau envers les revendications exprimées par les populations vivant en proximité des aires protégées, en vue d'un changement des politiques environnementales. C'est à partir des années quatre-vingt-dix que le concept de développement durable, qui s'appuie sur l'idée de croissance d'un territoire en considérant les conséquences sur les populations futures, devient le fondement de la coopération participative (ONU, 1992). Un des premiers exemples d'application de cette approche dans un système protégé ouest-africain est analysé dans : Casti, Marino, 1997.

[35] Ces déplacements – définis « déguerpissements » – et la violence psychologique qu'ils engendrent chez les populations s'inscrivent dans l'ancienne approche « forteresse » de la protection environnementale, c'est-à-dire une modalité de conservation niant aux populations riveraines des aires protégées toute possibilité d'accès aux ressources naturelles (Cencini, 2004a, spéc. p. 122-125). Un exemple de ce type d'intervention de la part des gestionnaires de l'UPC Arly est analysé dans le Chapitre 6 de ce volume où l'auteur présente le cas d'étude du village de Saborgkuoli.

proximité de la Concession de Chasse de Pagou-Tandougou (de Thioula à Saborgkpéla) ; au sud du Gobnangou, tout au long de la limite des réserves (de Tchianpoanli à Sekoamou), mais également dans la zone autour de Fangou. Du côté de Madjoari, la dispersion se fait jusqu'à la limite de la Réserve Totale de Faune de Madjoari (Faali, Pokiandjama) et le long de la piste allant de Diaboanli à Bouopiéna en passant par Namounyouri.

5.2. La hiérarchie des villages sur la base du statut traditionnel

Les installations villageoises sont organisées en liens hiérarchiques, créant une trame très articulée selon leur statut traditionnel. Elles entretiennent des rapports relevant du réseau traditionnel[36] et de la dépendance fonctionnelle. Le premier, à travers lequel un village-mère ayant un chef politique est lié à un ou plusieurs villages[37] générés dans le temps par processus de détachement, d'agrandissement ou de nouvelle installation, comporte une hiérarchie aux niveaux politique et foncier. La deuxième, se créant entre un village et des installations[38] présents dans son terroir et entretenant avec lui une dépendance purement foncière, est fonctionnelle car basée sur les différentes activités productives.

Par rapport au statut traditionnel, la périphérie de l'UPC Arly montre une hiérarchie articulée entre un nombre limité de villages-mère et une quantité élevée de villages dépendants de ceux-ci, auxquels s'ajoutent des campements. Les réseaux villageois sont par conséquent forts et très étendus, car constitués par de nombreuses installations[39].

Au nord de la falaise du Gobnangou, on relève plusieurs villages-mère (Partiaga, Nadiaboanli, Pentinga, Yobri, Tindangou, Yirini, Saborgkuoli, ...), fondés anciennement à proximité de cette formation naturelle et entourés par de nombreux villages dépendants. Ces données informent de la présence d'une aire intéressée par un processus accéléré de création des villages qui ont tendance à se localiser à proximité de la Concession de

---

36 Par rapport à cette structure territoriale traditionnelle, le cas des Malinkés du Haut Niger (Guinée) analysé par Angelo Turco (1999a, spéc. p. 40-44) offre un exemple clair à travers le *sokun*, village réticulaire, à l'intérieur duquel on définit symboliquement et pratiquement les rapports de filiation avec les *so* (villages). L'auteur distingue deux sphères – légitime et légale – du pouvoir en relation avec une organisation territoriale basée sur un pouvoir local dérivant de la tradition ou sur la superposition d'un pouvoir étatique créé dès la période coloniale.

37 Plus précisément, il y a une organisation territoriale entre villages-*nikpélo* et villages-*bado* qui, comme spécifié dans le Chapitre 1, note 44 de ce volume, est en phase d'étude et sera approfondi dans la thèse de doctorat de Olivier Lompo.

38 Parmi lesquels les campements qui sont des installations, normalement temporaires, créées par des éleveurs d'ethnie peul pouvant pratiquer le pastoralisme local ou la transhumance.

39 Récemment, la nécessité de trouver des nouvelles terres à exploiter a poussé les populations à s'implanter au sommet de la falaise, en créant des installations telles que : Yimmiri, Bapiengou, Yemboulma, Kiampolimbagou, Kienkieli, Tankoando, dans le terroir de Houaré ; Diatuonkagou dans le terroir de Yobri.

Chasse de Pagou-Tandougou. Toutefois, la présence démographique augmentant, on relève un renforcement de la tendance à l'installation dans les terres fertiles proches de l'aire protégée.

Au sud de la falaise du Gobnangou, on observe la présence de plusieurs villages-mère de grandes dimensions (Nampoanpuoli, Nampoansiga, Mahaadaga, Kind-kombou, Goangoana, Moridéni, Logobou, Houaré, Nagaré, Diaboanli). A partir de ceux-ci, on assiste à un processus d'extension des dépendances fonctionnelles – spécialement, celles de Logobou et de Mahaadaga – à travers la création de plusieurs villages qui occupent toute l'aire, s'étendant jusqu'à la lisière des aires protégées. C'est une situation en voie d'intensification à cause de la forte attraction pour la culture cotonnière, qui montre évidemment les signes d'une crise imminente dans la gestion foncière et l'accès aux ressources naturelles.

Dans l'enclave de Madjoari, enfin, se présente un risque lié à la tendance à l'installation de nouveaux villages, même à proximité de l'aire protégée, en raison du processus d'immigration en cours. L'enclave pourrait devenir le théâtre de conflits car on a quelques villages-mère (Madjoari, Tambariga, Namounyouri et Kogdjoari) qui sont en train d'étendre leurs réseaux, en créant plusieurs nouvelles installations. Il s'agit d'un processus de densification de la présence humaine, problématique, à cause de sa localisation au cœur du système protégé.

5.3. Les dynamiques migratoires : présence humaine et protection environnementale

Les données que nous venons d'analyser ont dévoilé une situation en voie de changement dans la périphérie de l'UPC Arly, corollaire d'un processus de densification de la présence humaine. La mutation rapide et l'augmentation constante des structures villageoises, ainsi que l'accélération et la dimension des dynamiques démographiques, ne sont pas uniquement dues à l'évolution naturelle de la population. Au contraire, elles sont les conséquences directes de plusieurs facteurs, au nombre desquels les dynamiques migratoires en cours jouent sans doute un rôle central (Carte 28).

Carte 28 – Les migrations ouest-africaines intéressant l'enclave de Madjoari à la périphérie de l'UPC Arly

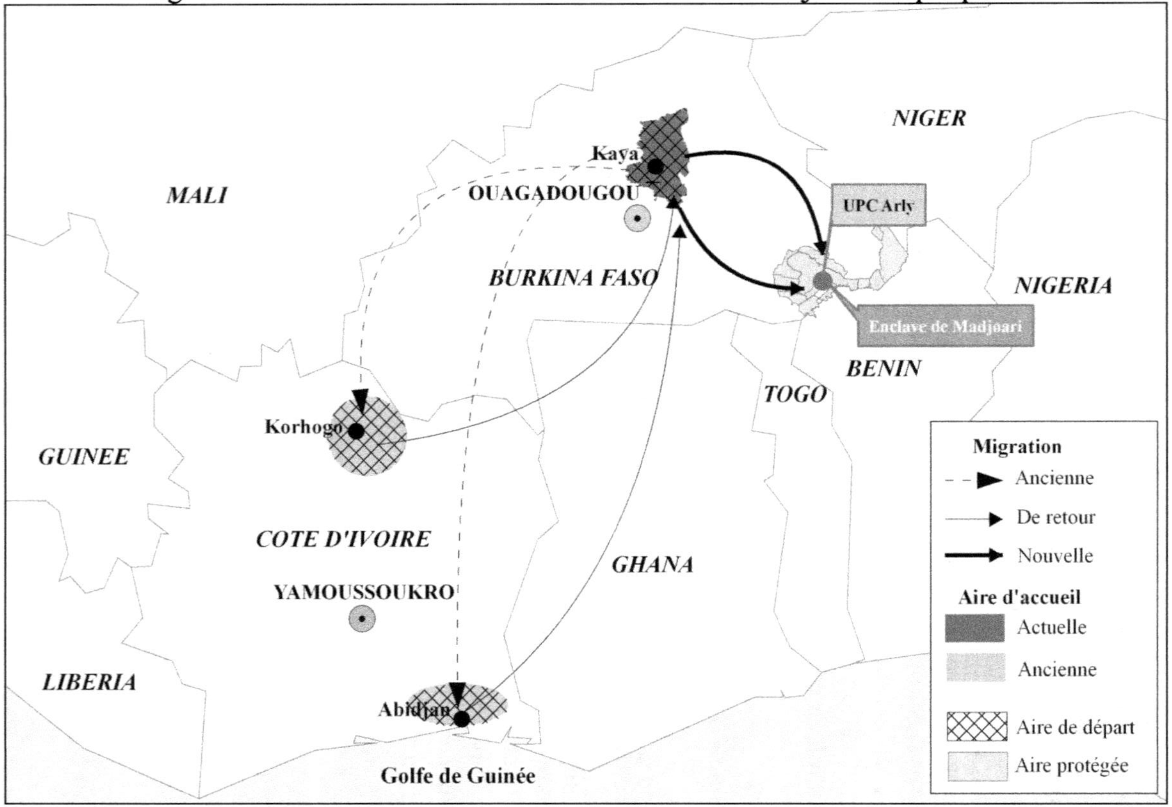

La périphérie de l'UPC Arly est caractérisée par une homogénéité ethnique très remarquable composée de Gourmantché[40], assurant une organisation territoriale et une exploitation des ressources naturelles similaires[41]. Toutefois, la richesse culturelle de la région s'est intensifiée par la présence d'une minorité d'ethnie peul qui pratique l'élevage ainsi que la transhumance[42]. Bien que numériquement modeste, on relève la présence, surtout dans l'enclave de Madjoari, d'une autre ethnie – les Mossi – orientant la périphérie de l'UPC Arly vers une certaine hétérogénéité. Il s'agit des immigrés originaires du plateau central burkinabè, principalement dans la région de Kaya, au nord de la capitale. D'après les enquêtes de terrain, on a pu constater que, à la suite des évènements politiques et économiques de la crise en Côte d'Ivoire, les Mossi ont créé deux typologies de parcours migratoires. Le premier concerne ceux qui renoncent à l'émigration dans un autre pays pour se déplacer vers la Région de l'Est. Le deuxième est tracé par les émigrés qui, rentrant de la Côte d'Ivoire, à cause de la dégradation des conditions climatiques et de la pression démographique qui rendent difficile l'accès aux terres fertiles dans le centre du Burkina Faso, choisissent les aires reculées et plus attrayantes de l'Est.

Dans les deux cas, on assiste à un changement de direction des migrations régionales ouest-africaines qui, pendant plusieurs décennies, ont lié le Burkina Faso, en tant que pays de départ, et la Côte d'Ivoire, en tant que pays d'accueil[43]. Toutefois, avec la crise ivoirienne et la présence continue des problèmes environnementaux dans les régions de départ, les migrants sont obligés de trouver des ressources alternatives leur permettant de survivre.

---

[40] Comme indiqué ci-dessus, toute la Région de l'Est burkinabè est habitée par les Gourmantché qui, en fondant leur royaume, furent un des principaux groupes ethniques du Burkina Faso, le reste du territoire étant occupé en cette période par les Moosé (au centre), les Gwiriko (au sud-ouest) et les Fulbé (au nord) ; pour un approfondissement concernant les présences ethniques précoloniale et actuelle, voir : MED, 2006, spéc. p. 58-59 et 108 ; pour un cadre historique du pays : Madiéga, Nao, 2003.

[41] Pour ce qui est de la commune rurale de Partiaga, il faut toutefois signaler un village qui, au regard de son activité minière qui nécessitait non seulement des compétences spécifiques mais aussi d'un nombre consistant de main-d'œuvre, a attiré des immigrés étrangers. Il s'agit de Boungou-Woula, abritant environ 300 Nigériens insérés dans l'exploitation d'une mine d'or.

[42] Le milieu sahélien est caractérisé par la présence de plusieurs ethnies pratiquant principalement l'agriculture. Les Peul sont le groupe voué à la pratique pastorale, ce qui engendre, parfois, des dynamiques conflictuelles dans l'accès aux ressources naturelles. Concernant les systèmes agro-pastoraux ouest-africains, voir : Université Abdou Moumouni, 1996.

[43] Dès l'époque coloniale, la Haute-Volta était considérée comme « réservoir de main-d'œuvre » pour les autres colonies. Elle était le point de départ des migrations surtout en direction de la Côte d'Ivoire (Mandé, 1995). Pour un cadre des migrations internationales récentes dans l'Afrique de l'Ouest, avec le cas d'étude des périphéries de la RBT W, nous renvoyons à : Ghisalberti, 2003-2004, spéc. p. 51-76 ; 2006, spéc. p. 998-999. Pour un approfondissement concernant le changement du système migratoire ivoirien : Beauchemin, 2005.

Dans le premier cas, des nouveaux émigrants recherchent des possibilités de survie au Burkina Faso, car le traditionnel parcours international ne peut plus être suivi. Il s'agit d'habitants des régions du centre et du nord du pays – les plus frappées par la désertification – qui décident de quitter leurs villages en quête de nouvelles terres. En décrivant des parcours migratoires de village en village, donc, ils se dirigent vers la Région de l'Est qui, à la différence de la région occidentale, constitue un réservoir agricole partiellement intact[44].

Dans le deuxième cas, la situation est plus complexe car des anciens émigrés burkinabés sont favorables aux migrations de retour en Côte d'Ivoire[45]. Il s'agit de mouvements en provenance à la fois des contextes urbains, tel Abidjan[46], où se trouvaient ceux qui étaient insérés dans les structures administratives ou commerciales, et des contextes ruraux, tels les alentours de Korhogo[47], où étaient insérés ceux qui pratiquaient l'agriculture de rente dans les plantations de cacao et de café. Suite au long séjour en pays d'émigration, le retour au village natal en territoire burkinabè n'est pas facile, car la plupart des anciens émigrés, après avoir abandonné leurs terres dans les villages de départ, sont obligés d'en trouver d'autres. En effet, au cours de l'émigration vers la Côte d'Ivoire durant les années quatre-vingt et quatre-vingt-dix, le Burkina Faso, vexé par la révolution, éprouve de nombreuses difficultés au plan économique. La Côte d'Ivoire, pays le plus riche du Golfe de Guinée, reste la destination principale des migrations internes à la région ouest-africaine. Toutefois, avec la guerre civile ivoirienne et la difficile normalisation des rapports politico-économiques entre le Burkina Faso et la Côte d'Ivoire, plusieurs migrants burkinabés ont été obligés de rentrer dans leur pays. Une fois arrivés dans les villages d'origine, il s'est avéré souvent impossible de trouver des terres fertiles disponibles.

---

[44] Le Burkina Faso occidental – zone du Houet, Mouhoun, Kénédougou, Kossi et Bougouriba – a été exploité par plusieurs producteurs agricoles spécialisés dans les cultures de rente. En effet, le coton étant la plus diffusée dans le pays, il génère environ 50% des recettes d'exportation et occupe près de 20% de la population. Toutefois, on assiste à une phase d'expansion vers les nouveaux fronts cotonniers ouverts surtout dans la Région de l'Est (MED, 2006, spéc. p. 184-185).

[45] Cette migration n'intéresse pas seulement les zones rurales mais aussi les villes, parmi lesquelles principalement Ouagadougou (Bredelup, 2006).

[46] Il parait que l'émigration des villes aux campagnes caractérise la plupart des flux récents partis de Côte d'Ivoire, au point qu'on déplore un processus de désurbanisation dans le pays (Beauchemin, 2002 ; 2004).

[47] Les aires rurales les plus intéressées par les migrations de retour des Burkinabès sont localisées dans la partie septentrionale de la Côte d'Ivoire. Il s'agit d'une région dans la quelle les dynamiques conflictuelles, trouvant leurs racines dans une structuration préexistante Senoufo dans la savane à la frontière ivoiro-burkinabè, ont fait ressortir les problèmes de l'« Ivoirité » et la nécessité d'une réforme agraire (Fromageot, 2006).

Et c'est la périphérie de l'UPC Arly – tout spécialement l'enclave de Madjoari – qui est une des aires offrant aujourd'hui des nouvelles possibilités de migration avec un système agricole pas encore saturé. Les migrants créent de nouvelles installations, en témoigne l'augmentation progressive du nombre de villages dans le but d'occuper toutes les terres exploitables. Les pratiques les plus répandues concernent la culture du coton qui, depuis plus d'une dizaine d'années, a été introduite jusqu'ici, dans la perspective de générer des revenus importants et plus facilement accessibles[48]. Ce fait explique l'expansion permanente des aires cultivables, qui sont localisées un peu partout dans l'enclave de Madjoari[49].

Toutefois, ce qui semble très dangereux c'est la tendance à installer des champs à proximité des aires protégées, comme dans le cas de Pokiandjama à la lisière de la Réserve Totale de Faune de Madjoari. Ce fait entraine une dynamique expansive qui doit être prise en compte à la fois par les administrations décentralisées et par les gestionnaires des aires protégées.

6. Vers une densification de la présence humaine dans la périphérie de l'UPC Arly

Les dynamiques en acte dans la périphérie de l'UPC Arly montrent les signes d'un processus de densification de la présence humaine notamment à travers l'analyse de plusieurs données. En particulier, le calcul des pressions démographique et villageoise se révèle central car il met en évidence les aires d'intervention prioritaires dans la périphérie de l'UPC Arly. L'analyse des données collectées à travers l'étude de terrain se révèle donc un instrument indispensable non seulement pour la connaissance approfondie des aspects socio-territoriaux qui ont connoté la région, mais aussi – et surtout – pour le dessin des dynamiques en acte.

Parmi ces dernières, les plus relevantes concernent la distribution de la population et, en particulier, la tendance à la localisation des installations humaines à proximité des aires protégées. Tout spécialement, dans le court terme, le danger est plus imminent au sud de la falaise du Gobnangou, où la concentration humaine est très importante et, par conséquent, déclenche des dynamiques de compétitions dans l'accès aux ressources naturelles. Dans le long terme, l'enclave de Madjoari, où la présence humaine est en voie

---

[48] La culture du coton et les phénomènes migratoires avaient déjà été dénoncés comme principaux éléments – avec la transhumance – de risque environnemental dans les villages à la périphérie de la RBT W, à travers les études de terrain menées précédemment (2001-2004) par le groupe de recherche de l'Université de Bergame, sous la direction de Emanuela Casti, afin de concevoir un zonage participatif. Voir : Casti, 2004b.

[49] Les principaux villages d'accueil de migrants agricoles sont Namouyouri, Kodjoari et Momba.

d'augmentation à travers des flux migratoires, pose aujourd'hui des interrogations inéluctables sur le destin futur de tout le système des aires protégées.

Il s'agit de phénomènes nécessitant un monitorage constant dans la perspective d'une prise en charge de la part de l'administration locale en concertation avec les acteurs de la conservation de la nature. Toutefois, toute intervention visant à un contrôle de ces phénomènes ne peut pas être conçue sans la collaboration des populations impliquées.

Chapitre 6

Les conflits environnementaux et le développement local dans la falaise du Gobnangou : le cas de Saborgkuoli

Depuis quelques décennies, les conflits environnementaux liés aux initiatives de développement local attirent davantage l'attention des décideurs politiques et des planificateurs. En Afrique, la plupart des actions de protection de l'environnement se sont soldées par l'apparition de vives tensions entre plusieurs acteurs dont les intérêts divergent par rapport à l'utilisation des ressources naturelles. Pour les uns c'est le besoin de sauvegarde (conservation stricte), pour les autres celui de la survivance (Colchester, 1995). Dans le cas de l'Est burkinabè – en particulier à la périphérie de l'Unité de Protection et de Conservation Arly (UPC Arly) – les conflits environnementaux sont multiples et opposent tantôt les communautés locales entre elles, tantôt les populations locales et les services techniques – administration forestière, projets et ONG – intervenant dans le domaine de l'environnement. Dans le village de Saborgkuoli, à l'entrée est de l'UPC Arly – au pied de la falaise du Gobnangou – les différentes politiques de planification environnementale se sont manifestées, d'une part, par une forte incidence sur les savoirs traditionnels au niveau territorial et environnemental et, d'autre part, par l'accroissement des tensions entre acteurs suscitant des conflits de divers ordres et une inégale distribution à l'échelle du *diema* (terroir villageois, en langue gourmantché). Ce domaine d'investigation est encore plus important de nos jours, car les conflits environnementaux sont l'une des grandes préoccupations de toutes les politiques de conservation et de protection de la biodiversité (Gambino, 1997 ; Faggi, Turco, 2001).

Dans la présente étude, nous exposons un aperçu des incidences des politiques environnementales sur la cohésion sociale et l'organisation territoriale traditionnelle. Il s'agit des résultats d'une recherche – suivant une méthodologie anthropo-géographique et cartographique[1] – conduite pendant trois ans à la périphérie de l'UPC Arly. Ces travaux ont eu comme objectifs spécifiques d'étudier les aspects socio-territoriaux des villages riverains de l'UPC Arly ; les enjeux environnementaux ; les situations conflictuelles et

[1] Cette analyse présente une partie des résultats d'un doctorat de 3ème cycle en Géographie du Développement que l'auteur est en train de finaliser à l'Université de Naples « L'Orientale » en Italie. Cette thèse a pour titre : *Légitimité territoriale et décentralisation en Pays Gourmantché : dynamiques et enjeux socio-territoriaux à la périphérie de l'UPC Arly (Burkina Faso).*

les problématiques liées à la planification territoriale. Les enquêtes de terrain, qui se sont déroulées en trois phases[2] durant chaque saison sèche, ont permis de comprendre, entre autres, la genèse des situations conflictuelles et leur mode de prévention dans un contexte où la gestion des ressources naturelles vise le développement local et où la tradition est encore forte.

L'approche théorique et méthodologique[3] – en plus de faire émerger la complexité territoriale de l'ensemble de la périphérie de l'UPC Arly – a permis d'aboutir à l'élaboration d'instruments très performants parmi lesquels la cartographie participative qui joue un rôle déterminant – à l'échelle tant régionale que locale – dans l'identification et l'analyse des problématiques.

Le parcours analytique qui suit, tente dans un premier temps d'expliquer les raisons des conflits environnementaux, leurs incidences socio-territoriales au niveau local – à Saborgkuoli –, leur distribution dans l'ensemble du réseau villageois et les acteurs qui y sont impliqués. Dans un second temps, il donne un aperçu des rapports existant entre les besoins d'un développement local et ceux de la protection environnementale dans un contexte aussi particulier que celui du village de Saborgkuoli.

1. Les raisons des conflits environnementaux dans la falaise du Gobnangou

En milieu rural, les conflits sont récurrents et opposent les usagers de l'espace rural aux politiques d'aménagement territorial. Ils concernent aussi bien les aspects du cadre de vie des populations locales, que la distribution des avantages et des risques (Aubin, 2004).

Les origines des conflits environnementaux dans la région de la falaise du Gobnangou sont de plusieurs ordres. Elles vont de l'inadéquation et de l'insuffisance de la législation environnementale à la dialectique tradition/modernité dans les entités territoriales de la périphérie de l'UPC Arly. Une rude concurrence pour l'usage des ressources naturelles s'installe. Il y a une dichotomie entre les besoins de conservation et ceux des populations locales. Cette confrontation hypothèque l'existence des aires

---

[2] La première phase de terrain a duré trois mois (avril à juin 2006). La seconde a été initié en janvier 2007 et s'est achevée en avril de la même année. Enfin la dernière phase qui débuta en octobre 2007 a pris fin en janvier 2008.

[3] Elles s'inspirent de la Théorie Géographique de la Complexité de Angelo Turco (1988) et de la Sémiosis Cartographique de Emanuela Casti (2000). Si la première valorise l'analyse territoriale comme base fondamentale de la compréhension des dynamiques et des interactions entre l'homme et la nature, la seconde appréhende les systèmes territoriaux et les éléments naturels socialement signifiés au moyen de la cartographie. Pour plus d'information sur l'ancrage théorique et les méthodologies d'enquête, nous renvoyons à Casti : 2006 ; Lompo O., 2007.

protégées, puisque leur avenir est de plus en plus dépendant des réformes administratives et institutionnelles tout comme des politiques environnementales.

1.1. La politique environnementale comme cause des conflits

Le Burkina Faso est confronté à des problèmes environnementaux qui se manifestent à travers des sécheresses persistantes. Dès le début des années soixante-dix, le pays connaîtra l'une des plus grandes catastrophes écologiques de son histoire. Il s'en s'ensuivra de grands déséquilibres écologiques se traduisant par une dégradation des sols, une destruction du couvert végétal et une disparition de la diversité biologique. Ces problèmes environnementaux ont été abordés, depuis lors, sous l'angle de la désertification[4] (MET, 1994). Mais, l'histoire de la politique environnementale peut être structurée en deux grandes étapes, à savoir : la période d'avant les indépendances et celle d'après.

La période coloniale est caractérisée par la création des différentes aires protégées[5] qui autrefois étaient considérées comme des espaces inhabités, vides d'hommes et sans propriétaires et exploitées selon les us et coutumes des populations locales. A la suite de la circulaire du Gouverneur de l'Afrique Occidentale Française (AOF) et du décret du 4 juillet 1935, relatif au régime forestier en Afrique de l'Ouest, on créa le domaine forestier. Ce décret stipule en son article 1er que : « les forêts[6] vacantes et sans maîtres en Afrique Occidentale Française ainsi que les périmètres de reboisement appartiennent à l'Etat ».

Après la conférence de Stockholm en 1972 le Burkina Faso crée en 1976 un Ministère en charge de l'Environnement qui connaîtra plus tard de

---

[4] Face à la sécheresse persistante et à la question de la pénurie de bois de feu au niveau des grands centres urbains, l'Etat a mis en place (à partir de 1974) une politique forestière à travers des plantations d'arbres. Celles-ci sont perçues comme un moyen pour la résolution des problèmes conjoncturels. Cette option fut progressivement érigée en politique de lutte contre la désertification à travers l'appui de la mission forestière allemande – l'un des premiers projets forestiers – qui orienta ses actions vers la mise en œuvre du Programme National de Lutte contre la Désertification (PNLD). En 1985, on lance les trois luttes contre la coupe abusive de bois, les feux de brousse et la divagation des animaux – qui viennent renforcer le PNLD.

[5] Dans sa circulaire du 1er février 1933, le Gouverneur Général de l'Afrique Occidentale Française (Jules Brévié) déclarait : « J'ai envisagé comme moyen efficace d'empêcher une trop grande déforestation du pays, de créer un vaste domaine forestier classé, dégagé de l'inconsistance des terres vacantes et sans maître, bien constitué en droit, définitivement assis en superficie et spécialement protégé ».

[6] L'article 2 dudit décret définit comme forêts « les terrains dont les fruits exclusifs ou principaux sont les bois d'ébénisterie, d'industrie ou de service, les bois de chauffage et à charbon ou les produits accessoires tels que : les écorces et fruits à tanin, les écorces textiles, le kapok, le caoutchouc, la glu, les résines, les gommes, les bambous, les palmiers spontanés et tous les autres végétaux ne constituant pas un produit agricole ».

nombreuses restructurations et dénominations. A partir de 1998 le terme *Cadre de Vie*[7] fit son apparition dans la législation environnementale. Toutefois, le décret du 4 juillet 1935 reste le document de référence de la politique forestière burkinabè jusqu'à l'adoption du Code de l'Environnement et du Code Forestier[8].

Les différentes périodes qui ont jalonné la protection de l'environnement ont eu comme corollaire l'émergence d'une législation forestière axée sur la conservation de l'habitat naturel de la faune. Ainsi, une politique de la faune fut adoptée (MECV, 2004b) à travers laquelle, on peut identifier trois étapes dans la gestion de la faune et des aires protégées : la gestion traditionnelle ancestrale ; la gestion réglementaire élaborée pendant la période coloniale ; la gestion partenariale préparée à la fin des années quatre-vingt et formalisée lors de la réforme de 1995[9].

Intimement intégrée aux mythes et à la culture, la faune est un des éléments structurant dans la société gourmantché (Cartry, 1966). Elle rattache en permanence l'homme et le monde spirituel[10]. Du point de vue de la consommation, les ressources fauniques constituent un bien communautaire géré selon des règles et des conventions établies par la coutume. Autrefois, les produits de la chasse étaient destinés à la consommation familiale, aux échanges locaux et aux dons, à la pharmacopée et aux cérémonies rituelles. Les pratiques coutumières liées à la chasse ont contribué par le passé au maintien d'un équilibre entre les mondes matériel et spirituel. Elles sont de nos jours proscrites dans les espaces ainsi délimités depuis la période coloniale et dans ceux issus de la réforme de la faune. Il y a une brutale apparition de nouveaux rapports entre l'homme, le milieu naturel et la faune. En effet, il s'est produit une marginalisation de la sacralité de la nature à travers une réglementation et une répression de plus en plus forte de la police forestière. Cette exclusion engendre des tensions qui minent toutes les tentatives de développement durable et d'implication des populations locales dans les différentes politiques de protection et de conservation de l'environnement. La mise en œuvre de ce mode de gestion centralisé et

---

[7] L'apparition de cette notion est en rapport avec les questions de gestion de la pollution et de l'amélioration du cadre de vie, qui étaient incluses partiellement dans les politiques sectorielles de l'eau et de l'assainissement, et non comme des composantes de l'environnement (MET, 1994).

[8] Les Décrets n° 110 et 111/PRES du 17 mars 1997 ont été respectivement les textes de référence pour la promulgation des lois n° 005/97/ADP et n° 006/97/ADP du 31 janvier 1997, portant Code de l'Environnement et Code Forestier au Burkina Faso.

[9] Voir à ce propos le décret n° 96-061/PRES/PM/MEE/MATS/MEFP/MCIA/MTT du 11 mars 1996, portant réglementation de l'exploitation de la faune au Burkina Faso. Pour un aperçu historique de la gestion de l'UPC Arly selon ces trois étapes, voir le Chapitre 7, paragraphe 3 de ce volume.

[10] La sacralité dans la société gourmantché va des interdits alimentaires (totems) aux *sacra* (Cartry, 1966, p. 63) et aux mythes fondateurs de l'activité symbolique sur le lieu (Turco, 2001b).

autoritaire, qui a vu le jour au début des années trente, va se poursuivre jusqu'au début des années quatre-vingt[11]. La gestion de l'environnement selon les logiques coloniales et postcoloniales – conservation stricte, gestion étatique affirmée, tourisme et chasse sportive, exclusion des populations locales, etc. – considère que les communautés vivant à la périphérie des aires protégées sont irresponsables et mènent des actions préjudiciables à la sauvegarde de l'environnement. De cette contradiction naissent de fortes crises caractérisées par de vives tensions entre les communautés riveraines des aires protégées et l'administration forestière.

Du fait de l'interdiction de chasser, on aboutit à l'adoption d'une innovation dans la gestion de la faune. La gestion étatique tient désormais compte des dispositions de la Déclaration de Rio en terme de protection de l'environnement et d'implication des populations. Elle se réoriente vers un partenariat entre l'Etat, les opérateurs privés et les communautés locales : l'Etat réglemente et contrôle l'activité, assure le suivi écologique et garantit la surveillance des espaces ; les opérateurs privés investissent financièrement dans l'aménagement des habitats, gèrent l'exploitation de la faune et contribuent au développement local ; les communautés riveraines s'impliquent dans la conservation des sites et collaborent à l'aménagement et à la lutte contre le braconnage. Cette gestion tripartite a généré de nombreux conflits, opposant les différents acteurs, l'enjeu essentiel étant celui de l'inégale redistribution des revenus et le manque de clairvoyance dans la gestion des zones concédées aux privés.

En somme, retenons que les origines des conflits environnementaux au Burkina Faso, et en particulier à la périphérie de l'UPC Arly, sont de plusieurs ordres et tirent leurs fondements de l'évolution historique du pays, ainsi que des politiques règlementant le secteur de l'environnement. L'analyse des conflits environnementaux dans le cas du réseau de Saborgkuoli part de la remise en cause de la territorialité – c'est-à-dire de la logique traditionnelle de la production du territoire – ainsi que du contrôle, de la gestion et de l'exploitation des ressources naturelles. Ces conflits latents sont par moment ouverts et dégradent la cohésion sociale.

1.2. La délimitation des aires protégées et leurs incidences

Les Réserves Totales de Faune d'Arly (RTFA) et de Madjoari (RTFM) ont été créées respectivement en 1954 et 1970[12]. Elles ont toutes deux connu

---

[11] La chasse fut fermée sur toute l'étendue du territoire burkinabè à partir de 1980. Il y eut de nombreuses réflexions sur les mesures à prendre face au braconnage et aux incidences de la chasse sur la faune et son habitat de même que sur les communautés riveraines (MECV, 2004b, p. 12-15).

[12] La RTFA a été créée par arrêté n° 8885/SE/EF du 23/12/1954. La RTFM par contre tire son fondement juridique à travers le décret n° 175 du 13/04/70. En ce qui concerne les superficies respectives de ces deux réserves, nous renvoyons au Chapitre 2, paragraphe 1 de ce volume.

de nombreuses modifications dans le tracé de leurs limites. En effet, le besoin de construction du Parc National d'Arly[13] et de son édification en réserve de biosphère a engendré de nombreuses tensions. Depuis 1978, l'Etat a adopté des mesures visant la modification des limites des deux réserves totales de faune. Ces transformations ambitionnent essentiellement de respecter les exigences des normes internationales sur la reconnaissance des réserves de biosphère afin de favoriser une approche éco-systémique des aires protégées de la Réserve de Biosphère Transfrontalière du W, de celle de la Pendjari et d'Arly[14]. La reconnaissance des limites actuelle du Parc National d'Arly se présente comme suit : au nord elles coïncident avec le confluent des cours d'eau Bapiéma et Doubodo ; au sud-est, c'est le confluent Pendjari/Koakrana ; enfin au Sud, elles sont matérialisées par la rivière Pendjari. Sur cette base, on note une augmentation de plus de 26.000 ha conformément aux données provenant des textes de classement qui sont de 93.000 ha. On en conclut que le surplus de superficie est obtenu sur les terroirs villageois contigus à l'aire protégée, dont le réseau villageois de Saborgkuoli.

Au-delà de ces modifications, s'ajoutent celles issues de la création des Concessions de Chasse de Pagou-Tandougou et de Koakrana. En effet, à partir de 1996 (au lendemain de la réforme de la faune), on assiste à la création de nombreuses concessions de chasse au Burkina Faso[15]. La délimitation de ces zones est faite sur la base d'éléments naturels tels que les cours d'eau. Par exemple, les limites nord de la Concession de Chasse de Pagou-Tandougou se situent en partie sur le cours d'eau Arly. Celles de Koakrana sont déterminées à l'est par le cours d'eau Kourtiagou.

La politique environnementale comporte, donc, une nouvelle délimitation territoriale qui provient du cadre normatif de la réforme de 1995. Elle s'est fondée essentiellement sur l'existence de grands blocs

---

[13] Au plan juridique, le statut du Parc National d'Arly n'est pas encore reconnu, puisqu'il n'y a ni arrêté ministériel, ni décret d'application portant identification de son existence. Paradoxalement sa superficie et ses limites sont bien connues (93.000 ha). Selon le MECV (2004a), le Parc National d'Arly fait frontière : au nord avec la Concession de Chasse de Pagou-Tandougou ; au sud avec le Parc National de la Pendjari au Bénin ; à l'est avec la Concession de Chasse de Koakrana et à l'ouest avec le Ranch de Gibier de Singou et la Concession de Chasse de Konkombouri.

[14] La Pendjari avait été désignée comme Réserve de Biosphère à part entière en 1986. Cette proposition concernait également son extension au Burkina Faso pour le Parc W reconnu comme Réserve de Biosphère Transfrontalière (RBT) en 2002. Les composantes de cette éventuelle RBT (W-Arly-Pendjari) constitueraient dans le Sahel soudanais une réelle barrière contre la désertification venant du nord. Malheureusement, l'UNESCO a noté une défaillance dans le dossier de la composante Arly : celle-ci ne fournissait ni les descriptions spécifiques de la faune, ni celles relatives à la flore du site (UNESCO, 2002, p. 14). Toutefois, la dimension de cette aire protégée présente également en soi des insuffisances.

[15] A la lisière de l'UPC Arly, plusieurs concessions de chasse ont vu le jour, dont celles de Pagou-Tandougou (au nord), Koakrana (à l'est), Ouamou (au nord-ouest) et Konkombouri (au sud-ouest).

écologiques – les unités de conservation, autrefois UCF[16] – pour mieux asseoir la conservation de la faune. Malheureusement, les valeurs socioculturelles, historiques et identitaires des populations ont été ignorées dans tout le processus, engendrant des conséquences importantes sur l'organisation territoriale traditionnelle. En effet, actuellement, cette politique restreint les limites des *diema* de Saborgkuoli et confine les populations des *kwadjana* – villages sans chefferie traditionnelle, c'est-à-dire les villages-*nikpelo*[17] – dans le *dogu* (village)[18]. On retiendra de ce qui précède que dans la délimitation des concessions de chasse il y a eu : i) une faible prise en compte des valeurs sociales et historiques qui avaient conduit à la création des villages riverains de l'UPC Arly, comme c'est le cas dans le village de Saborgkpéla ; ii) une volonté d'étendre les limites de l'UPC Arly afin de garantir la création du Parc National d'Arly et de sa zone tampon ; iii) un vide juridique – manque d'arrêté, de décret d'application ou de loi, portant création des différentes concessions et du Parc National d'Arly – relatif au statut des zones concédées et délimitées.

La délimitation[19] des aires protégées de l'UPC Arly modifie les rapports des populations locales avec leur territoire. Le tracé des limites de la Concession de Chasse de Pagou-Tandougou et du futur Parc National d'Arly dans la partie orientale de l'UPC Arly, fut l'objet de plusieurs missions (Bassolé, Sawadogo, 1997) commanditées par le MECV avec l'appui financier de l'UICN. Contesté à plusieurs reprises par les populations locales, le tracé définitif se solde en 1998 par un déplacement forcé et total du village de Saborgkpéla, l'identification de la zone d'accueil et la définition d'une zone tampon entre le terroir villageois et l'aire protégée.

Les conséquences d'une telle réorganisation territoriale se manifestent, d'une part, sur le statut des terres à travers une mutation dans la destination des terres vacantes – réserves sécuritaires –, d'autre part, sur le statut des villages par des transformations profondes – comme à Saborgkpéla – et enfin au niveau des dynamiques de peuplement.

1.2.1. La modification du statut traditionnel des terres

Dans la tradition gourmantché, l'attribution des terres relève des autorités coutumières (chef de village, patriarche du lignage fondateur).

[16] Les Unités de Conservation de la Faune ont été créées à travers l'arrêté n° 96-002/MEE/ du 11 janvier 1996, portant création d'unités de conservation de la faune au Burkina Faso.

[17] Pour la clarification et la signification de ce terme, nous renvoyons au Chapitre 1, paragraphe 2 de ce volume.

[18] Pour ces terminologies, nous faisons référence aux travaux de : Cartry, 1966 ; Remy, 1967 ; Madiéga, 1982.

[19] A propos de la modification des limites des aires protégées, nous renvoyons à Bassolé, Sawadogo, 1997. En ce qui concerne les conséquences des modifications des limites sur l'organisation territoriale traditionnelle : Raffestin, 1980.

L'accès à la terre est autorisée à tous, à condition que le requérant justifie sa demande et que sa candidature soit parrainée par un ayant droit et acceptée par les autorités coutumières. La terre, support de la communauté, est considérée comme un capital sacré donnant à la population qui y vit son identité. C'est pourquoi, dans les rapports que les hommes établissent avec le foncier, l'organisation de l'espace y occupe une place de choix. Lorsque des changements sont introduits dans ces territoires, ils affectent les rapports établis en engendrant une confrontation entre la logique traditionnelle et celle dite de la modernité (Mormont, 2006). Dans le cadre des politiques environnementales à la périphérie de l'UPC Arly, la dialectique entre ces deux logiques – tradition et modernité – désarticule les rapports de la société gourmantché à son espace.

La réforme de la faune a eu comme corollaire la création des concessions de chasse et des ZOVIC (Zones Villageoises d'Intérêt Cynégétique)[20]. Si la mise en place des premières est accompagnée de tensions sociales, ce ne fut pas le cas pour les secondes. Le déplacement total – à Saborgkpéla – ou partiel – dans les autres villages de Saborgkuoli – de la population vers les *diema* voisins – Partiaga et Tambaga – pour la création de la Concession de Chasse de Pagou-Tandougou a engendré une modification du statut des terres. En effet, les terres vacantes sont devenues l'objet de nombreuses convoitises entre autochtones et nouveaux arrivants. Il y a une augmentation du risque des tensions foncières[21] car les terres vacantes, qui étaient autrefois perçues comme des réserves sécuritaires, sont remises en exploitation par les nouveaux arrivants. Des villages comme Piéni, Naninsoangui, qui se trouvaient à l'intérieur de l'actuelle Concession de Chasse de Pagou-Tandougou, sont partiellement déplacés. Les friches qui, selon la tradition devaient être laissées pendant de longues périodes – environ 15 à 20 ans –, sont exploitées malgré la baisse progressive de la fertilité des terres. L'insécurité foncière s'accroît dans l'ensemble de la périphérie orientale de l'UPC Arly – notamment dans le réseau de Saborgkuoli – et engendre une déstabilisation du système de gestion des

---

[20] Selon le Code Forestier du Burkina Faso, une zone villageoise d'intérêt cynégétique est une partie du terroir d'une communauté de base affectée par elle à l'exploitation des ressources cynégétiques. Sa création est proposée par un procès-verbal de réunion de l'organe villageois compétent et confirmé par arrêté de l'autorité compétente (loi n° 006/97/ADP du 31 janvier 1997, article 99). Par contre, les dispositions juridiques de la réglementation et de l'exploitation de la faune au Burkina Faso, sont consignées dans le décret n° 96-061/PRES/PM/MEE/MATS/MEFP/MCIA/MTT du 11 mars 1996, ainsi que dans l'arrêté conjoint n° 96-022/MEF/MICA/MEF du 23 décembre 1996. La création de la plupart des ZOVIC existant dans l'Est burkinabè, s'est faite sans grandes difficultés car les populations croyaient en cette nouvelle forme de partenariat qui s'établissait entre elles et les services forestiers.

[21] Selon les enquêtes que nous avons réalisées, il ressort des analyses que la pression foncière à la périphérie de l'UPC Arly est survenue aussi bien à la suite de la délimitation des concessions de chasse, que de la culture cotonnière.

terres et des modes de transmission du droit foncier traditionnel. Les aires de cueillette, de chasse traditionnelle et des pratiques coutumières – lieux sacrés – sont dorénavant considérées comme étant des aires protégées ou seul le droit normatif est en vigueur. Le droit foncier coutumier – de type patrilinéaire – est supplanté par celui dit moderne où toutes les terres deviennent une propriété de l'Etat (même si cela est difficilement applicable en milieu rural). Avec la loi sur le foncier – n° 014/96/ADP du 23 mai 1996 – et le processus de décentralisation, toutes les terres classées au nom de l'Etat restent une propriété de celui-ci. Par conséquent, la perte de la légitimité foncière des villages du réseau de Saborgkuoli ne peut en aucun cas se réaffirmer pour ce qui est des terres concédées pour la concession de chasse.

Pour compenser les pertes des populations, le législateur burkinabè a prévu la mise en place de ZOVIC. Les populations acceptent de renoncer à certaines portions de leur terroir pour créer des zones de chasse qui leur fourniront des revenus monétaires. Malheureusement, à partir des années 1996, l'éclosion de la culture cotonnière au Burkina Faso, ravive le besoin de terres pour les populations. Celles concédées pour les ZOVIC font l'objet de revendication. Dans le réseau villageois de Saborgkuoli, l'incidence de la politique environnementale apparaît comme une négation du droit foncier coutumier. Son impact s'est manifesté au niveau local à travers l'apparition de vives tensions entre les acteurs (populations locales, concessionnaires[22] et services forestiers). La remise en cause du droit foncier coutumier a engendré une grande mutation socio-territoriale notamment dans les villages contigus aux aires protégées (Carte 29)[23].

[22] La loi n° 006197/ADP du 31 janvier 1997, portant Code Forestier au Burkina Faso, en son article 135, définit le concessionnaire comme étant une personne physique ou morale dotée d'une fonction de producteur. Il a le droit de mettre en valeur et d'exploiter les ressources fauniques relevant de son domaine. Il assure la préservation des ressources naturelles de la zone qui lui est concédée.

[23] On spécifie que les cartes présentées dans ce chapitre sont le résultat du travail de l'équipe Laboratoire Cartographique de l'Université de Bergame, comme spécifié dans le Chapitre 1, note 40 de ce volume.

Carte 29 – Délimitation des aires protégées et conflictualité dans le réseau de Saborgkuoli

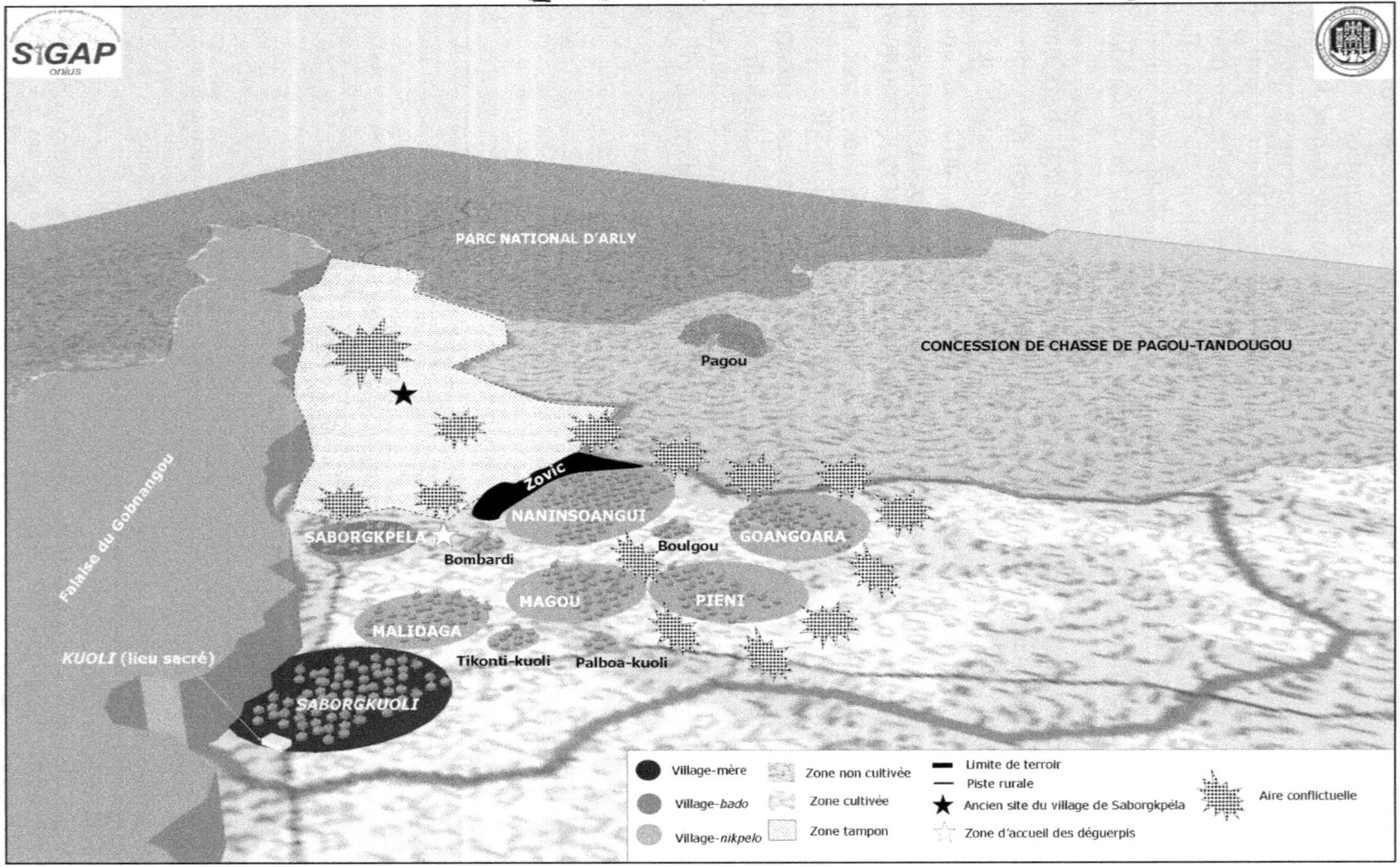

L'analyse du statut traditionnel des villages montre que la création de la Concession de Chasse de Pagou-Tandougou a également engendré des mutations sur les structures territoriales basiques dans les zones contiguës aux aires protégées comme c'est le cas de Saborgkpéla[24] à la périphérie de l'UPC Arly. Considéré au plan traditionnel[25] comme le village-mère de Saborgkuoli, il occupe de nos jours des terres qui ne lui appartiennent pas. Au-delà de la perte de sa légitimité foncière, Saborgkpéla devient un village-*bado* créé par processus de nouvelle installation sur le *diema* de Saborgkuoli. Cette situation au plan territorial se manifeste par une forte négation de l'organisation traditionnelle et des autorités. Pourtant, la valeur du pouvoir des chefferies dans la société gourmantché se construit aussi bien sur les hommes que sur un territoire circonscrit et connu. Dans le cas de Saborgkpéla, la politique environnementale a engendré un manque de repères territoriaux pour les populations, donc l'inexistence d'une entité sur laquelle doit s'exercer le pouvoir de la chefferie traditionnelle. Le difficile renouvellement des structures décisionnelles à Saborgkpéla n'est-il pas en partie lié au manque de cette référence territoriale pour les populations qui ont subi des déplacements forcés ?

1.2.2. Le déplacement des populations et les mutations socio-territoriales

Le classement des aires protégées – donc l'identification des limites – a transformé le statut des terres, provoquant ainsi une expansion territoriale de Saborgkuoli et une augmentation rapide de la densité de la population. Cette situation est le corollaire du déplacement forcé qui a caractérisé la partie orientale de l'UPC Arly. En effet, l'expansion est survenue avec la délimitation de la Concession de Chasse de Pagou-Tandougou et de la zone tampon de la RTFA, pendant laquelle les villages de Naninsoangui, Palboa-kuoli et Piéni ont été partiellement déplacés.

La création de la Concession de Pagou-Tandougou ne s'est pas faite sans difficultés. Elle a eu des incidences sur les populations, provoquant de vives tensions sociales qui éclatent dans la première moitié des années quatre-vingt. Cette concession, à l'instar des autres, a été érigée sans le consentement des communautés locales qui occupaient les lieux bien avant le classement de la zone en réserve totale de faune. L'impact au plan social

---

[24] Après la réforme de la faune en 1995, ce village, qui autrefois avait donné naissance à Saborgkuoli, a été déplacé pour la matérialisation des limites de la Concession de Pagou-Tandougou et du futur Parc National d'Arly. Il fut réinstallé sur les terres d'une autre entité territoriale (Bombardi) dépendant politiquement de Saborgkuoli.

[25] Les sources orales précisent que la scission entre ces deux villages remonte à la période coloniale avec l'intronisation *de facto* d'une chefferie dans le village de Saborgkuoli, alors que les dispositions traditionnelles étaient celles d'une succession alternante et selon un ordre gérontocratique. Ces deux entités deviennent, depuis lors, antinomiques et chacune maintient son autonomie politique vis-à-vis de l'autre.

de la politique environnementale – notamment dans le réseau villageois de Saborgkuoli – s'est soldé par une grande mobilité de la population. Tout le village de Saborgkpéla a été réinstallé dans le hameau de Bombardi[26], identifié par la population comme étant une zone avec laquelle il partage, depuis fort longtemps, des relations historiques et socioculturelles. Plus au nord – dans la zone de Piéni et Naninsoangui – une partie des concessions est sommée de se déplacer vers l'est, tandis que tous les champs situés à l'ouest desdits villages sont engloutis par la concession de chasse. Il s'ensuit une concentration des populations dans les villages qui n'ont pas été touchés par ce phénomène.

Le processus de territorialisation chez les Gourmantché se fonde sur certaines pratiques liées à la connaissance du milieu naturel afin de déterminer les rapports que la société établit avec l'espace. Ceux-ci se matérialisent le plus souvent par l'identification de lieux sacrés sur lesquels sont pratiqués des rites. Dans le réseau villageois de Saborgkuoli, particulièrement dans le village de Saborgkpéla, le « coup de force » exercé sur cette entité territoriale a entraîné, dans le domaine des pratiques sacrales, l'abandon des lieux de culte et des rites aux endroits préétablis par les premiers occupants. Le traumatisme du déplacement et la peur de la répression de la police forestière en sont l'origine. Une nouvelle stratégie est adoptée dans l'immédiat afin de ne pas rompre les rituels qui déterminent l'équilibre entre les populations, les mânes et la nature (Lompo O., 2005 ; 2006). Les offrandes habituellement exécutées sur les *sacra* (Cartry, 1966) sont pratiquées, soit en s'orientant vers les anciens sites, soit en identifiant un autre site approprié pour les rites traditionnels. Dans ces cas, toutes les calamités (maladies, famines, sécheresse, etc.) qui y surviennent sont interprétées comme étant une punition des aïeux du fait de l'abandon des pratiques coutumières à l'emplacement indiqué.

Un autre fait qui illustre le déclin des rites traditionnels est celui de l'engloutissement du lieu sacré Pagou[27] par la concession de chasse. Haut lieu de culte à rayonnement régional, il est utilisé par les personnes désireuses de formuler des requêtes face aux problèmes auxquels elles sont confrontées. Les offrandes et les rites sont pratiqués par un seul individu – Dialenli Lompo – qui en assure la gestion et veille à sa pérennité. Les prescriptions traditionnelles prédisposent qu'il est formellement interdit d'abattre tout type d'animal sauvage à proximité de l'hôtel. Or, la création de la Concession de Chasse de Pagou-Tandougou ne tient pas compte de ces prescriptions sociales qui, selon la perception des populations locales, sont une forme de garantie pour un avenir radieux. Le savoir culturel n'est pas

---

[26] A l'époque des déplacements forcés, cette entité qui était temporaire, comptait environ cinq installations permanentes. En 2006, nous y avons recensé environ quinze concessions pour une population de 230 habitants.

[27] Pour la signification sociale de ce terme voir le Chapitre 1, paragraphe 2 de ce volume.

simplement quelque chose qui se possède, s'accumule et s'impose sans difficulté à d'autres. Il naît du processus d'interaction sociale et constitue le produit d'une rencontre d'horizons. C'est pourquoi on se doit de l'envisager de façon rationnelle (Scoones, Thompson, 1999). Cette rationalité n'ayant pas été prise en compte dans la création de la plupart des concessions de chasse – en particulier de celle de Pagou-Tandougou – il se crée des discontinuités dans la vie sociale. Celles-ci se caractérisent par des divergences en termes de valeurs d'intérêts et de pratiques. Le déclin des rites traditionnels et des lieux sacrés engendre d'autres conséquences sur la cohésion sociale, puisque c'est tout le système de la valeur foncière qui est ébranlée. Cette crise sociale hypothèque jusqu'à nos jours toutes les tentatives qui visent à impliquer les populations dans la surveillance et la gestion de la faune. Mais, petit à petit, la haine fait progressivement place à une forme de collaboration qui recherche des compromis à travers l'instauration de mesures d'accompagnement – redistribution de la venaison, réalisation de petites infrastructures socioéconomiques – dans certains villages du réseau de Saborgkuoli (nous y reviendrons dans les paragraphes suivants).

Les aspects du savoir traditionnel de la société gourmantché[28], même s'ils sont empiriques, sont assez élaborés pour maximiser l'utilisation des ressources naturelles. La remise en cause et la contestation de cette logique dans le réseau de Saborgkuoli ont été accompagnées par de profondes modifications dans l'appréhension de la territorialité. Cette situation sera amplifiée par d'autres facteurs qui proviennent de la méconnaissance et de la négligence de la complexité des interactions à la périphérie de l'UPC Arly.

1.3. Le couloir de transhumance : un facteur d'amplification des tensions

Les systèmes d'élevage sont traditionnels et extensifs dans l'ensemble de la périphérie de l'UPC Arly. Ils se fondent sur la mobilité des troupeaux comme stratégie de recherche des meilleurs fourrages au meilleur moment. Il s'agit donc, d'une forme de partage des ressources entre les personnes, en répartissant la pression humaine sur le plus large espace possible afin d'échapper aux contraintes ou aux rivalités sociales. Cependant, dans le cas de la périphérie de l'UPC Arly, la complexité des phénomènes ne favorise pas à tous les coups l'atténuation des rivalités sociales par rapport à l'utilisation des ressources naturelles. En effet, un couloir de transhumance, dénommé le « passage d'Arly », traverse plusieurs villages et l'aire protégée

[28] Durant les recherches de terrain, il est ressorti que dans la société gourmantché, les savoirs traditionnels reconnaissent aussi bien les ressources hydriques et la présence d'espèces floristiques indicatrices de la fertilité des sols comme des facteurs favorisant l'installation humaine. Pour une analyse des différentes typologies des savoirs traditionnels auprès des populations de l'Afrique Subsaharienne : Turco, 2001a, b.

depuis le nord en direction du Bénin et du Togo (Carte 30). Le « passage d'Arly » est balisé à l'intérieur du Parc National d'Arly afin de limiter les impacts du bétail – effet de piétinement, contamination de la faune, empoisonnement des fauves par les transhumants – sur l'aire protégée. Ce couloir manque d'aménagements adéquats – point d'eau, zone de repos pour le bétail – ce qui fait que les éleveurs transhumants le qualifient de « cul de sac » (CIRAD, 2001).

Le couloir de transhumance qui traverse l'ensemble du réseau de Saborgkuoli, déjà confronté à de nombreuses problématiques, vient amplifier et diversifier les situations conflictuelles. Il ressort des investigations que nous avons menées que la présence du couloir favorise la pénétration des éleveurs transhumants dans les champs, lors de leur descente vers le sud, ainsi que pendant la remontée au nord. Ce qui entraîne une exploitation intensive des résidus de récolte et un déficit fourrager pour les éleveurs locaux. La convoitise pour les ressources naturelles ravive les tensions déjà existantes notamment entre agriculteurs et éleveurs locaux. Si les premiers ont tendance à étendre les zones de cultures, les seconds laissent présumer que le bétail a besoin de parcours plus étendus pour se rendre dans les zones de pâturage et s'abreuver. L'obturation des pistes à bétail par les agriculteurs ne peut qu'intensifier les tensions entre ces deux acteurs.

La transhumance, même si dans une certaine mesure elle favorise une complémentarité entre l'élevage et l'agriculture, amplifie les conflits entre agriculteurs, éleveurs locaux et transhumants du fait des préjudices causés aux cultures, surtout lors du retour qui coïncide avec les semis et les labours. Toutefois, le tracé du couloir de transhumance dans une zone déjà confrontée à un besoin d'espace et à une crise provenant de l'inadaptation des politiques environnementales vient exacerber les conflits à la périphérie de l'UPC Arly. Dans une telle situation, comment s'y prendre pour prévenir, sinon juguler, la crise qui persiste depuis la création des aires protégées ?

Carte 30 – Les couloirs de transhumance et les aires de repos

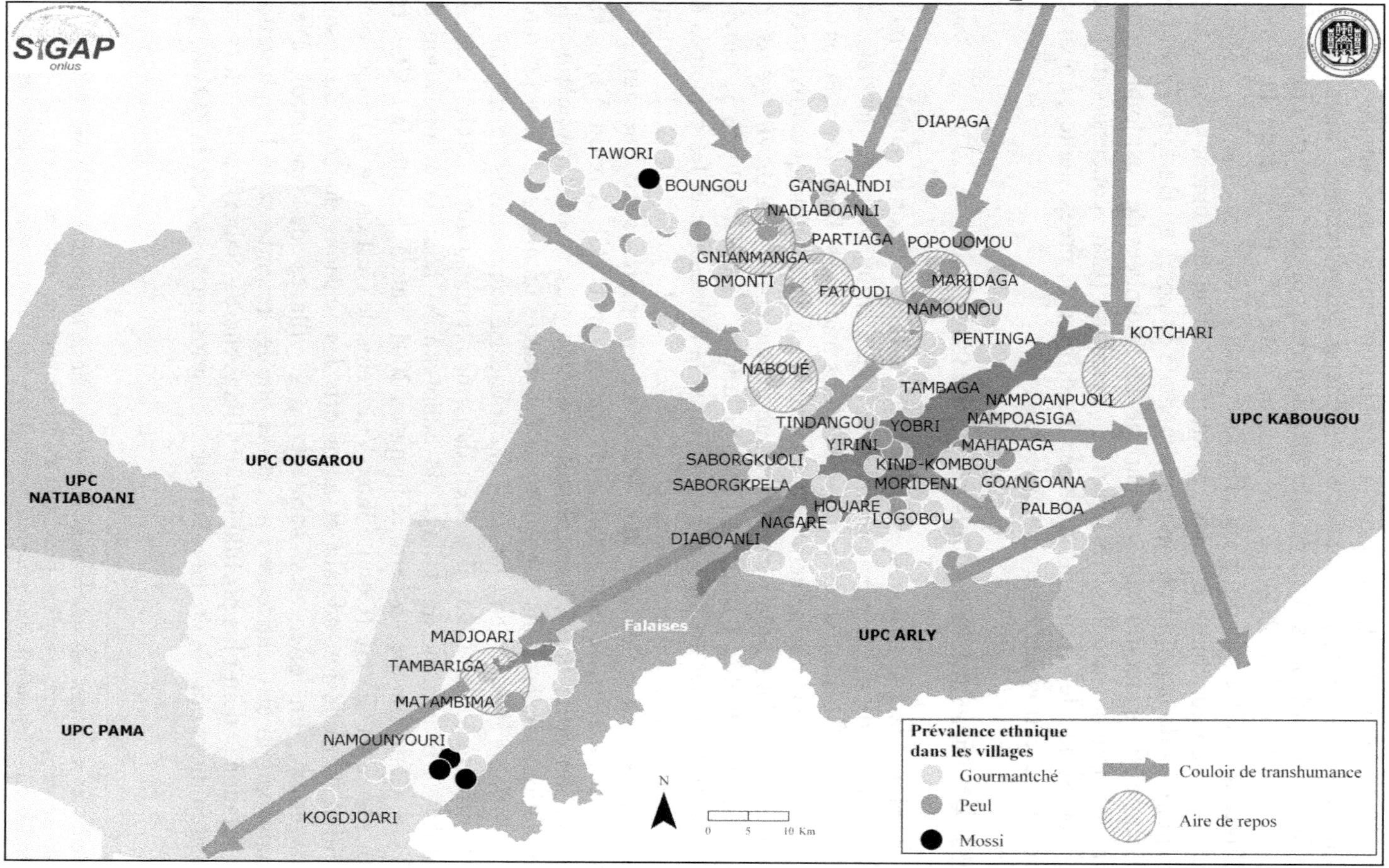

1.4. La compensation des pertes et la diversification des conflits

L'opportunité offerte par la législation environnementale au plan économique est surtout la capacité à régénérer des retombées financières au profit des populations à travers la création des concessions de chasse. La mise en place des ZOVIC, notamment celle de Piéni dans le réseau villageois de Saborgkuoli, s'est effectuée dans un contexte marqué à la fois par une conjoncture et des contraintes d'aménagement issues des orientations de la politique environnementale en cours au Burkina Faso. Les difficultés liées aux modalités de partage des retombées de l'exploitation des aires de faune entre les trois parties prenantes (Etat, concessionnaire et population locale) viennent amplifier les difficultés préexistantes, apparues lors de la création des zones concédées.

1.4.1. Les modalités de la compensation des pertes

Selon Marcus Colchester (1995), les efforts de conservation doivent consister à faire participer la population locale en intégrant ses intérêts, ses compétences, sa confiance en elle-même, ses traditions. Des programmes qui lui offrent un épanouissement culturel aussi bien qu'économique doivent être promus. C'est dans cette perspective que le concept de *gestion villageoise de la faune* fut adopté au Burkina Faso. Si la loi n° 006/97/ADP du 31 janvier 1997 définit en ses articles 153 et suivants la concession et les principes de gestion et d'exploitation, le décret n° 98-035 du 15 juillet 1998 règlemente les concessions et les activités des concessionnaires ainsi que guides de chasse. On assiste, au plan local, à la création des CVGF (Comité Villageois de Gestion de la Faune) permettant ainsi une plus grande implication des populations locales dans la gestion des ressources fauniques de leur terroir.

A Saborgkuoli, deux phases ont caractérisé le processus de création de cette structure. En 1995, il y a eu dans un premier temps le choix de six membres (provenant du village de Saborgkuoli) pour la composition du CVGF. Cette situation a perduré jusqu'en 2001, date à laquelle le CVGF fut transformé en CIVGF (Comité Inter-Villageois de Gestion de la Faune) pour faciliter la cohésion sociale et amoindrir les tensions au sein du réseau villageois[29]. En effet, les habitants des villages de Bombardi, Piéni Naninsoangui et Goangoara ont estimé que les retombées de l'exploitation de la faune étaient plus profitables au village-mère – Saborgkuoli – alors que les préjudices qui ont été causés pour la création aussi bien de la ZOVIC que

[29] Selon les investigations que nous avons réalisées sur le terrain, il émerge que ce comité est composé de quatorze membres provenant de l'ensemble des villages historiquement liés à Saborgkuoli. Cependant, la situation particulière de Saborgkpéla fait que cette entité territoriale possède son propre CVGF.

de la concession de chasse, touchaient plus les habitants vivant hors du village-mère.

Les dispositions juridiques règlementant l'exploitation des ressources fauniques permettent la mobilisation de ressources financières[30] tant pour le concessionnaire que pour l'Etat et les populations locales. Le principe de base de répartition de la Taxe Annuelle de Gestion (TAG) se fait de « façon égale » entre l'Etat et les communautés riveraines des zones concédées. Vraisemblablement, sur les 50% qui devraient revenir aux populations, l'administration forestière et les services décentralisés prélèvent 30% au titre des fonds d'aménagement. En définitive les populations reçoivent 20% du montant total de la TAG. Ce premier principe d'équité dans la redistribution de la TAG n'est pas respecté, démontrant ainsi l'existence d'une inégalité dans la redistribution des revenus et le non-respect des principes juridiques de redistribution des retombées.

La deuxième tentative de compensation des pertes est l'instauration d'une taxe dénommée Location Villageoise de Chasse (LVC). Cette taxe est de 7.500 F CFA par jour et par chasseur. La LVC est également répartie entre l'administration forestière (40%) et les populations locales (60%). Il faut rappeler que la règlementation de l'exploitation de la faune – décret n° 98-035 et loi n° 006/97 – stipule que chaque chasseur qui séjourne dans une ZOVIC est tenu de respecter les prescriptions relatives à la pratique cynégétique, à savoir : acheter son permis de chasse[31] et s'acquitter des frais de pistage.

Afin de rendre perceptibles les retombées de l'exploitation de la faune sur les villages riverains des zones concédées, un Fonds d'Intérêt Communautaire (FIC)[32] a été initié. Ce fonds est constitué et alimenté par les parts des taxes versées à l'Etat et aux CVGF. Il s'articule comme suit :

- le versement par l'Etat des 50% de la TAG payée par le concessionnaire ;
- le paiement des frais de location journalière des ZOVIC ;
- les recettes de vente des trois-quarts de venaison issue de la chasse ;
- la rétrocession de 10% des rémunérations journalières pour les travaux effectués par le CVGF ou les personnes recrutées dans les villages ;

---

[30] Rappelons que la concession est toujours accordée à titre onéreux en fonction des potentialités des zones concédées. Elle s'apprécie à travers les prestations de services, offertes aux touristes et chasseurs. Les retombées financières qui reviennent à l'Etat et aux populations locales proviennent de la Taxe Annuelle de Gestion (TAG) et de la Location Villageoise de Chasse (LVC).

[31] Trois types de permis de chasse sont délivrés au Burkina Faso et précisément ils peuvent être de catégorie A, B, C. Leur valeur est fonction du type de chasse – petite ou grande – et de la zone de chasse (concédée ou non).

[32] Bien que l'initiative du FIC soit louable et bien définie, des difficultés institutionnelles et organisationnelles entravent sa mise en œuvre au niveau national. Elle n'est pas encore une réalité dans les villages riverains de l'UPC Arly qui ont mis en place leur CVGF.

- le reversement de 50% des frais de pistage pour les pisteurs occasionnels provenant des villages riverains ;

- la contribution du concessionnaire à hauteur de 5.000 F CFA par client et par saison d'exploitation.

En somme, il semble qu'au plan juridique, des normes soient bien établies pour le partage équitable des retombées provenant de l'exploitation de la faune. Cependant, force est de constater que dix ans après l'institution des concessions de chasse, les modalités de partage des bénéfices ne sont pas respectées entre les trois principaux acteurs que sont l'Etat, le concessionnaire et les populations locales. L'espoir que fondent les populations sur les ZOVIC s'effrite avec le temps. Les motivations qui sous-tendaient l'acceptation par les populations de la création des ZOVIC relevaient notamment du profit qu'elles pouvaient tirer de l'exploitation de la faune. Pourtant après dix ans, cet espoir s'est volatilisé.

1.4.2. Les ZOVIC : une utopie dans la protection environnementale ?

Durant les dix ans qui ont suivi la création des concessions de chasse, les populations locales ont pu tirer de l'exploitation des ressources cynégétiques, de façon individuelle ou collective, des revenus substantiels. Ces bénéfices proviennent pour l'essentiel des prestations de services – pistage, travaux d'ouverture des pistes, réfection des toitures des campements – offertes aux concessionnaires. Dans le réseau de Saborgkuoli, les retombées de l'exploitation de la faune peuvent être quantifiées comme l'indique la figure suivante[33].

Figure 18 – Taxes et redevances produites par la RTFA et la Concession de Chasse de Pagou-Tandougou

Taxes/redevances par an	**RTFA**	**C. C. Pagou-Tandougou**	**Total**
Taxe Annuelle de Gestion	1.935.000	5.250.000	7.185.000
Licence Annuelle d'exploitation	1.500.000	9.000.000	10.500.000
Licence de Guide de Chasse	-	3.000.000	3.000.000
Licence de Guide Assistant	-	3.000.000	3.000.000
Total	3.435.000	20.250.000	23.685.000

Source : MECV, 2005c (les chiffres sont en F CFA).

[33] On spécifie que la RTFA est concédée à la société Eden pour l'exploitation des ressources halieutiques et le tourisme de vision. Les données se rapportant à la RTFA proviennent essentiellement du tourisme de vision. Leur inexistence est le corollaire de la décadence du tourisme et d'une gestion opaque de cette entité écologique depuis la fin des années quatre-vingt-dix.

Le tableau illustre que, du point de vue des revenus engendrés par les aires protégées, la Concession de Chasse de Pagou-Tandougou apporte quatre fois plus de revenus que la Réserve Totale de Faune d'Arly. En effet, la concession de chasse a engendré un flux financier d'environ 81.000.000 de F CFA en cinq ans, soit 20.250.000 F CFA par an, tandis que les taxes et redevances perçus pour la RTFA s'élèvent à 13.740.000 F CFA pour la période allant de 2002 à 2005, soit un gain annuel de 3.435.000 FCFA. A ces chiffres on doit joindre les contributions du concessionnaire qui sont de 5.000 F CFA par client et par saison[34].

On a pu penser au début, que la ZOVIC pouvait constituer en soi une opportunité pour un développement local fondé sur l'exploitation et la conservation de la faune. Certaines études ont démontré qu'un contrôle judicieux des ressources naturelles peut réellement contribuer à réduire la pauvreté de même qu'à préserver les identités culturelles. Pour ce faire, les communautés locales doivent participer à la gestion, afin de profiter des avantages qui seront générés. Or, la gestion communautaire de la faune, telle que pratiquée à Saborgkuoli, présente des faiblesses même si la création des ZOVIC a permis de pérenniser l'existence des ressources naturelles dans le terroir[35].

Le phénomène ZOVIC dérive de la complexification des enjeux environnementaux et sociaux difficilement conciliables avec ceux de la logique traditionnelle de la construction territoriale. C'est pourquoi la viabilité sociale d'un projet environnemental ou d'aménagement doit dépendre de l'importance qui est accordée au territoire (Lecourt, Faburel, 2005). Dans le cas de la ZOVIC de Saborgkuoli, les populations ont renoncé à une portion[36] de leur terroir pour faciliter l'exploitation de la faune et, en retour, profiter des retombées économiques générées par cette activité. Malheureusement, les résultats n'ont pas été à la hauteur des attentes des populations. L'option économique des aires protégées a été privilégiée au détriment des externalités que l'exploitation de la faune pouvait engendrer. Il y a eu une rupture de l'équilibre tant dans le partage des retombées provenant de cette initiative que dans les rapports que la société a instauré avec son environnement. Bien que l'impact social de la protection environnementale soit mitigé – déplacements forcés des villages du réseau

---

[34] Le manque de données précises sur le total des chasseurs et touristes reçus chaque année dans la Concession de Chasse de Pagou-Tandougou, ne nous permet pas de donner le montant exact de la contribution du concessionnaire. Cependant, sur la base des informations recueillies sur le terrain par rapport au nombre de visiteurs par an (qui est d'environ une centaine), on peut estimer cette contribution annuelle à 500.000 F CFA.

[35] Pour plus de détails se référer au Chapitre 7, paragraphe 5 de ce volume.

[36] Il s'agit des terres vacantes et des friches inexploitées, qui constituaient des formes de réserve foncière, dont l'objectif était essentiellement celui de la prévention des conflits fonciers.

de Saborgkuoli, pertes de légitimité foncière, répressions forestières – celle-ci a généré des retombées financières.

La gestion des ZOVIC a fait l'objet de dispositions qui fondent leur gestion sur un double souci : la préservation et la valorisation des ressources naturelles, notamment faunistiques, dont les revenus sont attribués aux populations locales, sous formes de réinvestissement communautaire ou de revenus monétaires et de venaison. Pour ce faire, plusieurs membres du CIVGF de Saborgkuoli ont bénéficié de formation dont les thématiques ont été axées sur le fonctionnement et la gestion des recettes provenant de la chasse.

Figure 19 – Deux buffles abattus

Cependant, il émerge de nos investigations de terrain que le CIVGF n'accomplit pas pleinement son rôle puisqu'il se trouve dans l'incapacité de mener à bien ses activités. L'administration forestière a la mainmise sur les recettes[37]. Les différentes taxes perçues durant les saisons sont généralement versées au CIVGF quatre à cinq, voire six mois après la fermeture de la chasse. Les membres du comité pensent que la lenteur administrative dans les procédures d'information sur les montants perçus constitue une ombre dans la gestion. Mieux, lorsque des restitutions sont effectuées sur les recettes de la campagne, les chiffres communiqués par l'administration sont toujours inférieurs à ceux attendus par le comité. Cette situation développe

[37] Le manque de suivi des revenus produits par la ZOVIC ne nous permet pas à ce stade d'établir des comparaisons avec ceux provenant des concessions de chasse ou de la RTFA. Cependant, il faut reconnaître que ce montant est en deçà (moins de 1.000.000 de F CFA par an) des revenus engendrés par les concessions de chasse.

davantage la méfiance des populations quant à la crédibilité des chiffres et à la volonté de l'administration de faire d'elles des partenaires dans la gestion des recettes provenant de l'exploitation de la faune. Il naît, ainsi, des tensions entre les acteurs (populations locales et intervenants extérieurs) du fait de la proximité géographique de l'UPC Arly, des usages multiples de l'espace et des représentations divergentes de son fonctionnement et de son avenir[38] (Lecourt, Faburel, 2005 ; Torre, Caron, 2002 ; Mollard, Torre, 2004).

A ces différents problèmes, s'ajoutent ceux provenant de la culture du coton qui compromet l'existence de la ZOVIC. En effet, cette pratique a engendré, depuis 2000, une forte pression foncière, suscitant ainsi des revendications sur les terres qui ont été cédées pour la ZOVIC. La raison principale est que, pour les populations locales, la culture cotonnière produit à l'heure actuelle plus de revenus comparativement à l'exploitation de la faune. Il est bien vrai que, dans le long terme, les externalités négatives (dégradation des terres, pollution des nappes phréatiques et contamination des cours d'eau) du coton sont irréversibles, mais pour la population, la priorité est celle de la satisfaction des besoins immédiats. Ceux du futur relèvent, selon les croyances locales, d'une volonté divine.

La ZOVIC est donc perçue comme un mirage, car les effets escomptés ne sont pas perceptibles, ce qui remet en cause par moment le processus de gestion communautaire des ressources naturelles et les différents efforts d'implication et de responsabilisation des populations locales.

L'initiative ZOVIC est certes intéressante dans sa conception, puisqu'elle vise la conservation des ressources naturelles aussi bien dans les terroirs villageois, que dans l'aire protégée. Elle devient, dans ce cas, comme une zone tampon pour l'UPC Arly. Pourtant, si la ZOVIC assume ce rôle, de zone tampon, elle est par voie de conséquence une extension de l'aire protégée et, dans cette optique, elle complexifie les situations conflictuelles dans les villages ayant acceptés cette nouvelle forme de protection environnementale.

Au-delà de l'illusion que crée la ZOVIC de Saborgkuoli, la Concession de Chasse de Pagou-Tandougou engendre quant à elle des impacts au plan culturel, ce qui remet en cause la cohésion sociale dans les villages. Toutefois, la négation des lieux sacrés, ainsi que celle de la légitimité foncière à Saborgkuoli, dénote de la présence des conflits environnementaux dont la typologie et la distribution sont fonction des ressources en jeu.

La perte d'un bénéfice lié à l'exploitation d'une ressource induit un impact social sur le groupe utilisateur et sur l'ensemble de la population (Maurin *et al.*, 1998). Les tentatives qui sont entreprises depuis la réforme de la faune tentent de minimiser ces pertes à travers des mesures

---

[38] Pour ce qui est des représentations divergentes de l'aire protégée et des usages multiples se rapportant à l'espace, se référer au Chapitre 1, paragraphe 2 de ce volume.

d'accompagnement. Les fonds, qui sont généralement reversés au CIVGF au titre de la TAG et du LVC, sont certes importants pour envisager la réalisation de quelques infrastructures sociales, mais les besoins des populations sont si diversifiés et nombreux, que les effets escomptés de ce réinvestissement passent inaperçus. En plus, il faut souligner que le montant total est habituellement divisé en plusieurs parts lorsqu'il ne se « vaporise » pas dans des labyrinthes insondables. On peut supputer sur les modalités de redistribution des recettes de l'exploitation de la faune sans en arriver à une mesure adéquate qui satisfasse toutes les parties (les populations locales, le concessionnaire, l'Etat). Dans la périphérie de l'UPC Arly, notamment dans le réseau de Saborgkuoli, les différents efforts qui sont menés pour la conservation, recherchent à atteindre des objectifs qui participent de la relance de l'économie nationale plutôt qu'à la mise en place d'un développement socio-économique local.

Bien que la protection environnementale soit un volet transversal du développement local surtout pour les zones rurales, elle offre des opportunités mitigées pour ce qui est de l'impact socio-économique de l'exploitation de la faune. C'est probablement l'inadéquation des circuits de redistribution des recettes de la faune qui ne laisse pas percevoir aujourd'hui l'importance des réinvestissements au niveau local. Une réorganisation de la répartition des retombées de l'activité cynégétique et une intégration du tourisme culturel à celui de vision pourra impulser un développement local en milieu rural et surtout dans un contexte de communalisation. Cette alternative permettra certainement à la politique de protection de l'environnement de ne pas amplifier les situations conflictuelles, mais de se positionner comme un levier pour le développement local.

2. Les dynamiques conflictuelles dans le réseau de Saborgkuoli

Les différents conflits dans le réseau de Saborgkuoli se concentrent essentiellement dans les entités territoriales contiguës à l'aire protégée. Ils sont de plusieurs types et vont des conflits liés à l'accès aux ressources naturelles (terre, flore, faune, eau) à ceux des oppositions entre catégories socio-professionnelles pour l'utilisation de l'espace.

2.1. Les typologies et la distribution des conflits

La conflictualité classique dans l'espace rural opposait à la fois des groupes sociaux pour l'appropriation de l'espace et des sociétés locales à l'Etat pour le contrôle des ressources productives (Mormont, 2006). A Saborgkuoli, la configuration conflictuelle la plus importante est celle ayant trait à l'exploitation des ressources naturelles dans les terroirs. Les politiques de bornage des parcours pour le bétail, la création des zones de chasse (concession et ZOVIC) et la limitation des fronts agricoles ont eu comme conséquences la perte de la légitimité foncière pour certains groupes autochtones et une augmentation de la pression démographique. Le corollaire a été la raréfaction des ressources naturelles, d'où des revendications de plus en plus disparates sur l'ensemble de la périphérie de l'UPC Arly.

L'apparition du CVGF, du CIVGF et de récents modes d'utilisation de l'espace, ainsi que l'adoption d'une nouvelle politique environnementale se sont traduites par des conflits qui peuvent être interprétés comme résultant de l'émergence de nouveaux rapports entre les acteurs. La nature acquiert ainsi une nouvelle fonction et perd sa valeur mythique. On pourrait considérer un tel conflit comme étant local et ponctuel, opposant des usages différents et des groupes d'usagers distincts. Dans le réseau de Saborgkuoli, les conflits environnementaux sont plus impressionnants surtout dans les villages directement rattachés à la Concession de Chasse de Pagou-Tandougou. L'ampleur des tensions provient plus de l'usage divergent des ressources naturelles que du disfonctionnement de l'application de la politique environnementale. C'est également dans ces villages que la culture du coton est la plus présente pour l'ensemble du réseau.

2.2. Les acteurs impliqués et les typologies conflictuelles

La proximité de l'UPC Arly facilite la multiplication des conflits entre acteurs : les services forestiers voulant assurer la protection et la conservation des aires protégées, et les communautés locales – agriculteurs ou éleveurs – désireux d'exploiter les ressources naturelles. Les conflits environnementaux peuvent être, par conséquent, ramenés à trois typologies, à savoir : pour l'utilisation des ressources de l'aire protégée ; pour la redistribution des retombées de la chasse ; pour l'exploitation des ressources du terroir.

Le premier type de conflits provient d'intérêts divergents entre les communautés riveraines de l'UPC Arly et les services forestiers. Ils se subdivisent en plusieurs catégories en fonction de la ressource recherchée à l'intérieur des aires protégées. Les incessantes oppositions entre les services forestiers et les braconniers se focalisent essentiellement dans des aires stratégiques (zones giboyeuses, points d'eau permanents, salines, etc.). Il apparaît dans cette catégorie – celle de l'utilisation des ressources – une autre forme de conflit opposant les transhumants aux services forestiers. Si les premiers désirent exploiter le pâturage et les points d'eau dans l'aire protégée, les seconds sont soucieux de la protection et de la conservation de ces ressources en y renforçant la surveillance. Les récalcitrants à cette mesure sont assignés au paiement d'amende pouvant dépasser 200.000 F

CFA pour les infractions commises dans l'aire protégée (pacage illégal, émondage de certaines espèces végétales intégralement protégées, etc.).

Le caractère antinomique – protection de la faune et recherche de trophée ou de venaison ; besoin de fourrage et nécessité de conservation de la diversité floristique – de l'utilisation des ressources et la satisfaction des besoins des acteurs, demeure l'une des grandes problématiques environnementales de l'UPC Arly.

La seconde catégorie de conflit – l'inégale redistribution des retombées de la chasse – crée deux types de conflits et oppose trois catégories d'acteurs. Dans un premier temps, les tensions latentes entre forestiers et CVGF dégénèrent souvent et se transforment en conflit ouvert, lorsque chacun des protagonistes cherche à faire main basse sur les recettes[39]. Dans un second temps, il apparaît des oppositions entre les membres du CVGF et les autorités locales (doyen ou chef du village) car l'apparition de ce nouveau type d'acteur (CVGF) crée un second pôle décisionnel au niveau du village qui n'est pas sous contrôle de l'autorité traditionnelle. Les membres du CVGF sont généralement soupçonnés de vouloir étendre leur influence sur la population du fait de leur position stratégique – plus de possibilité de contact avec les partenaires extérieurs que sont les ONG, les touristes ou le concessionnaire – et surtout lorsqu'il s'agit d'utiliser les bénéfices générés par l'exploitation de la faune pour une action communautaire.

Le troisième type de conflit est celui provenant de l'exploitation du terroir. Dans les zones riveraines de l'UPC Arly, les différents usages des ressources créent des situations conflictuelles difficilement gérables par moment. L'affectation de certaines portions du terroir à des activités spécifiques (agriculture, élevage, etc.) favorise l'apparition de conflits, compte tenu du besoin croissant de chaque catégorie socio-professionnelle et de la croissance démographique. En effet, l'extension des champs de culture obstrue, sinon réduit, les aires de pâturage et les pistes à bétail. Cette situation amplifie les tensions entre agriculteurs et éleveurs qui sont souvent meurtrières. Ici chacun défend un intérêt particulier, local et individuel (Mormont, 2006, p. 302), et a tendance à l'opposer aux intérêts collectifs, généraux, qui sous-tendent par exemple la protection des ressources naturelles ou l'affectation d'une zone pour une activité spécifique.

Par moment et localement, la conflictualité oppose la faune (singes, éléphants, etc.) aux populations locales. Les dégâts causés aux cultures par la faune en sont à l'origine. De nombreux témoignages des producteurs font état des préjudices provoqués par les éléphants depuis quelques années dans les villages de Naninsoangui, Piéni, Goangoara, de même qu'au sud de

---

[39] L'ensemble du corps forestier de l'UPC Kabougou (aires protégées de la RBT W) a été révoqué en 2007, par le Ministère de l'Environnement et du Cadre de Vie pour manquements graves à la gestion des recettes de l'exploitation de la faune et des amendes fixées aux transhumants et éleveurs en situation illégale dans la RBT.

l'UPC Arly dans l'enclave de Madjoari[40]. Malheureusement, la population reste impuissante face à ces préjudices lorsqu'ils surviennent.

Dans la pratique, lorsque les conflits opposent des acteurs locaux – agriculteurs et éleveurs ou agriculteurs entre eux – il peut y avoir des tentatives de conciliation. A Saborgkuoli, ces tentatives prennent en compte les modes d'interprétation et intègrent le sentiment de frustration subi pas la population, ce qui fait qu'il est très difficile de construire une taxinomie des conflits environnementaux.

La pléiade des acteurs et la diversité des situations conflictuelles présagent des grandes difficultés liées à la gestion ou à la prévention des conflits environnementaux. L'essentiel est de savoir, dans ces conditions, si la protection environnementale est susceptible de produire un développement local dans une zone où les conflits liés à l'usage des ressources naturelles sont quasi présents et récurrents.

3. Le développement local et la protection environnementale : de la concertation à la valorisation des ressources

Le concept de développement local est né il y a une vingtaine d'années de la prise de conscience des politiques d'aménagement du territoire mises en œuvre pour corriger les grands déséquilibres géographiques et socio-économiques. Il consiste en l'élaboration et la mise en œuvre de stratégies concertées pour le développement intégré des territoires. Le développement local est une délicate alchimie qui s'élabore et se transforme jour après jour dans ces nouveaux laboratoires de la société que sont les territoires.

Au Burkina Faso, le concept de développement local a été beaucoup plus appliqué en zone rurale parce que c'est là que la désarticulation des logiques territoriales traditionnelles et étatiques est plus forte. En effet, l'action de l'Etat s'est caractérisée par des hésitations dans la mise en œuvre des politiques sectorielles – lutte contre la désertification, aménagements hydro-agricoles, etc. – et la création de nombreuses organisations[41]. Au niveau institutionnel, on est passé des Organismes Régionaux de Développement (ORD), aux Centres Régionaux pour la Promotion Agricole

[40] Les tentatives de compréhension des problématiques environnementales dans une enclave d'aires protégées comme celle de Madjoari, ont révélé, lors de nos travaux de terrain, la présence de dégâts et de corridors d'éléphants dans l'ensemble de l'enclave. L'impuissance de la population à lutter contre les pachydermes s'est traduite par l'abandon de certaines zones agricoles ainsi que la disparition de plusieurs cultures comme la patate, le igname ou le manioc.

[41] Elles avaient pour mission d'élaborer et de faire fonctionner les différents projets de développement au niveau local à travers une synergie entre les potentialités agricoles de chaque région et les orientations de l'aménagement du territoire bien que celui-ci ne soit pas clairement défini.

(CRPA), aux programmes d'intérêt communautaire de gestion des ressources naturelles, sans pour autant aboutir à un développement local. Il n'y a pas eu d'interrelations entre les dynamiques endogènes de mise en valeur des spécificités et des ressources locales avec celles exogènes au territoire. Dans un tel contexte, la protection de l'environnement est-elle une nouvelle orientation pour atteindre un développement local ? En d'autres termes, les considérations sectorielles – comme c'est le cas avec la gestion de la faune – peuvent-elles, à travers une dynamique endogène, être à l'origine d'un développement local ?

3.1. Les modalités de la concertation : la responsabilisation des communautés locales

Dans une région comme celle du Gobnangou, deux grandes logiques s'affrontent dans le processus de développement local : celle étatique – facteur de cohésion et de solidarité nationale censée corriger les déséquilibres régionaux et organiser une gouvernance locale – et celle territoriale traditionnelle, qui détermine l'organisation sociale et l'identité culturelle. A l'instar de Wilfrid Pasquer (2000, p. 2), il apparaît donc que les espaces où s'ancrent des démarches de développement local sont ceux où existe un lien social dense – relations interpersonnelles, histoire, pratiques culturelles – qui permet de témoigner d'une volonté de vie en commun et d'élaborer en conséquence des stratégies collectives de développement.

Au pied de la falaise du Gobnangou, et particulièrement dans le réseau de Saborgkuoli, les relations historiques et culturelles qui existent entre les habitants sont telles que les mesures coercitives, qui ont été prises pour la création de la concession de chasse, ont mis en exergue l'élan de solidarité caractérisant la société gourmantché. Celle-ci – et, tout spécialement, la population de Saborgkpéla – a identifié, sur la base des rapports qu'elle a avec celle de Saborgkuoli, le site qui lui était propice pour son expression culturelle et sociale. Cette attitude au plan environnemental se matérialise par la mise en place de structures (CVGF et CIVGF) comme instances pouvant impulser un développement économique et social à travers une collaboration établie avec l'administration forestière.

La politique environnementale à l'heure actuelle au Burkina Faso est celle qui conçoit la gestion de l'environnement à travers un partenariat établi avec les communautés riveraines des aires protégées. Cette coopération, qui prend forme après des tables de concertation, passe par la création de conditions de collaboration avec les acteurs locaux, afin de les impliquer et de les responsabiliser dans tous les processus de prise de décision[42]. La

[42] Une telle idée a fait l'objet de plusieurs productions scientifiques parmi lesquelles on peut citer les auteurs comme : Baillon, Sournia, 1987 ; Casti, Marino, 1997 ; Berdoulay, Soubeyran, 2000 ; Faggi, Turco, 2001.

réussite des politiques de gestion des aires protégées dépend donc de la capacité à intégrer les préoccupations des communautés riveraines, leur savoir-faire et la valeur historique et symbolique de leur territoire dans la protection environnementale (Borrini, 1997).

Cette implication s'est traduite dans le réseau de Saborgkuoli par une gestion participative élaborée à partir des MARP (Méthodes Accélérées de Recherche Participative) (Chambers, 1992 ; Borrini, 1997 ; Borrini *et al.*, 2000). Le CIVGF a ainsi pu, à travers la gestion des fonds générés par la venaison et le versement de la TAG, contribuer à la réalisation et à la réfection d'infrastructures socio-économiques (forages, logements pour enseignants, etc.).

En retour, les communautés locales participent aux différents travaux d'aménagements des zones de chasse et aux réfections des toitures des auberges, moyennant le versement d'un salaire journalier. Ce qui importe dans le concept de développement local c'est son caractère transversal et novateur puisque la responsabilisation et l'appropriation de la protection environnementale se présente comme un système intégrant les volets économique, social et culturel pour une interaction entre les perceptions et les réalités territoriales (Teisserenc, 1985, p. 4-7). Une synergie entre tous les acteurs (chef de village, CIVGF, autres associations, ONG, etc.) est donc nécessaire, afin de faciliter des échanges multiples et propices avec l'extérieur.

3.2. Vers un processus de valorisation du patrimoine culturel et des instances décisionnelles

A partir du moment où le développement local n'est pas réduit à sa seule dimension économique mais est conçu dans sa globalité – culturelle, sociale, économique, environnementale, etc. (Chanard, 2002, p. 6) –, l'intégration des connaissances endogènes constitue une option susceptible de favoriser l'émergence du patrimoine culturel immatériel[43]. Dans les villages au pied de la falaise du Gobnangou, de nombreux sites du patrimoine ont été identifiés comme des sites d'intérêt touristique[44]. Dans le cas de Saborgkuoli l'activité touristique a rarement pris en compte les éléments culturels. Elle s'est habituellement focalisée à l'intérieur du parc du fait de la présence d'espèces fauniques et de formation végétale (formation ripicole, savane arborée avec des espèces emblématiques comme le baobab – *Adansonia digitata* – ou le *Ficus gnanphalocarpa*).

[43] Cette notion est définie par l'UNESCO comme étant les pratiques, représentations, expressions, connaissances et savoir-faire – ainsi que les instruments, objets, artefacts et espaces culturels qui leur sont associés – que les communautés, les groupes et, le cas échéant, les individus reconnaissent comme faisant partie de leur patrimoine culturel (UNESCO, 2002, article 2).

[44] A ce sujet, voir le Chapitre 9, paragraphe 2 de ce volume.

D'après les recherches de terrain, à Saborgkuoli, de nombreux sites ayant un rôle symbolique et culturel pour les villageois ont été relevés. Ici, la production du territoire se fonde sur des éléments naturels – monceau de pierre, grotte – façonnés dans la falaise que la population considère comme artefacts hautement significatifs ayant des prescriptions sociales établissant des normes inviolables. C'est le cas de : Utanfalu – la grotte mystérieuse – qui, au-delà de son aspect mystique, se positionne comme un point référentiel pour les habitants du village ; Kuoli – le lieu sacré sur lequel le premier occupant a accompli son sacrifice – qui renvoie à la production du territoire et à la sacralité de la nature[45]. Ces deux lieux sont des sites touristiques potentiels qui peuvent être valorisés si des compromis sont établis avec les populations locales.

Sur cette base, il semble que les savoirs locaux reposent sur un ensemble d'expériences sociales et la conviction de l'existence d'une valeur culturelle de la part des acteurs concernés (Scoones, Thompson, 1999, p. 75). Le potentiel environnemental étant là, les circuits touristiques qui seront proposés par les agences opérant dans la zone pourront intégrer les potentialités culturelles de Saborgkuoli afin d'impulser un tourisme culturel durable. Ceci n'est réalisable que si la légitimité des instances décisionnelles traditionnelles est établie et reconnue.

Le développement local étant le produit des efforts d'une population locale donnée (Teisserenc, 1985, p. 5), il semble pertinent de respecter les prédispositions socioculturelles lorsqu'il s'agit de valoriser certains sites. La mémoire collective de la population de Saborgkuoli s'est certes développée à travers le mythe fondateur du village, mais la gestion des connaissances et des représentations est détenue par une catégorie de personnes dont l'apport doit être tenu en compte dans un processus de développement local axé sur les ressources environnementales et culturelles doit tenir compte. En admettant que le patrimoine culturel immatériel englobe les artefacts et les valeurs des communautés il y a donc une nécessité d'y intégrer les instances traditionnelles qui ont de tout temps assuré la survie, la gestion et perpétué les connaissances endogènes.

Dans une entité aussi complexe – conflits environnementaux, confrontation des logiques territoriales traditionnelles à celles dites de la modernité – comme celle de l'UPC Arly, pour limiter au maximum les conflits entre les acteurs locaux, l'idéal est de donner plus d'importance aux instances traditionnelles. Ainsi les politiques de développement local qui se fondent sur un processus de transformation du système social peuvent apporter des réponses à des crises conjoncturelles, dans le but de ralentir ou d'éradiquer les mutations survenues dans une société (Teisserenc, 1985).

---

[45] Pour plus d'informations sur le rôle symbolique de ces sites dans l'ensemble de la périphérie de l'UPC Arly, nous renvoyons au Chapitre 1 de ce volume.

La crise environnementale – changement climatique, régression du couvert végétal, perte de la biodiversité, etc. – qui caractérise notre monde aujourd'hui fait penser que l'avenir des populations, notamment rurales, réside dans leur capacité à prendre soin de leur environnement pour aspirer à un développement socio-économique. La mise en œuvre de cette initiative dans la région de la falaise du Gobnangou peut cependant être un levier pour le développement des villages riverains de l'UPC Arly

Le développement de l'activité touristique dans la périphérie orientale de l'UPC Arly peut (comme on le constatera dans le Chapitre 7 de ce volume) favoriser le contact des populations locales avec celles de l'extérieur (notamment occidentales) en quête des merveilles de la nature. Les recherches ont fait émerger l'existence de certains éléments attractifs et hautement significatifs au plan social à Saborgkuoli. Force est de constater que des années soixante-dix à nos jours, ce secteur a été peu intégré dans l'activité touristique. Le déclin de la renommée de l'Arly serait-il lié à cette faible considération des valeurs paysagères dans les villages périphériques ? A notre avis, cette donnée peut également constituer une des causes de la décadence du tourisme dans l'UPC Arly. Il semble que la réforme de la politique touristique, qui est en cours au Burkina Faso, tentera de replacer l'Arly dans son prestige d'antan. Les éléments socialement et historiquement signifiés devront y être intégrés. Il reste cependant que cette valorisation éco-touristique s'intègre à l'exploitation de la faune pour induire un développement local.

4. Conclusion

La conflictualité environnementale dans un contexte de pauvreté, de dégradation continue des ressources naturelles et de politiques inadéquates est récurrente. Elle oppose généralement une pléiade d'acteurs aux intérêts divergents par rapport à l'utilisation des ressources naturelles. Dans la falaise du Gobnangou, notamment à Saborgkuoli, elle atteint un niveau inquiétant surtout avec l'avancée du front cotonnier, la création des zones de chasse et le renforcement des mesures de surveillance.

Les conflits environnementaux sont donc devenus une excellente entrée pour analyser les mutations territoriales. Il s'agit alors de suivre l'action telle qu'elle se déploie pour voir où et comment, groupes sociaux et territoires se recomposent en faisant et défaisant des collectifs.

Bien qu'introduisant des dynamiques au niveau territorial, les conflits environnementaux demeurent une grande préoccupation surtout pour le développement local en zone rurale, à tel point que la protection de l'environnement devient par moment une utopie pour le développement local ; puisque la protection et la conservation ont généré plus de conflits que de retombées financières pour la satisfaction de certains besoins socio-économiques.

TROISIEME PARTIE

PROTECTION ENVIRONNEMENTALE ET PERSPECTIVES DE DEVELOPPEMENT LOCAL

Chapitre 7

Les enjeux environnementaux de l'UPC Arly

1. Introduction

Les enjeux environnementaux concernent aussi bien l'Etat que les populations. De leur maîtrise dépend la préservation d'équilibres sociologique, économique, ou patrimonial dans une optique de développement. Ils peuvent également influer sur la prise de décision (Yonkeu, 2006). Ces enjeux permettent de saisir l'impact de l'action des hommes sur l'environnement. Ce sont également les axes principaux autour desquels s'articulent les programmes de recherche ainsi que les programmes de surveillance et de suivi s'agissant de la gestion des ressources naturelles et des aires protégées.

La richesse faunique de l'UPC Arly ne laisse pas indifférente la population riveraine. Cette population, qui vit traditionnellement de la chasse, s'est vue refuser le droit de profiter librement de cette ressource naturelle après la classification de cette réserve en aire protégée et son érection en Parc National[1]. Bien que cette érection ne soit pas encore juridiquement effective, l'application des différentes règles d'interdiction se fait sentir sur le terrain par l'installation de la surveillance forestière. Cette préservation requiert une délimitation de la réserve et une surveillance de son exploitation. Les limites ainsi créées ont conduit au déplacement forcé de certains villages situés à l'intérieur de ces aires. Ce déplacement des populations ne reste donc pas sans conséquence, car, habituées à des terres suffisamment riches, elles ont du mal à les abandonner pour rechercher des terres plus lointaines et probablement moins fertiles[2]. De plus, la cueillette et la chasse, pour subvenir aux besoins alimentaires des populations, restent ancrées dans les habitudes des riverains, choses difficiles à abandonner lorsqu'elles manifestent un certain intérêt aussi bien administratif que privé pour cette zone ; un intérêt qui se traduit notamment par la promotion de la chasse sportive organisée par les concessionnaires dans les zones qui leur sont concédées. Il est ainsi difficile pour certains, qui se disent propriétaires naturels de cette zone, de résister à la tentation de se livrer à des actes de braconnage.

---

[1] Le processus de classification de cette aire protégée dès l'époque coloniale a été traité de façon approfondie dans le Chapitre 4, paragraphe 3 de ce volume.

[2] C'est le cas du village de Saborgkpéla dans le réseau traditionnel de Saborgkuoli ; pour plus de détails nous renvoyons au Chapitre 6, paragraphe 2 de ce volume.

Les enjeux environnementaux seront d'ordre écologique (conservation de la biodiversité), économique (valorisation locale et internationale des ressources naturelles conservées) et social (exploitation rationnelle pour les besoins culturels et de survie des populations locales)[3]. Comment trouver le juste milieu nécessaire pour satisfaire, à la fois, l'amélioration des conditions sociales des populations riveraines et l'exploitation réglementaire instaurée par l'État, dans le but de protéger et de conserver la diversité biologique en générale et faunique en particulier ? En d'autres termes, comment trouver des voies qui intègrent les valeurs globales (conservation de la diversité biologique et valorisation écotouristique) et locales (satisfaction des besoins élémentaires de survie et de bien-être des populations riveraines). Pour mieux illustrer ces enjeux et comprendre les tentatives de solutions déjà appliquées pour apporter des améliorations, nous allons présenter les impacts des activités humaines et de la réglementation sur l'UPC Arly.

2. Impacts des contraintes naturelles et anthropiques sur l'UPC Arly

2.1. Impacts liés aux contraintes naturelles

Les principales contraintes de la gestion du complexe peuvent être classées en deux axes généraux qui ont trait aux contraintes d'ordre naturel et à celles liées aux pratiques. Les causes naturelles sont celles dont les origines sont peu liées aux actions directes de l'homme.

L'analyse de données pluviométriques montre, d'une année à l'autre, des variations très importantes de la pluviométrie dans la zone d'étude. Le Burkina Faso connaît souvent des situations de déficits pluviométriques qui sont de plus en plus fréquents depuis la fin des années soixante. Des sécheresses particulièrement sévères ont été enregistrées dans la zone au cours des années 1972-73 puis 1983-84, ce qui a eu des conséquences dramatiques pour la conservation de la diversité biologique (mortalité des espèces animales, mortalité des espèces ligneuses, amplification des mouvements migratoires des populations du nord vers le sud).

L'évolution de la diversité biologique peut résulter des processus de sélection naturelle. A ce processus de sélection naturelle, les différents organismes apportent des réponses spécifiques. Une déstabilisation/stabilisation permanente est donc observée chez la plupart des organismes vivants et des écosystèmes. L'UPC Arly n'échappe pas à ces forces sélectives dynamiques. Cette résilience constitue le pouvoir adaptatif

---

[3] Nous présentons ici les résultats du volet de la recherche de terrain – inscrite dans le projet de collaboration interuniversitaire : *Outils pour la prise de décision dans la protection environnementale : le Complexe WAP* – concernant les enjeux et les impacts environnementaux, dirigé par Samuel Yonkeu.

des écosystèmes face aux perturbations constantes d'origine naturelle et/ou anthropique.

2.2. Impacts liés aux systèmes de production agricole sur l'UPC Arly

On distingue deux principaux systèmes de production agricole : le système extensif et le système intensif qui reposent généralement sur des régimes fonciers différents. Le premier se pratique sur des principes à base communautaire ou sur des champs empruntés, moyennant une contribution au donateur selon les us et coutumes traditionnelles. Le mode d'appropriation dominant est l'héritage ; les dons et les legs sont très peu répandus. Le second est pratiqué sur la base d'un principe de privatisation, il est généralement soutenu par l'Etat dans le cadre de sa politique.

La rareté des terres fertiles à vocation agricole est souvent relevée comme un problème primordial qui conduit les populations à prendre certaines initiatives :

- introduire des champs à l'intérieur des zones cynégétiques des parcs ;
- expérimenter des cultures pluviales sur des terrains peu propices à l'agriculture. Il s'agit généralement de cultures pluviales extensives, sans restitution de fertilité.

L'augmentation de la densité des populations sous l'effet combiné du taux élevé de natalité et des migrations engendre une demande accrue de terres[4]. Le problème des populations est donc de trouver des terres riches pour produire notamment du mil. Dans le contexte d'un système de production extensif, il ne reste pour les populations que les aires protégées qui apparaissent comme ressources en terre à mettre en valeur. De plus, l'agriculture commerciale prend de l'ampleur dans les zones périphériques des parcs. Les cultures de rente comme le coton sont aussi présentes et en plein développement dans les zones cynégétiques de l'UPC Arly (Fig. 20). La vision actuelle des paysans est d'étendre les cultures et non de les intensifier. L'encadrement est quasiment inexistant et les circuits d'approvisionnement en intrants et matériels agricoles nécessaires à l'intensification ne sont pas assez développés. L'utilisation des engrais et pesticides dans la culture du coton entraîne la pollution des ressources en eau car les champs sont généralement situés le long des cours d'eau et des bas fonds, lesquels aboutissent pour la plupart à l'intérieur des aires protégées sinon plus précisément dans la rivière Pendjari.

---

[4] Les aspects sociodémographiques des populations riveraines à l'UPC Arly sont traités dans le Chapitre 5 de ce volume, où l'auteur analyse les dynamiques des populations sur la base des données collectées sur le terrain au cours des différentes phases de la recherche.

Figure 20 – Marché de coton à Naboué

Il va sans dire que le drainage souterrain de certains composés chimiques issus des pesticides peut favoriser la pollution dans les différentes mares et cours d'eau de la Réserve Totale de Faune d'Arly (RTFA).

2.3. Impacts liés aux systèmes d'élevage sur l'UPC Arly

Les interactions entre la conservation de la biodiversité dans l'UPC Arly et l'élevage portent essentiellement sur la pression pastorale que cette dernière activité exerce sur les ressources naturelles dans les aires protégées et leurs périphéries. Dans la région périphérique de l'UPC Arly, deux systèmes d'élevage sont rencontrés : il s'agit des systèmes sédentaires et transhumants.

L'élevage sédentaire est pratiqué par les agriculteurs pour lesquels l'élevage constitue une activité secondaire. Les agro-pasteurs d'ethnie gourmantché se sont engagés progressivement dans l'activité d'élevage de bovins suite aux alliances historiques créées avec l'ethnie peul d'une part, à la migration de ces derniers vers les sud à cause de la dégradation des conditions climatiques d'autre part et, enfin, à la nécessité de posséder des animaux pour la traction. L'élevage des autres espèces (ovins, caprins, volailles), qui a toujours été pratiquée, a des fonctions d'épargne et socio-culturelles (cadeaux aux étrangers, sacrifices, etc.). Il est à noter que quelquefois les animaux (bovins, ovins, caprins) sont confiés à des bergers qui les conduisent au pâturage et parfois même en transhumance (cas des personnes ayant un cheptel très important).

Le système d'élevage transhumant est le fait des pasteurs peul : il s'agit d'éleveurs sédentarisés ou en voie de sédentarisation dans la région du WAP en général et de l'UPC Arly en particulier, où les troupeaux bovins sont conduits annuellement en transhumance. Ce système d'élevage, qui fera l'objet d'une étude spécifique au regard de ses interactions avec le Complexe WAP, est pratiqué par plusieurs catégories d'acteurs, à savoir les Peuls nationaux, les agro-pasteurs gourmantché et les éleveurs étrangers peul de nationalité nigérienne et béninoise.

La transhumance dans la région du WAP est soumise à la Décision A/DEC.5/10/98 du 31/10/1998 relative à la réglementation de la transhumance transfrontalière entre les états membres de la CEDEAO. Cette décision, qui a été adoptée lors de la vingt-et-unième session ordinaire de la Conférence des Chefs d'Etat et de Gouvernement à Abuja en 1998, autorise le franchissement des frontières terrestres en vue de la transhumance entre tous les pays de la Communauté pour les espèces bovines, ovines, caprines, camélines et asines. Les principales conditions à remplir concernent la détention du Certificat International de Transhumance (CIT) de la CEDEAO et le respect de la réglementation en vigueur dans le pays d'accueil.

La petite transhumance s'effectue sur des distances courtes. C'est une transhumance nationale car elle ne traverse pas de frontière. En direction de l'UPC Arly, la petite transhumance est pratiquée par les éleveurs résidents ou sédentarisés dans les terroirs riverains. Elle se produit en toute saison. Pendant la saison sèche, les raisons de la mobilité des troupeaux sont les mêmes que celles des grands transhumants. Il s'agit de la recherche de pâturage et d'eau. En saison pluvieuse, les éleveurs éloignent les animaux des champs pour éviter la destruction des cultures, principales causes des conflits entre agriculteurs et éleveurs. Le phénomène prend actuellement de l'ampleur à cause de la saturation foncière constatée dans la plupart des terroirs riverains. C'est le cas par exemple dans les terroirs de Logobou et de Partiaga au Burkina Faso (Benoît, 1998).

La grande transhumance classique s'effectue entre les terroirs d'attache et les zones d'accueil ; la distance est grande, souvent de plusieurs centaines de kilomètres. Les déplacements peuvent se limiter à un changement de région dans le même pays, mais ils peuvent aussi dépasser les limites frontalières. Le trajet et la destination se reproduisent souvent d'une année à l'autre, mais toujours avec une certaine latitude d'adaptation. De tels voyages comportent toujours une part de risque et d'aventure, ce qui nécessite une certaine organisation.

Le cheptel herbivore au Burkina Faso s'élève, pour l'année 2003, à 7.311 544 bovins, 6.702.640 ovins, 10.035.687 caprins, 914.543 asins, 36.067 équins et 14.811 camélins (MRA, 2004). Selon certaines sources,

70% du cheptel bovin est conduit annuellement en transhumance nationale ou transfrontalière. Ces mouvements partent généralement de la zone sahélienne, et des autres régions au potentiel fourrager chroniquement déficitaire, vers les régions méridionales (sud-occidentale et orientale du Burkina Faso, Bénin, Ghana, Togo et Côte d'Ivoire).

La grande majorité des systèmes d'élevage, traditionnels et extensifs, sont confrontés à un certain nombre de difficultés majeures parmi lesquelles l'insécurité foncière pastorale et le déficit fourrager. L'insécurité foncière se traduit par une progression du front agricole dans les terres de parcours. Les bas-fonds notamment sont mis en culture et les pistes à bétail, obstruées, ce qui limite fortement l'accès du bétail aux ressources pastorales (pâturages de saison sèche, points d'abreuvement) et engendre des conflits quelquefois meurtriers entre agriculteurs et éleveurs. Le déficit fourrager est une conséquence de la régression et des aléas pluviométriques observés depuis les années soixante-dix dans les pays du Sahel. La période de croissance et d'exploitation en vert des pâturages herbacés est très courte, variant de cinquante à cent-quatre-vingt jours selon la zone éco-climatique.

L'évolution actuelle de l'utilisation des terres avec l'extension des surfaces cultivées et le classement de nouvelles forêts accroît considérablement les contraintes des éleveurs dans leurs déplacements. Cette situation est propice aux agressions dans les aires protégées et aux conflits, d'une part avec les agriculteurs, et d'autre part avec les gestionnaires des parcs.

La présence des éleveurs et des troupeaux transhumants dans le parc cause, de l'avis unanime des forestiers, un certain nombre de préjudices à la faune. Elle perturbe la quiétude des animaux sauvages, elle endommage leur habitat, elle représente une concurrence pour l'utilisation des points d'eau et, dans une moindre mesure, des ressources fourragères en saison sèche. On mentionne aussi le braconnage pratiqué par les éleveurs transhumants, l'envasement des mares et des cours d'eau, la dégradation du sol par tassement : certains acteurs interviewés ont qualifié les pistes empruntées par le bétail transhumant à l'intérieur du parc d'« autoroutes en préparation ».

Le contact entre le bétail et les animaux sauvages, principalement au niveau des points d'eau en saison sèche, mais aussi dans les pâturages, peut être à l'origine de la transmission de maladies. Les spécialistes sont unanimes pour dire que le buffle constitue un réservoir de maladies transmissibles aux bovins et vice-versa. Les affections les plus couramment citées dans le cadre de la transmission entre la faune et le bétail sont la peste bovine, qui a été éradiquée depuis 1998 chez les animaux domestiques, la fièvre aphteuse, les charbons symptomatiques et bactéridiens, la pasteurellose et la trypanosomiase animale africaine. Certains transhumants signalent des cas de maladies contractées par leur bétail dans les zones d'accueil : il s'agit probablement de la trypanosomiase et d'autres parasitoses pour lesquelles les zébus sont très sensibles. L'organisation de la transhumance devra prendre en compte ces questions. Une protection sanitaire du bétail devra être assurée au départ et au retour de la transhumance.

2.4. Impacts liés à l'exploitation forestière, faunique et halieutique sur l'UPC Arly

2.4.1. Le bois et les produits forestiers non ligneux

Le développement des marchés ruraux de bois, la commercialisation des produits de cueillette et des fourrages et l'apiculture sont les principales activités économiques directes liées à l'exploitation de la flore des zones d'influence.

Les bois d'œuvre et de service représentent une importante part des quantités de bois prélevées dans les formations forestières pour la fabrication de mortiers, d'objets d'art et de perches.

Certaines espèces subissent des prélèvements d'écorces, de feuilles et de racines pour la pharmacopée.

Certains prélèvements sont destinés à la consommation humaine ; les principaux produits de cueillette au Burkina Faso sont le néré et le karité. Ces produits sont généralement commercialisés sur les marchés locaux dans un cadre informel. Ce qui constitue une limite à leur promotion. Des enquêtes approfondies sont sans doute indispensables pour appréhender leur impact sur la sécurité alimentaire et les revenus.

En plus des activités génératrices de revenus et créatrice d'emplois, il convient de relever les activités liées à la protection et à la conservation à l'intérieur des aires protégées. Ces activités qui mobilisent la main d'œuvre locale, sont d'autant plus importantes : les conservateurs des parcs, les directeurs nationaux chargés de la faune, de la pêche et de la pisciculture ont déclaré sans ambages que les ressources naturelles des aires protégées et de leurs zones d'influence sont soumises à de nombreuses exploitations illégales dont le braconnage, la coupe de bois et d'herbes, le défrichement, le pâturage et les feux de brousse.

2.4.2. L'exploitation de la faune

Deux principales activités sont liées directement à l'exploitation de la faune : la chasse et l'écotourisme.

Les modalités d'exploitation de la faune sont aussi perçues de façon variable. Les premières revendications concernent les prélèvements que les populations pourraient faire directement. Des modèles de gestion de la faune par les populations locales sont en cours dans ce qu'on appelle notamment au Burkina Faso, les Zones Villageoises d'Intérêt Cynégétique (ZOVIC)[5]. Les textes prévoient qu'une partie des taxes perçues soient affectées au développement de la localité concernée. Depuis 2001, une expérience de valorisation expérimentale de la zone villageoise de chasse de Kabougou au Burkina Faso, axée sur une grande responsabilisation villageoise est en cours et les premiers résultats sont très encourageants.

Outre la petite chasse pratiquée par les riverains, il convient de relever l'ouverture des concessions de chasse qui est un phénomène important dans la transformation des rapports avec la faune parce qu'elle constitue une pression majeure et l'apparition de nouvelles forces dans l'exploitation de la faune. Cette activité s'effectue souvent en dehors de toute réglementation et il en résulte souvent de véritables massacres.

2.4.3. La pêche

La pêche pratiquée est généralement de type artisanal. Non réglementées, les pratiques mettent en péril la diversité de certaines espèces halieutiques en menaçant les possibilités de leur reproduction. Les pêcheurs étaient autorisés dans le parc depuis sa création et depuis la mise en place du mode de gestion partenariale qui stipule que la pêche est permise dans la rivière Pendjari. Mais il faut constater que la pêche est pratiquée dans la plupart des mares permanentes. Lors des sorties dans l'aire protégée, les filets de pêcheurs ont été retrouvés dans des mares où la pêche était interdite. Les intéressés fuyant souvent à l'arrivée des pisteurs. Ce qui veut dire que ces pêcheurs sont parfaitement conscients des actes répréhensibles qu'ils posent. L'autorisation des pêcheurs dans le parc crée souvent des problèmes car certains pêcheurs se transforment en véritables braconniers.

L'activité de pêche nécessite aussi l'utilisation de bois mort pour le fumage du poisson et pour la confection des claies de séchage. Toujours est-il que ce bois mort est issu du parc et est utilisé en abondance.

Cependant, des tentatives de développement de la pisciculture ont été menées dans les zones d'influence.

Les différents impacts analysés traduisent bien les enjeux environnementaux que nous avons envisagés, à savoir, la nécessité de la conservation de la biodiversité, celle de répondre aux besoins monétaires aussi bien des paysans locaux que des autorités gouvernementales, et enfin celle de répondre aux besoins culturels et de survie des populations locales. Des tentatives de gestion de ces aires protégées doivent donc chercher à intégrer ces enjeux.

---

[5] Comme spécifié dans les Chapitres 2, note 1 de ce volume les ZOVIC ont été créées dans l'UPC Arly précisément dans les terroir des villages de : Piéni, Moridéni, Madjoari, Tambariga et Moabou qui en possède deux.

3. Aperçu historique de la gestion de l'UPC Arly

La gestion de la faune à la périphérie de l'UPC Arly à l'instar de la faune du Burkina Faso a connu une évolution significative en relation directe avec l'historique du pays, entraînant des changements qualitatifs permettant le recadrage des différents modes de gestion mis en place. La caractéristique temporelle des différentes étapes de l'évolution connue leur confère une particularité dans le mode de gestion de la faune et de la flore en relation avec la population riveraine. Trois étapes fondamentales peuvent ainsi être identifiées. Il s'agit de la gestion traditionnelle ancestrale qui prévalait avant l'arrivée du colonisateur ; la gestion règlementée pendant la période coloniale signe d'un souci de préservation de diversité écologique et surtout d'indice économique capable de valoriser le potentiel cynégétique ; et la gestion partenariale actuelle, qui comble la décadence des deux autres modes de gestion, et l'intérêt d'intégrer la population à la gestion de la faune pour palier les multiples problèmes connus.

3.1. Le mode de gestion traditionnelle

La gestion ancestrale de la faune s'observait pendant la période précoloniale où seul le chef des terres détenait les pouvoirs décisionnels autorisant la chasse et la cueillette de tous types d'espèces floristiques. En effet, pendant cette période, l'installation des populations se traduisait par le profit que pouvaient en tirer celles-ci du milieu physique occupé. La vie communautaire était régie par des règles coutumières et traditionnelles auxquelles il fallait faire référence, en matière de faune du point vue de la sacralisation de certains animaux, et surtout de certaines zones fauniques entraînant parfois leur délimitation. Mis à part ces interdits coutumiers sur la divinisation de certains animaux, aucune autre règle n'empêchait les chasseurs d'abattre les autres animaux. Il subsistait des règles d'accès aux ressources faunistiques selon des interdits coutumiers qu'il fallait respecter avec la plus grande rigueur. Les modes de gestion de la faune ne faisaient donc pas l'objet d'une véritable formalisation et étaient surtout étroitement liés aux cultures et aux sociétés. Ils avaient ainsi permis à la population d'acquérir une importante somme de connaissance sur la faune sauvage, facteur de cohabitation durable et de préserver pendant des millénaires un capital faunique remarquable que les gestionnaires actuels désirent protéger par l'instauration d'un autre mode de gestion.

3.2. Le mode de gestion réglementaire

L'arrivée du colonisateur s'était faite sentir dans tous les domaines. Il s'agissait pour celui-ci de gérer toutes les ressources ayant une valeur économique fiable. La diversité écologique que constituent ces zones n'avait donc pas échappé à la vision du colon qui mettait ainsi en place des stratégies de gestion de la faune écartant de fait la population locale car, pour lui, « il est inadmissible d'abandonner une telle ressource économique à une population irresponsable et destructrice » (Yeye, 2004). Cette logique se fondait sur trois axes principaux qui sont :

- la gestion étatique affirmée ;
- la primauté de la chasse sportive ;
- l'exclusion des populations dans l'organisation de la gestion.

Ce mode de gestion autoritaire et protectionniste mis en place avant les années trente avait prévalu après les indépendances jusqu'en 1980, année de la fermeture de la chasse. L'Etat constituait ainsi le premier acteur responsable de toute cette richesse faunique dont l'exploitation était investie par une administration coloniale, puis nationale, s'appuyant sur un service spécialisé et introduisant un zonage de l'espace rural, et par conséquent, une matérialisation des limites au moyen de bornes en béton. La population restait ainsi en marge de toute considération de gestion et était reléguée au second plan puisque des villages avaient été déplacés de force des aires protégées.

Cette gestion permettait d'instaurer un certain nombre de dispositions légales et règlementaires en vue de discipliner les ardeurs de tous les acteurs intervenants dans ce domaine. La réglementation de la chasse avait été le premier acte juridique posé en 1913 par le Gouverneur Général de l'Afrique Occidentale Française (AOF), suivi de celui de 1925, instituant la création des parcs et refuges. C'est à partir de l'année 1933 après l'adhésion à la Convention Internationale pour la Protection de la Faune et de la Flore en Afrique, que de nombreux textes de règlementation des aires protégées ont été élaborés ; instaurant, entre autres, l'intégration du tourisme de vision et du tourisme cynégétique et permettant ainsi au pouvoir public de profiter de la valeur économique de la faune. C'est dans cette foulée de réglementation et de classification des aires fauniques que l'Unité Arly a été classée comme Réserve Totale de Faune le 23 décembre 1954, suivie par celle de Madjoari le 13 avril 1970 (GRAD, 2004 ; MECV, 2005c).

Cette mise à l'écart de la population a entraîné une situation de marasme instaurant le braconnage à outrance qui constitue de ce fait la seule possibilité pour bénéficier de cette faune sauvage. Les moyens rudimentaires en armement de ces populations ont favorisé leur association avec des braconniers externes qui sont « des présumés touristes » matériellement bien nantis, et « facilitant » ainsi leur possibilité d'acquisition de la venaison. L'instauration par le législateur des aires classées n'a pas eu un effet positif considérable sur ce phénomène. Cette situation a entraîné des moments de conflits véritables entre les acteurs protectionnistes d'un côté et les « appauvris » de l'autre. Le territoire des aires protégées devint alors un champ de bataille entre population locale et forestiers, se traduisant par des actes de répression à l'égard de la communauté locale. Ainsi, pour faciliter les surveillances forestières, des aménagements ont été réalisés à l'intérieur des aires protégées. Il s'agit de la gestion des feux précoces pour améliorer la visibilité et la création de pistes d'accès.

Ce mode de gestion établi par l'administration à cette période s'était soldé par un échec, à cause de la gestion exclusive de la chasse définie par des « prélèvements » à caractère sportif hasardeux, commercial ou alimentaire. Il s'est aggravé par la grande sécheresse de 1970 entraînant la disparition de plusieurs espèces fauniques (la girafe, l'autruche, la gazelle dama, etc.) et la réduction considérable d'autres espèces (l'éléphant, le guépard, la gazelle à front roux, etc. : MET-UICN, 1995).

Face à ce constat amer de diminution de la population faunique et de l'accroissement des différents problèmes liés à la surveillance, l'Etat décida ainsi la fermeture de la chasse en 1980. De nombreuses rencontres ont été organisées en vue de faire un bilan de la situation catastrophique, et par conséquent, de trouver d'autres modes de gestion pouvant limiter les tentations des populations locales pour ainsi diminuer le phénomène de braconnage.

3.3. Le mode de gestion partenariale

La gestion règlementaire de la faune n'a pas fourni un résultat concluant. La fermeture de la chasse en 1980 a permis aux autorités de réfléchir sur un autre mode de gestion plus avantageux tant pour le politique que pour la population riveraine. De ce fait, plusieurs séminaires ont été organisés par le gouvernement burkinabé, l'UICN et les bailleurs de fonds (Union Européenne, Fond pour l'Environnement Mondial, etc.) entre 1984 et 1985 et ont permis d'aboutir aux conclusions suivantes :

- la nécessité d'organiser l'exploitation de la faune de manière à développer toutes les formes d'utilisation durable ;
- la nécessité de réviser les textes pour tenir compte de la participation des communautés rurales dans la protection et la gestion ;
- la mise en place d'Unités de Conservation de la Faune (UCF) devenues en 2006 Unités de Protection et de Conservation (UPC) qui permettront d'améliorer sa gestion.

L'association des populations rurales à la gestion de la faune leur permettra de tirer des profits tant économiques que culturels de l'existence de l'aire protégée. Les différents acteurs intervenants dans la gestion sont ainsi variés et multiples. Le pouvoir politique n'est plus le seul garant de la protection et le seul bénéficiaire de la valorisation économique de l'aire protégée. Les collectivités locales se voient confiées la lourde responsabilité d'une gestion décentralisée des ressources forestières. Elles doivent ainsi s'organiser en Comité Villageois de Gestion de la Faune (CVGF) avec pour principale mission la lutte contre le braconnage et les feux de brousse. Il travaillera également en collaboration avec un autre intervenant extérieur privé représentant la troisième composante de la gestion tripartite.

En effet, plusieurs réserves sont concédées à des entreprises privées, permettant ainsi de bénéficier de leurs capacités de mobilisation financière et assurant la gestion des zones ainsi concédées. C'est la mise en œuvre de ce mode de gestion qui a conduit à la création des Concessions de Chasse de Pagou-Tandougou (35.000 ha) et de Koakrana (25.000 ha) appartenant à l'Unité Arly ainsi créée (MECV, 2005b).

Il faut ajouter que le grand pas effectué par la mise en place de ce mode de gestion est l'élaboration au plan national d'un code forestier ayant pour objet de fixer, conformément à l'esprit de la politique forestière nationale, l'ensemble des principes fondamentaux relatifs à la gestion des ressources fauniques (et autres ressources forestières). Ce code est référencé par la loi n° 006/97/ADP du 31/01/97.

4. Les acteurs de la gestion faunique de l'UPC Arly

L'exercice des activités dans la périphérie et à l'intérieur de l'aire protégée, selon le mode de gestion partenarial actuel, fait intervenir différents acteurs travaillant dans une collaboration qui suit les règles et prescriptions des textes en vigueur. Il s'agit de l'Etat à travers les services centraux et déconcentrés, des concessionnaires de droit de gestion et des guides, des touristes, des chasseurs et des commerçants et des restaurateurs de viande sauvage.

4.1. L'Etat

Il intervient dans la gestion de la faune à travers le Ministère de l'Environnement et du Cadre de Vie (MECV). Il est le principal décideur et le premier concerné par la bonne marche des activités à l'intérieur de l'aire protégée. Il assure ainsi la responsabilité de l'application de la politique de gestion des aires protégées sur tout le territoire national. Pour ce faire, certaines mesures sont prises annuellement :

- la définition de la période de chasse sur tout le territoire national ;
- la délimitation du plan de tir pour chaque zone concédée ;
- la définition des latitudes d'abattage par degré de permis de chasse ;
- le renouvellement des licences d'exploitation des zones concédées ;
- le renouvellement des licences de guide.

Le déroulement de la saison de chasse et de la saison touristique est donc organisé de façon précise par les différents services centraux et déconcentrés mis en place par le ministère.

4.2. Les services centraux

Ces services ont pour la plupart leur siége à Ouagadougou :

- le Cabinet du Ministre de l'Environnement et du Cadre de Vie ;
- le Secrétaire Général du Ministre ;
- la Direction Générale des Eaux et Forêts ;
- la Direction des Parcs Nationaux, des Réserves de Faune et de Chasse.

La portée de ces services est nationale et pour un bon fonctionnement, les services déconcentrés assurent leur représentation régionale et provinciale.

4.3. Les services déconcentrés

Sur le plan régional, la représentation est assurée par la Direction Régionale des Eaux et Forêts à Fada N'Gourma à laquelle est reliée la Direction Provinciale de la Kompienga et de la Tapoa en ce qui concerne notre zone d'étude.

4.4. Les concessionnaires de droit de gestion des ressources fauniques

Le droit de gestion des ressources de certaines aires fauniques peut être concédé par l'Etat à des personnes physiques ou morales de droit privé (concessionnaires) pour l'organisation d'activités de chasse, de pêche et de tourisme de vision. Il faut signaler que l'acte juridique de concéder ne confère aucun droit de propriété au bénéficiaire, ni ne fonde aucune prétention légitime à en devenir propriétaire. Pour la bonne marche de ses activités, le concessionnaire doit réaliser les différents aménagements (réhabilitation des pistes de circulations, des miradors, création de salines, restauration des points d'eau, ...). Il a également le droit sinon l'obligation morale de la promotion de l'aire concédée afin de disposer de touristes et de chasseurs surtout étrangers lui permettant ainsi de rentabiliser les différents investissements effectués. La gestion des infrastructures hôtelières (hôtel, restaurant, aires de loisirs, ...) est à la charge du concessionnaire avec pour obligation l'emploi d'un personnel local (moins coûteux) de manière à faire participer la population à l'organisation des activités de chasse, de tourisme de vision, et favoriser ainsi leur intégration aux réalités culturelles étrangères par le brassage avec les différents touristes. De plus, il dispose de guides de chasse et de « pisteurs » qui sont des villageois connaissant le mieux l'aire protégée.

Les obligations du concessionnaire sont consignées dans l'acte de concession et sont définies comme suit (MECV, 2004b) :

- le paiement annuel d'une redevance pour la zone concédée dont le montant est fixé par arrêté ministériel ;
- la disposition d'une licence d'exploitation annuelle délivrée par le MECV ;
- le respect strict des cahiers de charge définissant les attributions des parties contractantes (concessionnaire et Etat).

La concession offre ainsi l'intérêt de formaliser l'intervention du secteur privé dans la gestion de la faune et de dynamiser les activités touristiques de valorisation. Elle est définie par les articles 153 à 163 du Code Forestier et ses dispositions de mise en œuvre sont prévues par le décret n° 98-305 /PRES/PM/MEE/MEF/MTT du 15 juillet 1998 (Yeye, 2004). La durée de la concession est de dix ans renouvelable.

C'est donc en application de cette loi que la Réserve Totale de Faune d'Arly (RTFA) a été ainsi concédée à la société EDEN. Les zones de chasse ont également été concédées à d'autres privés, comme dans le cas de Pagou-Tandougou pris en charge par la société MEYCOM.

4.5. Les guides

Les différentes expéditions de chasse et de tourisme de vision sont conduites par les guides titulaires d'un certificat professionnel de guide délivré par le MECV. Le guide doit posséder également une « licence de guide de chasse » délivrée par le ministère. L'exercice de ses fonctions peut lui permettre de disposer d'un ou de plusieurs assistants qui sont en phase initiatique et qui peuvent se faire accompagner par un « pisteur » expérimenté connaissant mieux la zone de chasse.

Les dispositions légales prévoient aussi le cumul de fonction de guide chasse et de concessionnaire. C'est le cas par exemple de la Concession de

Chasse de Pagou-Tandougou dont le responsable est l'un des premiers guides de chasse du Burkina Faso[6].

4.6. Le Comité Villageois de Gestion de la Faune

Le Comité Villageois de Gestion de la Faune (CVGF) est, comme son nom l'indique, un comité formé par les populations riveraines pour participer à la gestion des aires protégées. Partenaire privilégié des concessionnaires par l'intermédiaire des guides de chasse et de l'Etat, le CVGF participe à la gestion des Zones Villageoises d'Intérêts Cynégétiques (ZOVIC) qui constituent des zones souvent proches, sinon contiguës, de l'aire protégée et dans lesquelles la petite chasse peut être exercée moyennant le paiement d'une taxe et d'une redevance journalière[7]. Le montant de la redevance et de la taxe est fixé par les autorités agissant en police forestière. Selon les informations recueillies sur le terrain, ce montant est de 7.500 F CFA pour le CVGF et 200 F CFA/oiseau tué pour le compte de l'Etat à travers les forestiers. Il bénéficie également des trois quart de la venaison de la grande chasse qu'il met en vente à la population. Néanmoins, les redevances du CVGF ne leur sont pas versées directement. En effet, les chasseurs doivent verser la redevance et la taxe au niveau des forestiers qui se chargeront de les reverser à la direction provinciale, laquelle la transmet à la fin de la saison au comité bénéficiaire. Cette recette dont dispose le CVGF est gérée pour le bien-être de la communauté et pour favoriser le développement socio-économique et culturel du village.

4.7. Les touristes et les chasseurs

Les touristes sont les expatriés non résidents, les expatriés résidents et les nationaux qui, à l'ouverture de la saison de chasse, se déplacent dans les aires de protection faunique pour le plaisir d'observer, de photographier ou de filmer la nature, et plus particulièrement des sites spécifiques et les animaux sauvages dans leur milieu naturel.

Le chasseur est celui qui cherche à abattre un animal sauvage vivant en liberté dans son habitat pour s'approprier principalement de la viande ou du trophée. Par rapport à l'objectif principal de la chasse, on distingue le chasseur de subsistance ou chasseur traditionnel, qui chasse pour la viande de consommation, et le chasseur sportif, dont l'objectif est la recherche de trophée et accessoirement de la viande.

---

[6] Pour plus d'approfondissement concernant cette structure d'accueil ainsi que les autres éléments du système touristique local, nous renvoyons au Chapitre 9, paragraphe 1 de ce volume.

[7] Pour plus d'informations sur les modalités de la répartition des redevances et des taxes, ainsi que sur les dynamiques conflictuelles qu'elle engendre, se référer au Chapitre 4, paragraphe 1 de ce volume.

Les campements de chasse enregistrent des chasseurs et des touristes de vision en saison de chasse, ce qui implique un déplacement assez important vers les aires protégées en fonction de la politique commerciale du concessionnaire[8].

La mise en place de ce mode de gestion a permis la résolution de nombreux problèmes mais ne reste pas sans impact sur l'environnement immédiat de l'aire protégée. Ces différents impacts ont été identifiés et décrits dans le paragraphe suivant.

5. Impacts identifiables de la gestion environnementale de l'UPC Arly

Le mode de gestion partenariale adopté par les autorités a permis de palier un temps soit peu les différents problèmes autrefois connus, notamment le braconnage. Sa mise en œuvre a des incidences tant sur le plan du milieu physique de l'unité que sur le plan social et culturel des populations riveraines, répondant ainsi à un certain degré aux enjeux environnementaux que nous avons identifiés au cours de la recherche de terrain.

5.1. Impacts sur le milieu physique de l'aire protégée

5.1.1. Préservation et densification de la végétation

Depuis l'application du mode de gestion partenariale, il est facile de constater une différence nette entre la diversité végétale interne des aires protégées et celle à l'extérieur. La densité des arbres et des herbacés sur les terroirs villageois à la périphérie immédiate diffère énormément. Cela pourrait s'expliquer par l'exploitation des espèces se trouvant sur le terroir villageois à la différence de celles à l'intérieur qui sont restées plus ou moins indemnes d'aucune action anthropique. Ce phénomène est plus perceptible sur l'ancien site de Saborgkpéla, situé à l'intérieur du parc, et autour de la colline Pagou, lieu sacré[9] situé dans la Concession de Chasse de Pagou-Tandougou. La pression intense observée sur les terres de la périphérie à cause de la culture du coton qui prend énormément de l'ampleur contribue à faire disparaître cette végétation. Des centaines d'hectares de coton sont visibles dans le réseau de Nagaré. De plus, ce phénomène est si perceptible à l'échelle des villages que pratiquement toute la population est obligée de

---

[8] Les détails des données de terrain concernant le nombre de touristes et de chasseurs accueillis par chacune des structures présentes dans la périphérie de l'UPC Arly sont à retrouver dans le Chapitre 9, paragraphe 1 de ce volume.

[9] Pour ces approfondissements sur ce lieu sacré et sur sa signification sociale, voir le Chapitre 1, paragraphe 2 de ce volume.

demander des autorisations pour le fauchage de l'herbe à l'intérieur de l'UPC pour la confection des toits et greniers. Mais faut-il que les forestiers leur accordent cette autorisation ?

Les feux précoces sont également nuisibles à la préservation de la végétation de l'Unité, car ils favorisent les repousses des espèces herbacées graminéennes qui sont bien appréciées par le bétail. C'est pourquoi le service forestier s'emploie à contrôler au mieux ces feux et surveiller les mouvements des éleveurs, surtout au niveau des villages qui sont contigus au parc. Les populations sont donc obligées de rationaliser leurs techniques traditionnelles de préparation des sols.

5.1.2. Conservation de la diversité faunique

La richesse faunique de l'UPC n'est plus à démontrer au égard du nombre de touristes enregistrés chaque saison. Il est évident qu'avec la croissance démographique observée et le développement actuel du commerce international, si l'aire n'était pas protégée, il serait difficile aujourd'hui d'observer un animal sauvage dans la périphérie. Ainsi, la présence de l'UPC a favorisé de façon remarquable la préservation de toute la faune par la réglementation de la chasse et la conservation de certaines espèces en voies de disparition.

5.2. Impacts sociaux

5.2.1. L'amélioration des conditions économiques de la population

La gestion tripartite ainsi adoptée permet la participation de la population au mode d'organisation et à la préparation de la saison de chasse, à travers les multiples travaux qu'elle peut réaliser (réfection des toitures des bungalows dans les campements de chasse, les travaux de pistage et de guide de chasse, etc.). Ces différents travaux lui permettent de gagner des revenus plus ou moins conséquents, contribuant ainsi à améliorer les conditions économiques des populations.

5.2.2. La construction d'équipements collectifs

Les revenus de la petite chasse obtenus par le CVGF permettent de réaliser différentes activités telles que :

- la construction d'écoles (école primaire de Piéni, école primaire de Saborgkuoli) équipées d'infrastructures de logement pour les instituteurs ;
- la réhabilitation de forages pour l'approvisionnement en eau potable de la population (construction d'un forage à Piéni et à Saborgkuoli) ;

- la fourniture de médicaments au CSPS du village concerné (CSPS de Piéni).

5.3. Impacts culturels

5.3.1. Le tourisme villageois

L'activité touristique permet de drainer une multiplicité de nationalités, surtout européennes. Elle permet le brassage des populations du village avec plusieurs nationalités, permettant aux touristes étrangers une connaissance de certaines réalités africaines. Ce brassage permet de créer des relations d'amitié favorisant certaines aides sociales collectives ou individuelles octroyées par les touristes aux populations (don de médicaments au CSPS par exemple, construction de forage, aides diverses, etc.). Ces échanges sont toujours porteurs de valeurs culturelles et éducatives, du fait de l'ouverture d'esprit qu'offrent les touristes aux populations pour la connaissance du monde, et des connaissances endogènes que les touristes découvrent à l'intérieur des terroirs villageois qu'ils visitent ou que les populations leur font découvrir par les activités culturelles qu'elles mènent pendant la visite dans leurs terroirs ou dans les sites culturels préservés. Ainsi, des marques paysagères attirant les touristes ont été identifiées dans les différents villages étudiés au niveau de la falaise du Gobnangou[10] :

- passage dans la falaise (Tanfolbu) : ce passage relie le village de Yirini à celui de Nagaré. Il est surtout emprunté par les femmes pour se rendre dans les marchés de Nagaré ou de Yirini (Fig. 21) ;
- chute d'eau (Pundougou) : cette chute d'eau est un lieu sacré de Yirini contenant des poissons, des serpents et des caïmans qui sont inoffensifs. Selon la légende « les poissons péchés ne doivent pas être ramenés au village. Ils doivent être consommés sur place » (Fig. 22) ;
- anciennes constructions de défense (Sapiakpéli) : elles sont situées sur le talus de la falaise du Gobnangou et, selon les notables du village de Yobri, elles recouvrent aujourd'hui un rôle historique étant utilisées dans le passé pour se défendre des incursions ennemies (Fig. 23) ;
- greniers historiques au dessus de la falaise (Soguilafoli) : ces greniers datent des temps anciens et sont situés au-dessus de la falaise. Ils se trouvent dans le terroir de Yobri, à deux km du village de Diatonkagou, situé également sur la falaise. Ils constituent une

[10] Pour une représentation d'ensemble de ces marques paysagères, nous renvoyons à la figure 2 du Chapitre 9 de ce volume.

ressource touristique authentique à cause de la conception et la qualité du matériel de construction (Fig. 24) ;

- chute intarissable (Kulontiagou) : cette chute est située à Yobri au pied de la falaise. L'accès y est difficile à cause des nombreuses lianes et épines rencontrés. Selon les autochtones « c'est la demeure d'un génie représenté par un boa qui vit dans cette eau » (Fig. 25) ;
- lieu sacré (Kuoli) : il se trouve à Saborgkuoli et, selon les récits des populations, « le fétiche garde l'eau en période pluvieuse et en rejette en période sèche pour le bien-être de la population » (Fig. 26) ;
- grotte mystérieuse (Utanfalu) : c'est une grande ouverture dans la falaise au niveau de Saborgkuoli, par laquelle coule de l'eau en période pluvieuse (Fig. 27) ;
- le sommet (Yirma) : il s'agit d'une petite grotte dans la falaise au niveau de Saborgkuoli, refermée par des greniers et des niches d'abeilles. Elle n'a pas de valeur sociale particulière (Fig. 28) ;

Vu la diversité des ressources touristiques situées au niveau de la falaise, il ressort qu'elle constitue un potentiel appréciable d'abord par l'authenticité des éléments paysagers mais aussi et surtout par leur beauté et leur caractère antique.

5.3.2. La perte des lieux sacrés dans le parc et la rupture des activités socioculturelles

La disparition du mode de gestion communautaire et le phénomène de déplacement forcé, entrepris par les autorités pour l'installation des aires protégées, ont engendré l'inaccessibilité à certaines réalités coutumières ou exigences culturelles telles les lieux sacrés. En effet, la population a été obligée d'abandonner les lieux sacrés dont elle disposait et qui rentraient autrefois dans les habitudes coutumières et favorisaient, entre autres, la stabilité du village. Cet abandon des réalités coutumières peut entraîner un déséquilibre social pouvant créer une tension au niveau local. C'est le cas par exemple du village de Saborgkpéla qui a dû abandonner ses terres à l'intérieur de la RTFA. On note ainsi une perte de valeur culturelle assez importante pour ces populations, avec une difficulté de reconstitution sociale sur les terroirs villageois actuels.

Les terres autrefois sacrées et fertiles sont aujourd'hui abandonnées au profit de la conservation stricte décidée par le législateur. La perte de toutes ces valeurs culturelles et économiques n'a pas encore été digérée par la population à cause des tentatives de retour vers ces terres et ces lieux sacrés.

Au vu de tous ces impacts, il va sans dire que l'instauration du mode de gestion de l'aire faunique a créé aussi bien des atouts économiques que des barrières coutumières difficiles à franchir. Les terres perdues par la population sont les plus fertiles de la périphérie, et au regard de la fluctuation du prix du coton au niveau international, ces terres subiront sans cesse des pressions anthropiques difficiles à contrôler par les forestiers, garants du respect des règlements, à cause de l'étendue de l'aire protégée et de l'effectif réduit du personnel forestier affecté à l'unité.

Figure 21 – Passage dans la falaise (Tanfolbu)

Figure 22 – Chute d'eau (Pundougou)

Figure 23 – Anciennes constructions de défense (Sapiakpéli)

Figure 24 – Greniers historiques au dessus de la falaise (Soguilafoli)

Figure 25 – Chute intarissable (Kulontiagou)

Figure 26 – Lieu sacré (Kuoli)

Figure 27 – Grotte mystérieuse (Utanfalu)

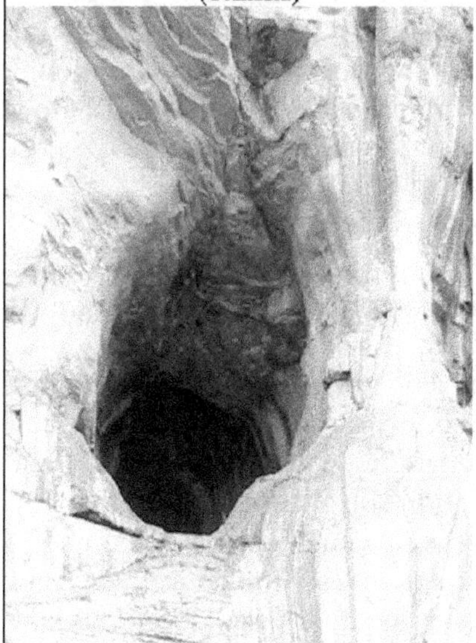

Figure 28 – Le sommet (Yirma)

Ces différentes pressions créent différents problèmes qui mettent en péril la conservation et la valorisation de l'écosystème.

6. Pour une gestion environnementale durable de l'UPC Arly

Le mode de gestion actuelle de l'UPC Arly et particulièrement de la RTFA nécessite quelques ajustements pour lui redonner toutes ses potentialités et possibilités d'exploitation socio-économiques, bénéfiques, et rentables, et ainsi lui permettre de conserver sa place stratégique au sein du grand complexe WAP, bénéficiant actuellement d'une grande attention de la part de la communauté internationale.

6.1. La régularisation du statut juridique du parc

Les Réserves Totales de Faune d'Arly et de Madjoari sont érigées en Parc National mais sans statut juridique légal. La légalité tient à la déclaration officielle par arrêté ministériel ou par décret. Cette ambition des autorités est logique car des dispositions sont prises quant au droit d'usage. L'article 87 du Code Forestier stipule que « sauf cas exceptionnel, et sous réserve des dispositions du texte constitutif ou des prescriptions du plan d'aménagement, les parcs nationaux sont soustraits à tout droit d'usage. Le texte constitutif du parc doit, le cas échéant, préciser les mesures compensatoires prévues au profit des populations locales concernées ». Cela sous-entend que la légalité du statut juridique du parc n'empêche en rien l'exercice des activités actuelles. Mais elle exprime une certaine prise en compte des soucis de gestion qui sera ainsi inscrite dans les actions du processus de décentralisation en vigueur au Burkina Faso. La mise en place de ce mode de gestion du parc visera à proposer un cadre institutionnel lui permettant d'avoir une personnalité morale garantissant son autonomie financière (Yeye, 2004).

6.2. La mise en œuvre de la politique de décentralisation

Tant attendue, la mise en œuvre du processus de décentralisation permettra une gestion au niveau local des ressources fauniques de l'UPC Arly. Ce mode de gestion amène les collectivités locales à s'ériger en collaboratrices directes des autorités administratives. Pour cela, il leur faut disposer d'une certaine compétence en matière de gestion et de législation. Il est alors indispensable que cette population soit bien informée, sinon même formée aux bases juridiques de gestion. Le niveau de discussion doit être à la hauteur des enjeux présents et futurs, et les solutions trouvées doivent prendre en compte toutes les préoccupations de la population locale. Cette compétence pourra permettre de rechercher une meilleure professionnalisation dans la gestion des produits touristiques en définissant les profils et compétences adaptés et en organisant un appel d'offres à concurrence ouverte.

6.3. La réalisation des différents aménagements

L'urgence des activités internes serait le réaménagement des pistes à l'intérieur des aires protégées. En effet, ces pistes entretenues depuis très longtemps ont été envahies par la brousse qui a pris le dessus, rendant ainsi difficile le suivi efficace et surtout la bonne vision touristique.

Egalement, il est plus que nécessaire de restaurer les différentes salines qui ont été abandonnées, sources d'apports minéraux importants pour les animaux, surtout en saison sèche, lorsque le fourrage est pauvre en minéraux, de même que la construction de miradors permettant une vision correcte de la faune présente dans le parc. Ces miradors doivent être placés à des points stratégiques qui seront identifiés de concert avec les pisteurs connaissant le mieux l'écosystème.

Pour assurer un bon contrôle des animaux de transhumance le long du couloir, il serait préférable de disposer d'un second poste de contrôle à l'intérieur du parc. Un dispositif de communication comme des talkies-walkies permettra aux deux postes de pouvoir mieux communiquer. Ce dispositif peut être installé de manière à couvrir la zone du parc et permettre ainsi aux pisteurs de communiquer avec le poste de contrôle pour différents problèmes qui surviendront lors des sorties.

La protection des points d'eau interne est nécessaire pour la survie des animaux et leur préservation. Il serait indispensable d'entreprendre des études sur la probable contamination de ces points d'eau en composés toxiques issus des pesticides utilisés pour le coton dans les villages périphériques, en vue de prévoir les actions efficaces pour la protection de ces points. L'activité de la pêche doit également être mieux suivie pour éviter les dérapages observés.

6.4. Dynamisation des zones villageoises

L'existence des ZOVIC permet à la population de tirer des retombées positives de la petite chasse. Mais le nombre de ZOVIC existants est encore faible vu la population grandissante des villages périphériques. Le gain étant ainsi faible, il faudra trouver des nouvelles pistes d'intermédiation compte tenu du fait que celles proposées jusque-là à travers le service forestier ont été défaillantes sur certains aspects. L'initiative des ZOVIC est à encourager, cependant il ne faudra pas que leur extension engendre plus de situations conflictuelles que celles connues à ce jour.

7. Conclusion

Le développement économique de la région repose sur les atouts et potentiels des aires protégées. La conservation de la RTFA nécessite une prise en compte des différents problèmes, l'implication réelle des populations au mode de gestion de l'aire protégée par leur implication dans la prise de décision.

L'ampleur que prend la culture du coton doit faire l'objet d'une réflexion sur les méthodes de protection des ressources hydriques contre le drainage des pesticides pour la protection de la faune

Au Burkina Faso, avec le processus de décentralisation, chaque région, sinon chaque commune doit compter sur ses richesses locales pour mieux s'organiser financièrement et techniquement. L'apport des aires fauniques sera d'une grande importance en raison des différentes recettes générées par les concessionnaires dans l'exercice de leur tâche. Les collectivités locales ont dans ce processus une place de choix et seront des interlocuteurs directs des pouvoirs publics. L'amélioration de la contribution de l'UPC Arly en général et de la RTFA en particulier au développement local passe par l'insertion de sa gestion dans ce nouveau processus. Cette gestion nécessite une collaboration harmonieuse entre le concessionnaire et les collectivités locales d'une part, les collectivités locales et les pouvoirs publics de l'autre. Il y a lieu pour les collectivités locales de mieux s'organiser, pour faire face et pour gérer efficacement toutes ces ressources en décadence afin d'apporter une véritable contribution au développement local de la province. La RTFA apportera ainsi sa participation à l'édification de la richesse de la localité à travers le tourisme et la pêche.

Chapitre 8

La décentralisation face à la tradition : le village de Yirini aux pieds de la falaise du Gobnangou

Le principe de bonne gouvernance introduit par la Banque Mondiale vers la fin des années quatre-vingt est à la base d'une politique de décentralisation qui, depuis quelques décennies, est en train de se diffuser dans les pays de l'Afrique sub-saharienne. Né en milieu économique-entrepreneurial, ce principe implique à ses origines, que les secteurs publics et privés soient organisés selon une responsabilisation individuelle et une claire distribution des tâches et fonctions[1] qui de nos jours constituent le fondement, l'ancrage démocratique dans chaque état. En effet, une ramification territoriale de la représentation étatique rendrait possible la participation des communautés locales à la gestion du territoire et garantirait, de cette façon, la gouvernance locale.

Le Burkina Faso est l'un des pays de l'Afrique subsaharienne favorisant, juridiquement, le développement d'une décentralisation en tant qu'outil à travers lequel les populations locales peuvent exprimer leurs compétences sur le territoire qu'elles habitent. La loi sur la décentralisation a favorisé la création d'un territoire administratif organisé en unités territoriales dirigées par des élus locaux, selon un modèle extraverti – européen – introduit par l'administration coloniale française et récupéré aujourd'hui à travers des directives internationales en faveur du développement local. Ces modèles ne considèrent pas très souvent la présence des structures territoriales traditionnelles mises en place par les populations depuis plusieurs siècles. En effet, celles-ci ont créé au cours du temps une organisation territoriale qui est l'expression des valeurs sociales et d'identification de la société. Il est donc nécessaire de comprendre que la vie de ces communautés se fonde inévitablement sur un système de type traditionnel, s'opposant par moment à la nouvelle réorganisation administrative.

On analysera ici à travers l'étude du village de *Yirini* la dialectique entre le niveau légitime et celui légal[2], car leur superposition territoriale pourrait être la cause d'une perte de valeurs sociales.

---

[1] Pour un approfondissement sur la naissance du principe de gouvernance, voir : Hermet, Kazancigil, Prud'Homme, 2005.

[2] Les plans de légitimité et de légalité correspondent à deux typologies de systèmes qui se distinguent dans les différentes transformations territoriales qu'elles ont occasionnées. En effet, on parle de légitimité lorsque l'on se réfère à un système qui agit sur le territoire en suivant des logiques autocentrées, typiques des communautés qui ont habité en premier ces

1. La commune rurale : critères juridiques et éléments d'analyse

1.1. La structuration légale du territoire au Burkina Faso

L'Etat burkinabè a pris forme en 1919 sous le nom de Haute-Volta, sous l'administration coloniale française établie sur le territoire à partir de la fin du siècle précédent. Le modèle colonial français introduit une nouvelle organisation basée sur une logique de territorialisation hétérocentrique, dont les effets se montrent par le biais d'une dénomination rappelant les valeurs identitaires du peuple français, une réification privilégiant le développement de grands centres urbains au détriment des aires rurales et une structuration reproduisant le système administratif de type européen. Il en résulte, un nouveau territoire dont la fonction vise uniquement la satisfaction des exigences de la rationalité européenne. Cette transformation n'a pas reconnu la préexistence d'une organisation socio-territoriale bien définie, mise en acte par les populations locales afin de produire un territoire qui soit fonctionnel et qui garantisse la survie de la société tout en respectant les ressources offertes par la terre. En effet, à partir des savoirs traditionnels, ces populations atteignent un équilibre entre ressources naturelles et société exprimé à travers la sacralité attribuée à certains lieux. Le mythe devient la clef de lecture du territoire africain, car il joue une fonction non seulement morale, mais aussi organisationnelle pour la vie de la société, et se positionne comme la base de la construction du territoire (Berdoulay, Turco, 2001). La non-reconnaissance de la légitimité de ce système de la part du colonisateur a produit la coexistence de deux typologies de territoires, souvent opposées : celui légitime et celui légal. Si le premier répond aux logiques territoriales des populations africaines, le deuxième, quant à lui, est assimilable au modèle colonial d'organisation étatique (Turco, 2000). A un système légitime basé sur l'équilibre entre ressources naturelles et société, se superpose, donc, une forme territoriale légale qui a privilégié, à son origine, le développement de grands centres urbains, en créant une dyscrasie entre ville et campagne qu'aujourd'hui les états de l'Afrique Subsaharienne essaient de dépasser à travers un processus de décentralisation, dont le principe de base réside dans la garantie du développement local et de la gouvernance. En effet, la décentralisation en Afrique est basée sur le présupposé de combattre l'excessive centralisation des décisions, qui freine les initiatives politico-économiques et la gouvernance locales ainsi que le

lieux. Un système légal au contraire, est basé sur des logiques hétérocentriques, appartenant à des communautés qui habitent un territoire différent de celui qu'elles transforment et qui agissent sur celui-ci en suivant des modèles étrangers aux dynamiques locales dont l'intervention sur le territoire se montre invasif, car ne voulant pas reconnaître le territoire légitime déjà présent (Turco, 2000).

développement de chaque aire du pays (Bierschenk, Olivier De Sardan, 1998).

Bien qu'aujourd'hui la décentralisation suive des principes et des formes d'application différentes, elle est à resituer, pour ce qui est du Burkina Faso, à la période du colonialisme français qui garantissait le modèle de la puissance-mère à travers une division administrative du territoire. C'est ainsi que naquirent des organes institutionnels dont la tâche principale résidait dans la gestion de divers niveaux territoriaux (Sawadogo, Sebahara, 2004). La principale préoccupation de l'administration coloniale fut, en effet, la création des communes auxquelles conférer la faculté de se gérer de façon autonome, bien que maintenant des liens de dépendance politique avec l'Etat central. Les localités érigées en communes furent celles qui présentaient déjà un développement économique assez intéressant et pouvant être définies comme villes. Ouagadougou et Bobo-Dioulasso, les deux centres urbains les plus importants dans la Haute-Volta, furent reconnus comme les deux premières communes en 1926[3].

Avec la décolonisation et la proclamation de la Première République de la Haute-Volta en 1959, commence une nouvelle phase de réorganisation, dans laquelle les modifications apportées par le colon sont désormais trop enracinées pour être extirpées. Les populations africaines maintiennent donc les structures de type colonial, en procédant à l'institution d'un territoire administratif se rapprochant de plus en plus des formes européennes[4] au détriment du territoire légitime. Le premier à percevoir la nécessité d'impliquer les communautés locales dans la gestion de ses territoires fut le capitaine Thomas Sankara, arrivé au pouvoir en 1983 en proclamant la Révolution Démocratique et Populaire (RDP)[5]. Thomas Sankara et le Conseil National de la Révolution (CNR) promurent une politique

---

[3] Antoine Raogo Sawadogo et Pamphile Sebahara donnent les principales étapes ayant conduit à l'affirmation de la démocratie au Burkina Faso à travers une analyse des toutes les premières politiques de décentralisation, de la période coloniale jusqu'à la promulgation des premières lois sur la décentralisation approuvées par la Quatrième République du Burkina Faso (Sawadogo, Sebahara, 2004).

[4] De l'indépendance à nos jours on a assisté au Burkina Faso à une succession de républiques et de coups d'états – jusqu'à parvenir à l'actuelle Quatrième République – ayant conduit à une structuration administrative du territoire sur le modèle colonial. Déjà au cours de la Première République, qui dura de 1960 à 1966 sous le Président Maurice Yaméogo, appartenant au parti anticolonialiste de la RDA (Rassemblement Démocratique Africain), on approuva une loi instaurant deux types de collectivités territoriales : les *communes urbaines* et les *communes rurales* inspirées du modèle de l'organisation territoriale française (Sawadogo, 2001). Avec la Deuxième et la Troisième République, le processus évolutif du territoire administratif eu une suite : on institua les départements, les sous-préfectures et les districts (Savonnet, 1986).

[5] La Révolution Démocratique Populaire est proclamée dans la nuit du 3 au 4 août 1983, période pendant laquelle Thomas Sankara apportera un grand changement. A partir de ce moment le pays change de nom et devient Burkina Faso composé de deux mots issus respectivement des langues *mossi* et *dioula* signifiant « pays des hommes intègres ».

révolutionnaire et radicale. L'organisation territoriale devait retourner dans les mains des populations locales, qui ont habité en premier ce territoire tout en y transférant leur identité. Deux principales reformes sont avancées par les révolutionnaires :

i. une nouvelle politique agraire et foncière – la RAF (Réorganisation Agraire et Foncière du territoire) – qui avait comme but la restitution des terres aux autorités traditionnelles[6] (Savonnet, 1986) ;
ii. une nouvelle organisation administrative du territoire en provinces et départements, qui avait pour but de faciliter l'installation d'une décentralisation du pouvoir politico-administratif central (Sawadogo, Sebahara, 2004).

Les premières lois sur la décentralisation du nouvel Etat burkinabè furent adoptées seulement au cours des années quatre-vingt-dix, avec la proclamation de la Quatrième République, présidée par le capitaine Blaise Compaoré (encore président du Burkina Faso). En 1993, l'Assemblée des Députés vota cinq lois concernant la réorganisation administrative du territoire et la définition de nouveaux fonctionnaires repartis dans les diverses unités territoriales, afin de garantir une meilleure gestion du territoire. La dernière de ces lois impliquait l'institution de la Commission Nationale de la Décentralisation (CND), à laquelle on conféra la tâche de la rédaction des textes à proposer au gouvernement, en traçant le cadre législatif, institutionnel et socioéconomique de la décentralisation[7]. La commission produisit, en 1998, les TOD – c'est-à-dire les Textes d'Orientation de la Décentralisation – quatre lois[8] fournissant les bases pour la création d'un nouveau territoire administratif.

Le but fondamental de cet ensemble de lois fut de conférer à chaque unité territoriale la faculté de s'administrer de façon autonome et de gérer ses affaires en favorisant un développement de base et une gouvernance locale. Afin d'atteindre les objectifs préétablis, l'Etat, à travers les TOD,

---

[6] La RAF ne fut *de facto* jamais entièrement appliquée en milieu rural à cause de la forte opposition qu'elle eut. Toutefois elle fut vérifiée en contexte urbain, notamment à Ouagadougou et à Bobo-Dioulasso. Il y eut quelques effets mineurs, mais on a pu assister à une évolution des espaces urbains (Savonnet, 1986).

[7] Pour un approfondissement sur les cinq premières lois de la décentralisation, voir : Ouattara, 1997.

[8] On fait référence à : la loi n° 040/98/AN du 3 août 1998, portant orientation de la décentralisation au Burkina Faso ; la loi n° 041/98/AN du 6 août 1998, portant organisation administrative du territoire du Burkina Faso ; la loi n° 042/98/AN du 6 août 1998, portant organisation et fonctionnement des collectivités locales ; la loi n° 043/98/AN du 6 août 1998, concernant la programmation de la mise en acte de la décentralisation. Les textes intégraux desdites lois ont été regroupés dans la loi n° 013/2001/AN du 2 juillet 2001.

réorganisa le territoire national en circonscriptions administratives et collectivités territoriales[9], comme le montre la Figure 29.

Figure 29 – La structuration administrative du territoire au Burkina Faso

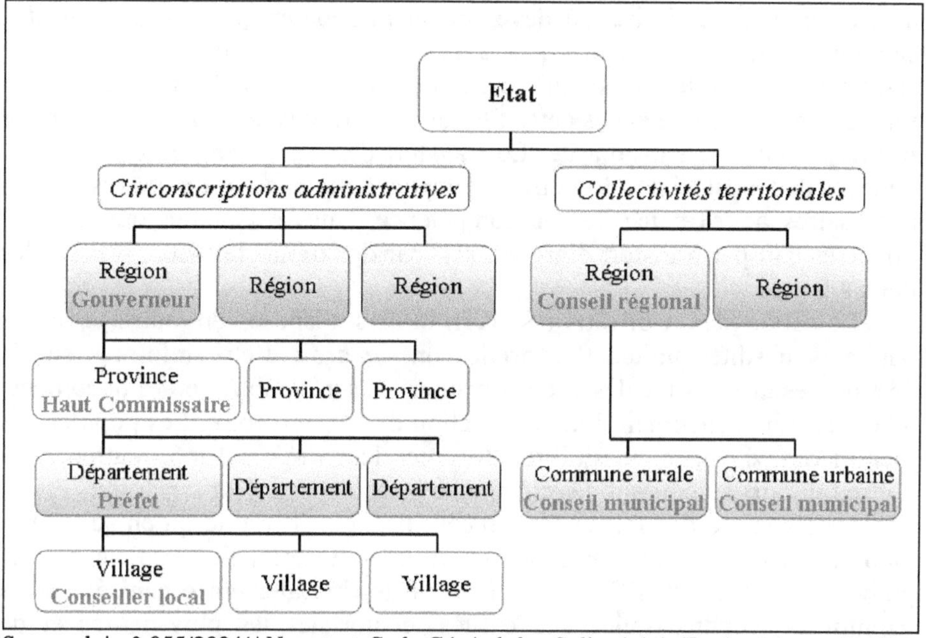

Source: loi n° 055/2004/AN portant Code Général des Collectivités Territoriales au Burkina Faso (le fond gris indique la correspondance entre les collectivités territoriales et les circonscriptions administratives).

Les circonscriptions administratives apparaissent comme de simples subdivisions du territoire national, non-dotées de personnalité morale et d'autonomie financière, et ayant des caractéristiques distinctives des collectivités territoriales. Dans les premières, il y a de simples organes représentatifs, tandis que dans les secondes, la gestion autonome du territoire garantit l'institution d'organe délibérant.

La redéfinition des principes de base de l'organisation des collectivités territoriales est à attribuer à la loi n° 055/2004/AN du 21 décembre 2004. C'est ici, en effet, qu'on établit que les seules collectivités territoriales sont

[9] Selon la loi n° 041/98/AN du 6 août 1998, les circonscriptions administratives sont les régions, les provinces, les départements et les villages, tandis qu'aux collectivités territoriales appartiennent les régions, les provinces et les communes. Le territoire de ces deux types d'entités territoriales peut coïncider, comme dans le cas des régions et des provinces, tandis que la commune correspond territorialement à la circonscription départementale. Avec la récente loi sur la décentralisation – c'est-à-dire le Code Général des Collectivités Territoriales au Burkina Faso (loi n° 055/2004/AN du 21 décembre 2004) – seules les régions et les communes maintiennent le statut de collectivités territoriales, tandis que les provinces conservent uniquement la condition de circonscriptions administratives.

la région et la commune et qu'elles peuvent agir de façon autonome sur leurs territoires afin de favoriser le développement local de l'entité territoriale qu'elles représentent.

Les collectivités territoriales concourent avec l'Etat à l'administration et à la gestion du territoire, au développement économique, social, éducatif, sanitaire, culturel et scientifique, à la protection et à la valorisation des ressources naturelles ainsi qu'à l'amélioration des conditions de vie. La répartition des compétences entre Etat et collectivités territoriales est illustré par le principe de subsidiarité. Le transfert des compétences de l'Etat aux collectivités territoriales doit être accompagné par la dotation des ressources nécessaires à l'exercice de ces compétences ; des ressources qui lui sont affectées soit par transfert d'argent, soit par donations de l'Etat, soit par les deux à la fois.

Le Code des Collectivités Territoriales dispose, en outre, que les habitants desdites unités territoriales ont le droit d'être informés sur la gestion des affaires locales et de consulter les actes publics et les documents administratifs concernant l'administration de leur territoire. Les populations locales ont, donc, la possibilité d'exercer leur droit à l'information, afin d'être toujours au courant des changements en acte sur leur territoire.

De l'analyse des lois sur la décentralisation, il résulte qu'en suivant le modèle européen et les dernières directives internationales en faveur de la gouvernance locale[10], l'Etat burkinabè est territorialement organisé afin de garantir la reconnaissance des entités territoriales les plus petites et de favoriser la participation des communautés à l'administration de leur territoire, comme on le verra par la suite.

1.2. Les collectivités territoriales : les principes de la commune rurale

Selon les directives du Code des Collectivités Territoriales, région et commune sont administrées par des conseillers élus démocratiquement, et ayant la tâche de réguler les affaires locales à travers des délibérations et la possibilité de créer, à leur tour, des organes de concertation, dont la fonction est purement consultative et dont le but est de s'occuper de tout problème d'intérêt local[11].

La région est définie par la loi comme étant un espace économique dédié à la gestion, à la planification et à la coordination du développement

[10] On fait ici référence aux documents des Nations Unies et de la Banque Mondiale concernant la nécessité de garantir la gouvernance locale afin d'obtenir un développement politique, économique et social du pays. Une analyse attentive de la signification de gouvernance et des directives proposées par les organismes internationaux est consultable dans : Hermet, Kazancigil, Prud'Homme, 2005 ; tandis que pour les directives des Nations Unies dans le cadre du développement de politiques de gouvernance locale, nous renvoyons à : ONU, 2002.

[11] Loi n° 055-2004/AN, livre I, tit. I, art. 11, 12 et 14.

local. Son territoire inclut « l'ensemble des territoires des communes qui la composent » et est administré par un conseil régional guidé par un président[12]. La commune, par contre, est « la collectivité territoriale de base », son territoire est organisé en secteurs et/ou villages et est administré par un conseil municipal dirigé par un maire et constitué par des représentants de chaque secteur ou village (conseillers locaux). Il existe deux types de communes se distinguant entre elles sur la base de leur dimension démographique et de leur autonomie financière : la commune urbaine et la commune rurale[13].

Considérant que dans l'analyse du cas d'étude on prendra en examen le territoire administratif de la commune rurale dans son opposition au territoire légitime, on va s'attarder sur la structure et sur les compétences spécifiques que la loi confère à cette unité territoriale.

La commune rurale est une agglomération permanente dont la population atteint au moins cinq mille habitants et dans laquelle les activités économiques génèrent un budget annuel d'au moins cinq millions de F CFA. Elle comprend un espace d'habitation, de production et de conservation. L'espace d'habitation est une installation humaine permanente ayant fonction d'habitation commerciale, industrielle, artisanale ou constituant le siège des services publics. Les espaces de production doivent être destinés aux activités économiques liées à la vie rurale, telles que l'agriculture, l'élevage et la pêche. Par contre, lorsque l'on parle d'espace de conservation, on fait référence à des zones réservées à la protection des ressources naturelles, à la fois végétales et animales[14].

Les domaines de compétence des communes sont variés. On va se concentrer essentiellement sur trois points, c'est-à-dire la gestion du territoire, la gestion de l'environnement et des ressources naturelles et le développement économique.

Concernant la gestion du territoire, les communes – à la fois urbaines et rurales – ont le droit de délivrer des permis d'édification et d'occupation du sol public, de participer à la gestion des terres leur appartenant et de dénommer les différentes aires de la commune. Elles sont, en outre, censées s'occuper de la création et de la manutention des infrastructures telles que les routes, les gares et d'autres lieux, et favoriser le développement de services publics, tels que le transport et les écoles. Les communes rurales, en plus, sont responsables de la gestion de l'espace d'habitation, de production et de conservation. Elles ont le droit de participer à la création et à l'entretien des routes rurales.

Sur le plan environnemental, les communes ont le droit de participer à la gestion des aires protégées se trouvant sur leur territoire, afin de promouvoir

---

[12] Loi n° 055-2004/AN, livre I, tit. I, art. 15 et 16.

[13] Loi n° 055-2004/AN, livre I, tit. I, art. 17, 18, 19 et 27.

[14] Loi n° 055-2004/AN, livre I, tit. I, art. 28 et suivants.

une meilleure protection des ressources – autant animales que végétales – qui y sont présentes. En outre, elles doivent s'engager à garantir un environnement sain et protégé, en assurant l'assainissement des ressources hydriques et l'élimination des déchets domestiques, ainsi qu'en prévenant et en combattant le déboisement abusif. Les textes prévoient en plus que la commune rurale doit garantir la protection des ressources naturelles hydriques et halieutiques comprises dans son territoire, notamment dans les espaces de conservation. Elle peut créer ses aires de conservation, en délivrant les permis nécessaires à la pratique d'activités telles que la pêche sportive, la petite chasse et la cueillette du bois dans ces aires.

Sur le plan économique, l'Etat vient en soutien des communes afin de permettre l'harmonisation des différents plans de développement des collectivités territoriales et leur cohérence avec les plans nationaux de développement social et économique. En outre, les communes – urbaines et rurales – peuvent conclure avec l'Etat ou avec d'autres personnes morales des contrats ou programmes pour la réalisation des plans de développement économique, social, culturel, sanitaire, scientifique et environnemental[15].

2. Territoire légitime et légal à Yirini : les formes de la tradition et les structures de l'administration

2.1. La forme légitime du territoire et les structures traditionnelles

Le cas du village de Yirini permettra de comprendre comment la nouvelle structuration du territoire légal – dont on vient de parler – peut influer sur la vie des populations locales. Les changements qui sont survenus dans le temps pourraient conduire à une perte des valeurs sur lesquelles la société en question est basée. Dans un premier temps, le village sera analysé dans son organisation territoriale traditionnelle et, dans un second moment, on prendra en considération les éléments de la nouvelle politique de décentralisation s'opposant, parfois, aux structures légitimes.

Yirini est un village-mère[16] localisé au pied du versant septentrional de la falaise du Gobnangou, s'étendant au sud-est du royaume gourmantché dans la Région de l'Est du Burkina Faso. Le village est traversé par la route nationale dix-neuf (RN 19). Sa localisation n'est pas du tout accidentelle : la falaise du Gobnangou, en effet, assume pour les populations de cette zone une profonde signification historique, culturelle et socioéconomique. C'est

[15] Ces directives sont amplement précisées dans la loi n° 055-2004/AN du livre II sur les compétences et les moyens d'action des collectivités territoriales.

[16] Le village-mère, on le rappelle, est une installation qui, au cours du temps, a donné naissance à d'autres installations tels que les villages. Pour un approfondissement sur les catégories de villages présents dans la zone analysée, voir le Chapitre 1, paragraphe 5 de ce volume.

dans les grottes présentes sur le talus de la falaise que par le passé et durant les guerres et famines les populations trouvèrent refuge. C'est également dans la magnificence de la nature que les habitants reconnurent une sacralité, en répartissant leurs lieux sacrés autour de quelques sources d'eau existantes aux pieds de la falaise[17].

Figure 30 – Entretien avec la communauté villageoise de Yirini

Le statut traditionnel de village-mère implique qu'à partir de Yirini, s'est formée, dans le temps, une série d'installations entretenant avec le village d'origine diverses typologies de relations politiques. La principale raison ayant poussé une partie de la population de Yirini à s'éloigner du village-mère est la croissance démographique qui, dans le temps, a engendré un manque de terres à cultiver dans le noyau central du village.

Dix villages-*nikpelo* se sont créés à partir de Yirini (Carte 31)[18], tandis qu'un seul campement peul (Pogboula) est présent sur son terroir. Quelques-uns sont nés en tant qu'installations permanentes, où la présence d'eau durant toute l'année a permis aux habitants de limiter leurs déplacements vers le village-mère en saison sèche. D'autres, au contraire, maintiennent un

[17] Voir à ce propos le Chapitre 1, paragraphe 2 de ce volume.

[18] Nous spécifions que les figures et les cartes insérées dans ce chapitre sont le résultat du travail de l'équipe du Laboratoire Cartographique de l'Université de Bergame, comme spécifié au Chapitre 1, note 40 de ce volume.

caractère temporaire dès leur naissance, car l'absence d'eau en saison sèche oblige la population à retourner au village d'origine après les récoltes. Avec la création de nouveaux puits, une partie des habitants de Yirini a préféré l'abandonner afin de s'établir là où la disponibilité des terres est encore possible. Cela a rendu permanentes les installations qui conservent leur dépendance politique vis-à-vis du village-mère.

C'est seulement à Yirini, en effet, que réside le chef de village, celui qui, en gourmantché, est défini *bado*[19] et qui détient les pouvoirs politique, religieux et foncier dans tout le terroir. Dans les villages-*nikpelo*, c'est, par contre, celui qui est le plus âgé, le *nikpelo*, qui représente l'entité territoriale auprès du chef du village. Il assume les fonctions religieuses, politiques et foncières en remplacement du chef de village. En effet, il pratique les rites religieux pour le bien-être de tous les habitants relevant de son territoire de compétence, il agit en tant que juge lors des conflits et il règlemente l'utilisation des terres. Nonobstant ces fonctions, le *nikpelo* n'est pas considéré comme un chef politique, car il n'est pas investi en tant que tel comme un *bado*, mais seulement sur la base d'un rapport hiérarchique de droit d'aînesse.

Avec 694 habitants, Yirini s'étend sur un territoire assez vaste et occupe le même emplacement – au pied du versant septentrional de la falaise du Gobnangou – depuis sa fondation. Mais, au fil du temps, le village s'est agrandi surtout en direction du nord.

[19] Le royaume gourmantché est constitué par des entités territoriales indépendantes : les *diema*. Ce mot provient du verbe *die*, signifiant « commander, posséder » : *diema* indique, donc, l'aire sur laquelle un chef (le *bado*) exerce son pouvoir. Du point de vue territorial, ce royaume est hiérarchiquement organisé en *diema* autonomes et *diema* vassaux. Pour un approfondissement sur son histoire : Madiega, 1982.

Carte 31 – Le réseau de Yirini

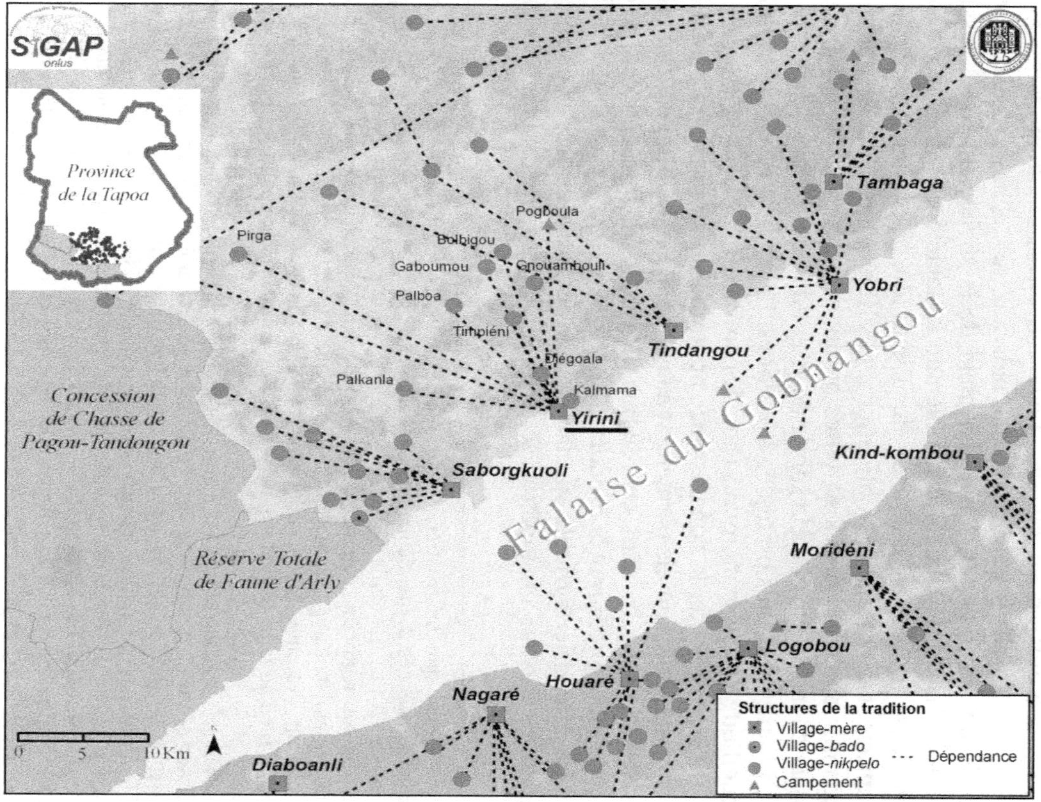

Le récit des notables sur la fondation du village fait remonter la création du village au XIXè siècle. Yirini signifie, en langue gourmantché, « le sommet », en référence à l'origine du village. Toutes les sources orales[20] concordent sur ce point : les fondateurs du village sont venus d'une installation située sur la falaise du Gobnangou, où les conflits répétés et continus entre villages contraignaient les communautés à fuir. Nioula Bantiandi – l'actuel chef – est le trente deuxième chef du village de Yirini élu[21] par les habitants ayant dépassé la classe d'âge *biiga* (Fig. 31).

La subdivision en classes d'âge est, en effet, la modalité à travers laquelle on établit le rôle de chaque individu, ses tâches et ses compétences afin de favoriser le bon fonctionnement de la société. Les rôles assignés à chaque individu dépendent aussi bien de la société que de l'appartenance à une classe d'âge et du sexe de l'individu. Ces dispositions sociales s'expriment à travers des obligations spécifiques que chaque habitant doit accomplir par rapport aux activités productives, en vue du fonctionnement normal de la société et de la survie de sa cellule familiale.

L'activité la plus pratiquée à Yirini est l'agriculture, suivie de l'élevage, la cueillette et la commercialisation des produits.

L'expérience et la connaissance approfondie du territoire sont à la base des savoirs traditionnels permettant à la population du village d'organiser ses activités tout en mettant en relation la typologie du sol avec la culture adaptée, pour optimiser la production.

Le calendrier agricole suit une double saisonnalité (sèche et pluvieuse). Durant les travaux champêtres, le territoire est organisé suivant les types de

---

[20] On raconte que quatre frères – de clans différents (Namoumba, Gnolba, Tchialba et Natamba) mais nés d'une même femme – décidèrent de s'aventurer au-delà de la falaise afin de trouver un lieu tranquille où vivre avec leur famille. Mais, lorsqu'ils arrivèrent au versant nord, ils se rendirent compte qu'il était impossible de descendre de la falaise car l'escarpement était très abrupt. Un tigre (*o gambo* en langue gourmantché), qui errait par là, facilita leur descente. Les quatre frères suivirent discrètement le tigre qui les conduisit jusqu'au pied du talus (actuel site du village). Le nom Yirini rappelle ainsi la provenance des ancêtres et le voyage qu'ils effectuèrent du sommet de la falaise jusqu'à la vallée. Ils se dispersèrent sur le territoire : les Namoumba, tisserands, et les Gnoalba, artisans, décidèrent de rester à Yirini, tandis que les Tchialba et les Natamba s'éloignèrent du village pour s'installer, le premier à Tindangou et le deuxième à Pentinga. Les habitants du village de Yirini n'ont pas pu définir quelles étaient les activités ordinaires de ces deux derniers lignages, car ils ne s'établirent jamais dans le terroir de Yirini. Le *namou-nulo* – individu appartenant au clan des Namoumba –, en tant qu'aîné, garda le pouvoir foncier tandis que le pouvoir politique revint à son frère cadet le *gnoal-nulo* (individu appartenant au clan des Gnoalba). Mais par la suite le *gnoal-nulo* réussit à accaparer le pouvoir foncier.

[21] A travers la rencontre avec le chef, les sages et le *griot* de Yirini, il a été possible d'obtenir ces informations. Avec ces interviews on a pu remonter à l'histoire de la création du village, à la succession de ses chefs depuis sa naissance jusqu'à nos jours et aux modalités de son élection. Il est élu après un vote parmi les prétendants au trône. Par le passé, c'était le membre le plus âgé de la famille des Nioula, clan des Gnoalba, qui devenait chef en cas de vacance au trône. Mais, à partir de 1983, la révolution de Sankara a introduit l'élection démocratique des chefs de village. Cependant, dans le village de Yirini, les caractéristiques traditionnelles de la chefferie sont conservées, ce qui démontre que les candidats ne peuvent appartenir à aucune autre famille que celle définie par la tradition.

cultures pratiquées et la définition des règles dévolues à chaque groupe social donné.

En effet, au-delà des particularités physiques, les champs se différencient par rapport à leur localisation, c'est-à-dire à la position qu'ils occupent vis-à-vis des concessions, et pour la typologie et le nombre d'acteurs les cultivant.

A Yirini, il existe plusieures typologies de champs (Fig. 32). Le *dapuoli* est un champ collectif se trouvant à l'arrière de la concession où on cultive du maïs et du sorgho. Le *manloli* est un champ individuel exclusivement mis en valeur par les femmes. Il est situé près de la concession. On y cultive principalement le gombo. Le *kiankianli* est le champ du chef de concession (*o diedano*). Il est pour la plupart localisé à l'avant de la concession. Il y est cultivé en mil précoce, maïs et tabac. Le *kwa-kiamo* est le champ collectif loin des concessions – environ trois à quatre km – et on y cultive le sorgho, le mil ou le coton. Le *féloli,* enfin, est situé autour des concessions et il est cultivé par les femmes et les enfants appartenant à la classe d'âge *biiga* et on y cultive des courges.

Figure 31 – Les classes d'âge à Yirini

Classe	Sexe	Age	Nom	Vie publique	Rôle au village	Rôle dans le champ collectif	Observations
1	MF	0-7	*Biiga*				Aucun rôle
2	M	7-12	*Bondjaga*	Possibilité d'assister aux assemblées	Petites tâches, sur la base de ses compétences	Tâches de culture très réduites	
	F	3-12	*Bompuoga*		Petits travaux dans la concession : piler le mil, chercher l'eau,…		
3	M	12-15	*Djawabiiga*	Participation aux assemblées mais sans prendre la parole		Travail dans le champ familial	Initiation des jeunes (à partir de 10 ans)
	F	12-20	*Djafano*		Ménage et cuisine	Participation aux travaux champêtres	Age du mariage, ayant reçu tous les enseignements pour devenir une femme
4	M	15-35	*Djawalo*	A partir de 20 ans possibilité de participer aux assemblées et de prendre la parole		Travail dans les champs individuels et collectifs, travaux pour la maison	Age du mariage
	F	20-45	*Pua*		Travail dans la concession, ménage, satisfaction des besoins en eau et en nourriture	Travail dans les champs de la famille	Passage du statut de jeune fille à celui de femme
5	M	35-50	*Kiansalo*	Participation active aux réunions			Age de transition, moment d'acquérir les grands fondements de la sagesse
6	M	+50	*Djakwélo*	Importance dans les réunions du village	Contrôle des activités de la concession pour le respect des règles		
	F	+45	*Pokiamo*		Production du savon, recherche des plantes médicinales et alimentaires sur la falaise		

Figure 32 – La distribution des champs à Yirini

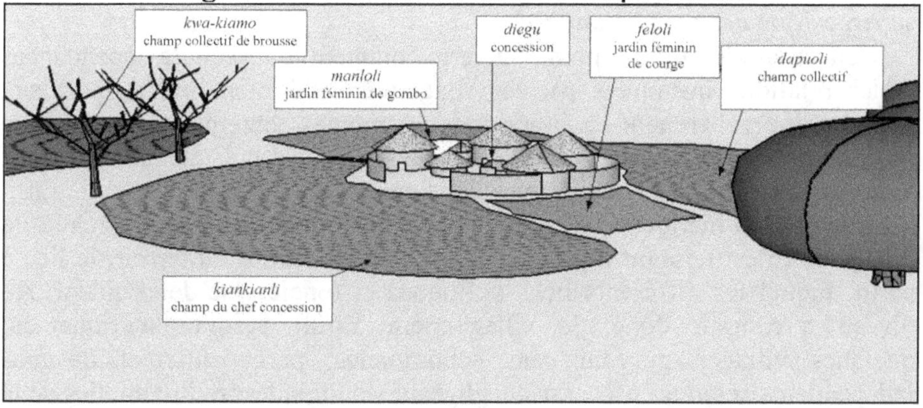

2.2. Le nouveau système de décentralisation et les changements dans la tradition

A partir de la loi n° 055/2004/AN et considérant la structuration traditionnelle du territoire de Yirini jusqu'ici décrite, on analyse la dialectique légalité/légitimité, afin de comprendre les modifications introduites par le processus de décentralisation sur le territoire traditionnel, et les conséquences qui découlent de cette transformation.
Yirini se trouve à l'intérieur de la commune rurale de Tambaga et est l'un des villages administrativement reconnus de cette entité. Selon la loi n° 055/2004/AN, la commune rurale est gouvernée par un conseil municipal siégeant dans le chef-lieu – dans notre cas Tambaga – de la commune. Il s'agit d'une assemblée composée de conseillers municipaux et dirigée par un maire. Le nombre des conseillers municipaux varie selon les villages appartenant à la commune. Les conseillers municipaux sont élus par les habitants de la commune qui, une fois installés, nomment un maire. Chaque conseiller doit exprimer les intérêts du village qu'il représente durant les sessions du conseil municipal. De ce point de vue, la loi respecte les principes de la démocratie et réaffirme à chaque niveau territorial l'implication des communautés de base. Yirini, étant reconnu au plan administratif, est représenté au sein du conseil municipal à travers deux conseillers élus pendant les élections municipales de 2006.

En considérant maintenant le réseau traditionnel, on remarquera que d'autres installations, appartenant au terroir de Yirini, assument le statut administratif de village (Carte 32). Quatre villages-*nikpelo* de Yirini sont reconnus comme des villages administratifs. Leur reconnaissance au niveau légal se fonde – comme c'est le cas pour le village-mère – sur la dimension démographique afin de former le territoire de la commune rurale. Les principales conséquences d'un tel changement sur le système traditionnel se manifestent à travers deux aspects : l'organisation du territoire et la superposition des plans d'autorité.

Concernant le premier point, on verra comment le réseau de dépendances et les relations instaurées par le village-mère s'étiolent par rapport aux villages qui cherchent à jouir des avantages obtenus à travers la reconnaissance administrative. En effet, l'attribution d'un statut administratif à des installations crée une rupture des liens traditionnels. On détruit, ainsi, la structuration hiérarchique selon laquelle – en territoire gourmantché – le village-mère est le point de référence et le nœud central du terroir, le lieu à partir duquel les différents liens politiques et fonciers se déterminent. Au niveau territorial, donc, le village-mère Yirini perdra théoriquement quelques villages qui lui sont subordonnés, parce qu'étant devenus indépendants selon un processus négligeant les logiques traditionnelles de la production du territoire.

En outre, la perte de l'autorité territoriale de Yirini se manifeste à travers un autre processus involontairement mis en acte par la structuration administrative. En effet, pour qu'un village soit reconnu administrativement, il devrait avoir une population d'au moins 300 habitants. Sur cette base, plusieurs villages ont été regroupés afin de constituer une seule entité pour atteindre la dimension exigée pour leur reconnaissance légale. A partir donc du système étatique des entités ayant légitimement un nom, une localisation et une position à l'intérieur des hiérarchies territoriales traditionnelles n'existe plus et est intégré dans les villages administratifs les plus proches. Un village-*nikpelo*, comme Gaboumou par exemple, appartenant au réseau de Yirini, n'est pas reconnu au plan administratif. Avec une population d'environ 110 habitants, il a été intégré au village-*nikpelo* de Bolbigou.

Ces entités, bien que n'étant pas reconnues, restent liées traditionnellement au village-mère. Mais elles ont comme point de référence le conseiller local du village auquel elles sont rattachées, lorsque surviennent des problèmes qui doivent être résolus au niveau administratif. De ce point de vue donc, il faudrait se demander pour combien de temps encore les liens et les hiérarchies traditionnelles résisteront à l'introduction de nouvelles lois et des grandes mutations de l'organisation du territoire.

Carte 32 – Le territoire de la commune rurale de Tambaga

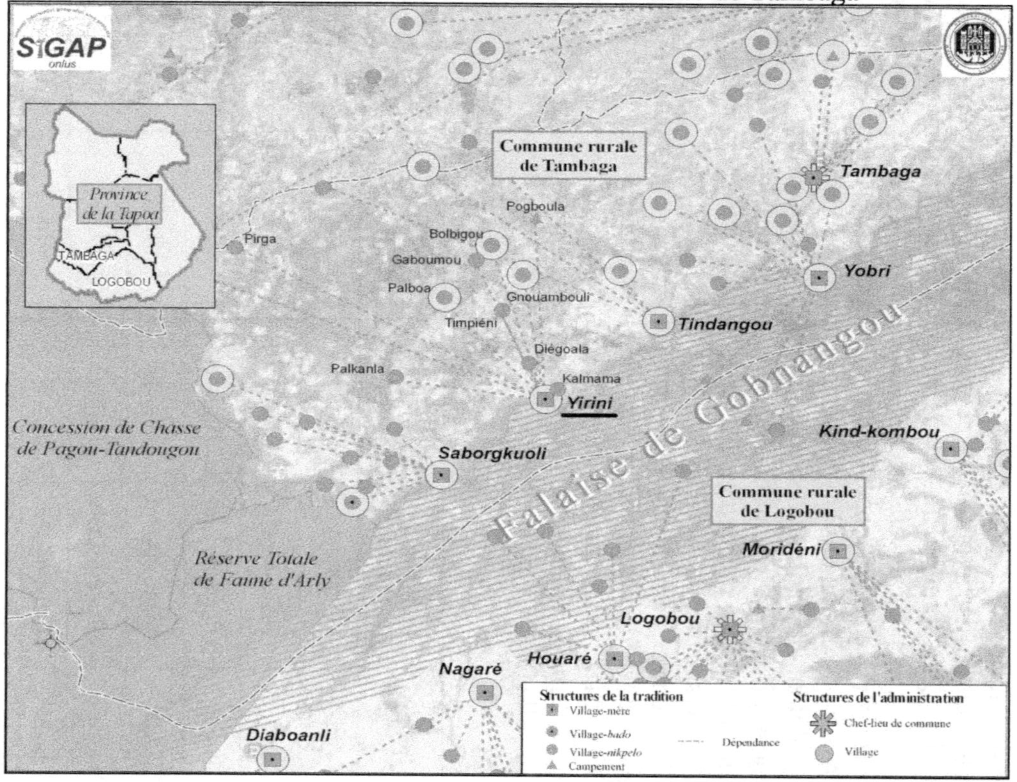

La perte du territoire traditionnel est directement liée à l'introduction de nouveaux plans d'autorité. Chaque installation humaine reconnue administrativement possède deux typologies d'autorité : l'une traditionnelle et l'autre administrative. La superposition de ces deux plans dans les villages est une deuxième conséquence revélée par l'introduction de nouvelles structures administratives.

Dans le cas de Yirini, outre le chef de village, on retrouve la figure du conseiller local, c'est-à-dire celui qui représente le village auprès de l'administration décentralisée et permet le dialogue entre les deux niveaux d'autorité. On n'interpellera plus le chef pour des questions concernant les problèmes touchant les traditions, alors que pour des questions politico-administratives c'est le conseiller qui y est interpellé.

A Yirini, comme on l'a vu, la charge de conseiller municipal est confiée à un habitant devrant agir dans le respect des structures traditionnelles. Cependant, indifféremment du chef de village, il détient le pouvoir politique reconnu par l'Etat et devient, par conséquent, une personne de référence pour tous les habitants du village.

Par contre, dans les autres entités du terroir de Yirini (Fig. 33), la reconnaissance de ces installations humaines comme des villages au plan administratif engendre une situation de parité entre les conseillers et entre les entités. Traditionnellement le *nikpelo* – comme on l'a vu – est subordonné au chef du village.

Figure 33 – Le terroir de Yirini : tradition et administration

Installation	**Statut traditionnel**	**Statut administratif**	**Plan d'autorité traditionnelle**	**Plan d'autorité administrative**
Yirini	Village-mère	Village	*bado*	2 conseillers locaux
Gnouambouli	Village-*nikpelo*	Village	*nikpelo*	2 conseillers locaux
Bolbigou	Village-*nikpelo*	Village	*nikpelo*	2 conseillers locaux
Thioula	Village-*nikpelo*	Village	*nikpelo*	2 conseillers locaux
Palboa	Village-*nikpelo*	Village	*nikpelo*	2 conseillers locaux
Timpieni	Village-*nikpelo*	-	*nikpelo*	-
Pirga	Village-*nikpelo*	-	*nikpelo*	-
Kalmama	Village-*nikpelo*	-	*nikpelo*	-
Gaboumou	Village-*nikpelo*	-	*nikpelo*	-
Diegboala	Village-*nikpelo*	-	*nikpelo*	-
Pogboula	Campement peul	-		-

Il joue simplement le rôle de référent des habitants de sa localité. Au niveau traditionnel donc, dans les villages-*nikpelo,* il y a une figure politique hiérarchiquement inférieure à celle présente dans le village-mère, ce qui n'est pas le cas au plan administratif. Cette situation conduit, sur le plan légal à l'affirmation d'une indépendance territoriale des villages vis-à-vis du village-mère, car ces entités ont leur représentant au siège du conseil et peuvent soumettre leurs problématiques directement au conseiller local qui les représente. Cette indépendance s'est acquise à travers des logiques qui marginalisent les dynamiques traditionnelles, en provoquant une rupture des liens traditionnels et un clivage entre le territoire et les hiérarchies politiques légitimes.

La décentralisation propose, donc, des solutions administratives ne considérant pas l'antériorité des processus territoriaux antécédents des communautés locales qui ont construit et maintiennent le territoire sur la base des savoirs traditionnels, gages d'un respect de ce que la terre offre. La disponibilité des ressources naturelles est la raison principale qui guide l'installation d'une population sur un lieu déterminé, tout en suivant les préceptes politiques, économiques et sociaux de l'ethnie d'appartenance.

Dans le cas de la société gourmantché et, en particulier, dans le terroir de Yirini, on a vu comment le nouveau système administratif ne considère pas, *de facto*, les éléments à la base du territoire traditionnel. Une telle organisation peut produire, dans le temps, une perte des valeurs fondamentales pour l'équilibre entre ressources naturelles et société et provoquer une désorganisation du territoire.

3. Un système controversé : les principes et l'application d'un processus étatique

3.1. Les principes de la décentralisation et leur application dans le cas de Yirini

Comme précédemment précisé, et selon le Code des Collectivités Territoriales, les critères pour la fondation d'une entité territoriale ont une base quantitative[22]. Cependant, ces critères ne sont pas seulement à la base de la création des communes rurales, mais aussi du choix des sites administratifs. Un village est reconnu administrativement sur des bases quantitatives si sa population atteint un certain nombre d'habitants (environ 300). Traditionnellement, par contre, un village est identifié suivant un ordre

[22] Article 27 du Code des Collectivités Territoriales, loi n° 055/2004/AN, stipule que : « la commune rurale est un regroupement de villages avec une population d'au moins cinq mille habitant, dont les activités économiques génèrent un budget annuel d'au moins cinq-millions de F CFA ».

précis, établissant une hiérarchie entre entités, sur la base de l'évolution de son statut dans le temps. Les critères suivis par les lois sur la décentralisation négligent la présence de ces hiérarchies, d'une part dans l'attribution de nouveaux statuts aux installations en les superposant à celles d'oigine traditionnelle ; d'autre part, introduisant notamment de nouveaux acteurs.

En effet, dans le cas de Yirini, l'attribution d'un statut administratif à des villages conduit à un nivellement des hiérarchies traditionnelles existant parmi les installations. Un village-mère, tel que Yirini, est considéré au même niveau qu'une installation qui lui est subordonnée, telle que Bolbigou. Ce qui engendrera, avec le temps, une rupture des liens de dépendance existant entre Bolbigou et Yirini. En outre, le regroupement de plusieurs installations en un seul village administratif représente une seconde négation de l'organisation traditionnelle[23]. La présence de villages-*nikpelo* avec leurs désignateurs et leurs positions à l'intérieur de hiérarchies territoriales est complètement négligée. Un choix effectué conformément aux valeurs quantitatives ne peut donc refléter la complexité de l'organisation traditionnelle du territoire, et conduit à un nivellement de l'organisation légitime encore bien structurée dans le pays gourmantché.

En définitive, concernant la superposition du territoire légal au territoire légitime, on dira qu'un processus de décentralisation basé sur des logiques territoriales européennes n'admet pas l'existence d'un territoire traditionnel se fondant – pour le cas de Yirini – sur un système de relations déterminées à partir d'un village-mère.

Au-delà de la superposition des deux typologies de territoires, on veut également considérer les conséquences éventuelles de l'introduction de nouvelles figures politico-administratives intermédiaires entre les institutions et le village. Elles agissent en faveur du développement local et ils garantissent la présence d'une voix locale auprès du conseil municipal. De ce point de vue donc, le développement démocratique du territoire est partiellement assuré. Par contre, l'application de la loi ne permet pas la récupération des savoirs basiques, des structures politiques traditionnelles et de l'organisation hiérarchique sur laquelle un réseau – tel que celui de Yirini – se crée. Le fait qu'il existe des conseillers locaux à la fois dans le village-mère et dans les villages-*nikpelo* conduit inévitablement à un affaiblissement des hiérarchies politiques au niveau traditionnel, à partir desquelles, il y a une différence entre les deux typologies d'installations. Une dépendance politique au niveau légitime se transforme en une indépendance au niveau légal, par la rupture des liens traditionnels entre le village-mère et les entités qui lui sont historiquement liées. Il y a une sorte de clivage du territoire légitime. La non-reconnaissance de la part de l'Etat de l'importance du rôle du chef de village peut conduire à une progressive perte, non seulement de la

[23] Voir l'exemple des villages-*nikpelo* de Bolbigou et de Gaboumou, proposés dans le sous-paragraphe 2.2. de ce chapitre.

valeur symbolique que les chefferies ont assumée dans le temps, mais aussi et surtout de la valeur mythologique de la construction du territoire chez les Gourmantché. En effet, la disparition du mythe et de la sacralité des lieux a engendré un effritement de l'équilibre entre ressources naturelles et société et, avec lui, les valeurs identitaires conférées au territoire. C'est ainsi qu'au cours du temps, les populations vont abandonner une structure territoriale traditionnelle en faveur d'une structure administrative née d'un héritage colonial et de logiques hétérocentriques, qui se montrent plus fonctionnelles pour la satisfaction des besoins collectifs dans le court terme, mais dont les conséquences à long terme menacent la forte interdépendance entre ressources naturelles et société.

Une réflexion sur l'application du processus de décentralisation est souhaitable afin de se diriger vers une structuration plus rattachée à la spécificité des territoires africains. La récupération de l'organisation traditionnelle permet de mieux les reconnaître et d'évaluer le rôle qu'elle joue afin de favoriser une gestion participative du territoire et une meilleure conservation des ressources naturelles.

Chapitre 9

Vers la création d'un système touristique de l'UPC Arly : le village de Yobri

1. Le tourisme : stratégie pour conjuguer protection environnementale, valorisation culturelle et développement local

Le tourisme est une activité qui se manifeste à l'échelle mondiale et met en contact des populations, des réalités et des styles de vie différents. Ce phénomène modifie profondément le territoire et peut causer la destruction ou la perte des valeurs culturelles et des ressources naturelles. Pourtant, le tourisme nécessite une stratégie d'intervention qui concilie au mieux les besoins de valorisation culturelle, de protection environnementale et de développement local. Cela se concrétise par l'application du principe de durabilité, c'est-à-dire une plus grande attention sur l'utilisation des ressources afin de les préserver pour les générations futures. Dans cette optique, une planification efficace doit assurer aussi bien la conjugaison entre l'exploitation des ressources que la tutelle et la protection, voire, la valorisation et la satisfaction des besoins des différents acteurs opérant sur le territoire. Une telle stratégie peut être proposée pour la périphérie de l'Unité de Protection et de Conservation d'Arly caractérisée par deux éléments déterminants dans l'organisation territoriale : les aires protégées et la falaise du Gobnangou.

1.1. Protection environnementale et développement des activités touristiques : vers une implication des populations locales

La création des aires protégées a privé la population du droit traditionnel d'utilisation des terres, créant de ce fait un sentiment de mécontentement et des situations conflictuelles qui empêchent une conservation efficiente des ressources naturelles et favorisent le développement d'activités illégales comme le braconnage. Ceci a conduit en 1995 à l'adoption d'une nouvelle politique environnementale qui se concrétise par l'adoption du Code Forestier en 1997[1], occasion pour spécifier les définitions de Parc[2] et de Réserve Totale de Faune[3], aussi bien que pour

[1] Loi n° 006/97/ADP du 31 janvier 1997.

[2] « Partie du territoire national classée au nom de l'Etat en vue de la conservation de la flore, de la faune, des eaux, des sols, des paysages ou des formations géologiques ayant une valeur scientifique ou esthétique» (Code Forestier, article 85).

[3] « Aires classées au nom de l'Etat pour la conservation et la propagation de la vie sauvage ainsi que l'aménagement de l'habitat» (Ibidem, article 91).

introduire le concept de Concession de Chasse[4] et de Zone Villageoise d'Intérêt Cynégétique (ZOVIC)[5].

L'innovation dans la reforme a été l'acceptation d'une gestion tripartite des aires protégées. On cherche maintenant à impliquer les populations locales dans les politiques de conservation, en appliquant une stratégie dans laquelle interviennent trois acteurs : l'Etat représenté par les services forestiers dont le but est de garantir la protection des réserves et l'application des normes légales d'exploitation ; le particulier, qui doit s'occuper de la gestion, la promotion, la valorisation et la maintenance des infrastructures de l'aire qui lui a été concédée ; les populations locales, représentées par un Comité Villageois de Gestion de la Faune (CVGF), s'occupant de la gestion des ZOVIC, dans lesquelles les touristes peuvent pratiquer la chasse. En outre, les populations locales sont appelées, en cas de besoin, par les concessionnaires pour effectuer les activités d'entretien dans les concessions de chasse.

Le cas des ZOVIC est un exemple d'application des principes de la *community conservation*[6] et, plus précisément, il correspond au niveau le plus élevé de participation – c'est-à-dire celle active – car les terres sur lesquelles elles s'étendent appartiennent aux populations locales, de même que la surveillance et la gestion partielle des revenus de l'activité cynégétique. A travers cette forme de collaboration, le braconnage s'est réduit car la population locale tire quelques subsides de l'exploitation de la faune selon la loi qui prévoit que les trois/quarts de la venaison soient donnés aux populations locales[7]. Du point de vue environnemental, il faut remarquer que la réglementation de la chasse au niveau national permet une surveillance des aires de faune et la mise en place d'infrastructures touristiques. L'UPC Arly est dotée de trois structures d'accueil (Carte 33)[8] accueillant les touristes[9] et offrant des occasions de collaboration temporaire

---

[4] « Le droit d'exploiter les ressources fauniques dans les réserves partielles de faune, les refuges locaux et les ranchs de l'Etat peuvent être concédés à des personnes physiques ou morales de droit privé, en vue de l'organisation lucrative d'activités de chasse ou de *ranching* ». (Ibidem, article 153).

[5] « Partie du terroir d'une communauté de base affectée par elle à l'exploitation des ressources cynégétiques » (Ibidem).

[6] On rappelle que le paradigme de la *community conservation* reconnaît le rôle basilaire des populations jouent dans la conservation environnementale et se concrétise par différentes formules qui vont de la participation passive à celle active, en fonction du rôle de la communauté, de son niveau de participation et de la propriété des terres (Mowforth, Munt, 1998 ; Cencini, 2004a). Voir aussi le Chapitre 1, paragraphes 3 et 4 de ce volume.

[7] Sur les principes de la répartition des revenus produits à travers l'exploitation des ZOVIC, on renvoie au Chapitre 6, paragraphe 1 de ce volume.

[8] Nous spécifions que toutes les cartes dans ce chapitre ont été élaborées au Laboratoire Cartographique de l'Université de Bergame, comme spécifié dans le Chapitre 1, note 40 de ce volume.

[9] Par exemple durant la saison de chasse 2004-2005 soixante-cinq chasseurs ont pratiqué les activités cynégétiques dans la Concession de Chasse de Pagou-Tandougou.

aux habitants des villages. Le Campement de la Paix de Piéni – situé à l'ouest de la falaise – accueille les touristes de la Concession de Chasse de Pagou-Tandougou. En moyenne chaque année, une centaine de visiteurs arrivent dans ce campement. Plus de 70% des touristes est intéressé au tourisme cynégétique, le 30% restant préfère le safari de vision[10]. Le Campement du Goulmou Safari – au sud de la falaise du Gobnangou –, par contre, enregistre en moyenne 40 à 50 chasseurs par saison pour le compte de la Concession de Chasse de Koakrana. L'Hôtel Arly, en outre, se trouve dans la Réserve Totale de Faune de l'Arly. Très actif dans le passé – et joignable par avion directement de Ouagadougou – il a été la destination du tourisme par excellence durant la saison 1978-1979. Il a hébergé plus de mille visiteurs, créant ainsi des emplois pour environ cinquante personnes, dont la plupart provenaient des villages proches (MECV, 2004b). Actuellement la structure est pratiquement abandonnée par suite du manque d'entretien des infrastructures. L'Hôtel Arly reçoit moins d'une trentaine de touristes par an. Au-delà de ces trois structures, il y a aussi le Campement de Chasse de Konkombouri qui, bien que dépendant de l'autorité administrative de l'UPC Pama, interagit avec l'UPC Arly. Il est localisé à l'ouest de l'UPC Arly et géré par le Burkina Safari Club. La grande chasse y constitue la principale activité. L'infrastructure d'accueil des touristes est construite à l'intérieur de la Concession de Chasse de Konkombouri aux abords de la rivière Singou et à une trentaine de kilomètres de la route nationale (RN 18). En 2007, ce campement a reçu environ 35 chasseurs de nationalités différentes et majoritairement représentés par des Français.

En l'état actuel, la gestion des flux touristiques est totalement contrôlée par les concessionnaires, qui sont les seuls à mesure d'organiser, pendant la saison de chasse, l'arrivée des touristes et d'établir un planning des quota pour éviter de surcharger l'aire. En outre, ils peuvent jouer le rôle d'intermédiaires entre visiteurs et populations locales.

En matière de protection environnementale, on peut donc constater que les premières tentatives de collaboration entre les trois acteurs impliqués dans la gestion de la faune ont donné des résultats encourageant, nonobstant la persistance de plusieurs points de conflits[11].

---

[10] Suite aux dernières enquêtes de terrain, il émerge qu'il y a une tentative d'investissement dans la diversification de la proposition touristique. Le Campement de la Paix de Piéni, en effet, a été inséré dans un circuit de promotion touristique régional à travers les agences Africa-évasion, Mali-évasion et Burkina-évasion dont les références électroniques sont www.africa-evasion.com ; www.mali-evasion.com ; www.burkina-evasion.com. Au Burkina Faso, on propose trois parcours : l'un vers la région de Bobo-Dioulasso ; l'autre à Ouagadougou et ses alentours ; le troisième dans l'Est burkinabé. Ce fait induira une augmentation de la présence de touristes. Selon les prévisions du concessionnaire, la saison touristique 2007-2008 connaîtra une augmentation de touristes d'environ 150 visites. Par contre celle des chasseurs atteindra 500 personnes, soit un total de 650 visites. Je remercie Alessandra Ghisalberti pour la mise à jour de ces données collectées sur le terrain.

[11] Voir le Chapitre 6 de ce volume.

1.2. Paysage : une ressource à valoriser

La falaise du Gobnangou est le cœur culturel de l'aire parce que déterminant l'organisation des villages installés au pied de son talus. Elle joue en outre un rôle fondamental dans les mécanismes de création du sentiment d'appartenance communautaire[12]. Pourtant, on relève une tendance à la disparition des pratiques traditionnelles les plus anciennes, déclassées par l'introduction d'activités modernes, qui risquent de faire disparaître ce patrimoine culturel.

Du point de vue administratif, il n'y a pas une intégration totale de la valeur culturelle du paysage, bien que ce dernier soit mentionné partiellement dans la législation environnementale[13]. En effet, seule la valeur esthétique du paysage est prise en compte. Il y a une exclusion de sa signification sociale.

Les différentes politiques et les projets de développement reconnaissent la nécessité d'une planification paysagère, mais négligent la valorisation du paysage en tant que manifestation empirique des dynamiques socio-territoriales de la société qui l'a produit. En l'état actuel, aucune action de tutelle ni de valorisation n'est mise en acte pour ce qui concerne le paysage de la région de l'UPC Arly qui, comme on le verra dans les prochains paragraphes, est une importante ressource même sur l'angle touristique.

Sur cette base, il y a la nécessité d'un développement planifié et contrôlé qui serait aussi bien l'occasion de collaboration avec les populations locales qu'un moyen de valorisation de leur culture et de leur territoire.

2. Ressources touristiques et difficultés de l'UPC Arly

L'UPC Arly et la falaise du Gobnangou sont les deux grands réservoirs de potentialités touristiques (Carte 33), les aires protégées étant caractérisées par une plus importante présence de ressources naturelles, et la falaise conservant le cœur culturel et historique des villages proches.

---

[12] À ce propos, on renvoie au Chapitre 1, paragraphe 2 de ce volume.

[13] On fait ici référence aux décrets : n° 98-321 du 28 juillet 1998 et à la loi n° 006/97/ADP, du 31 janvier 1997, portant Code Forestier au Burkina Faso.

Carte 33 – Les éléments composant le système touristique de l'UPC Arly

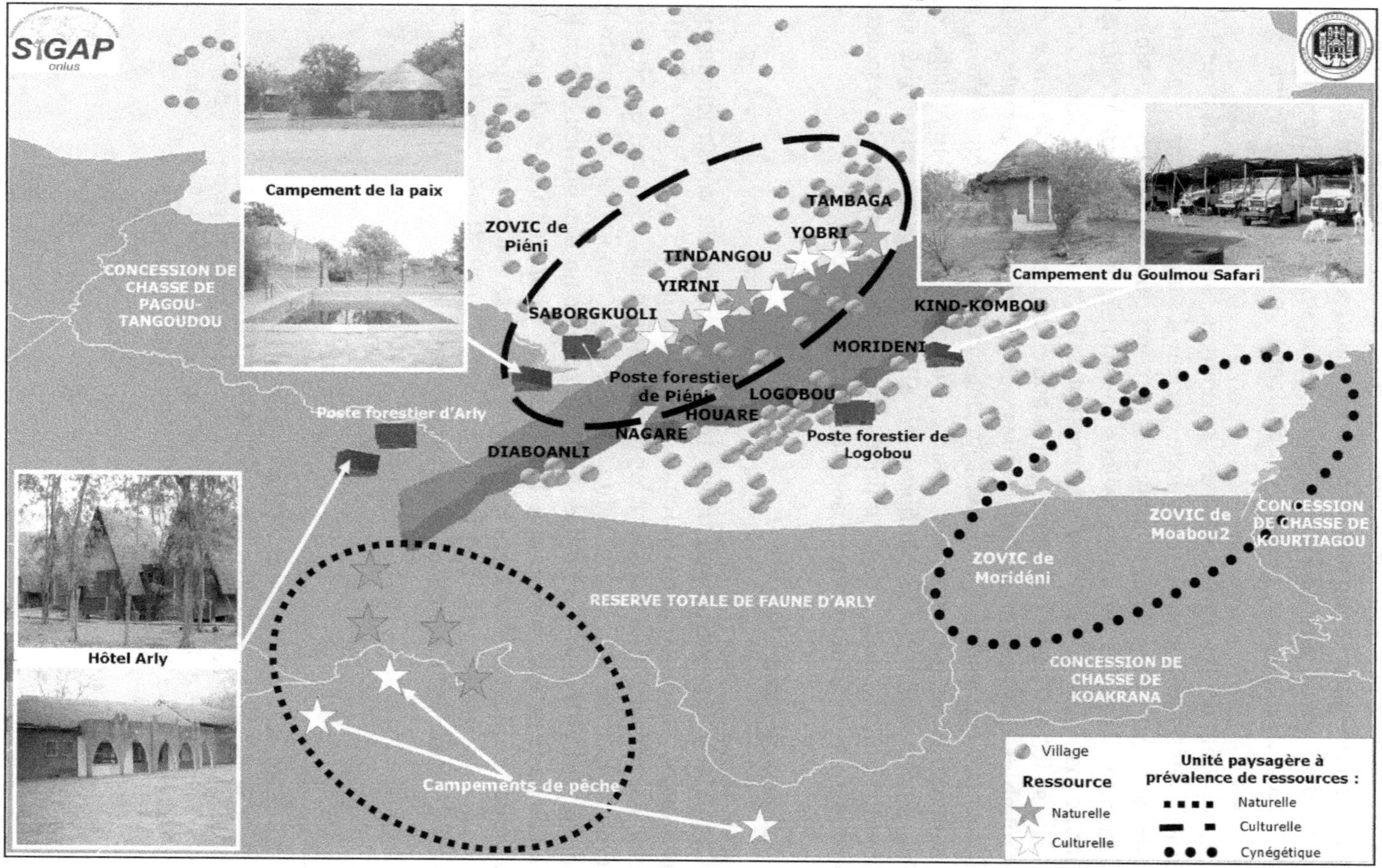

2.1. Les ressources naturelles

La présence des aires protégées a permis la conservation de plusieurs ressources fauniques et végétales qui auraient autrement succombé à la forte pression démographique de l'aire : on est en présence d'une diversification très élevée de la faune et la flore est également constituée d'une immense biodiversité[14].

Les points d'eau représentent des ressources touristiques tant pour leur charme esthétique que pour la grande variété d'animaux et de végétation qu'elles abritent[15] et pour les nombreuses activités qu'elles rendent possibles, en particulier la pêche. Enfin les salines constituent un intéressant iconème[16] naturel, constituant un facteur d'attraction pour les animaux sauvages.

Dans les villages, on peut par contre enregistrer la présence de remarquables ressources naturelles telles que les grottes, par exemple celle de *Utanfalu* à Saborgkuoli, ou le passage dans la faille (*Tanfolbu*) à Yirini, et les sources d'eau permanentes, comme *Kulongtiagou* dans le village de Yobri. Enfin la falaise du *Gobnangou*, elle même, grâce à sa diversité biologique et à ses points panoramiques, constitue une importante ressource naturelle pour le développement de l'activité touristique.

2.2. Les ressources culturelles

La falaise du Gobnangou cache plusieurs grottes et constructions qui dans le passé ont répondu parfaitement à la nécessité des populations locales de fuir les conflits et de pratiquer les rites traditionnels. On peut en citer les repères *Sapiakpéli* et la grotte-refuge *Soguilafoli,* témoignages de l'histoire séculaire des villages[17]. La falaise se révèle comme un lieu où demeurent les divinités de la nature, avec lesquelles les ancêtres ont établi un pacte pour la création des villages. Donc, le Gobnangou n'est pas seulement un important réservoir de ressources hydriques et botaniques. Il est un lieu de communication entre les élites du village et la nature.

---

[14] Voir à ce propos le Chapitre 3, de ce volume.

[15] Boa, caïmans, silures, carpes, pour n'en citer que des exemples.

[16] Pour une définition de la valeur culturelle des iconèmes selon la perception du paysage chez les Gourmantché de la région, on renvoie au Chapitre 1, paragraphe 2 de ce volume.

[17] Une analyse détaillée de cet iconème sera effectuée dans le paragraphe 4.

Carte 34 – Certaines ressources touristiques de l'UPC Arly

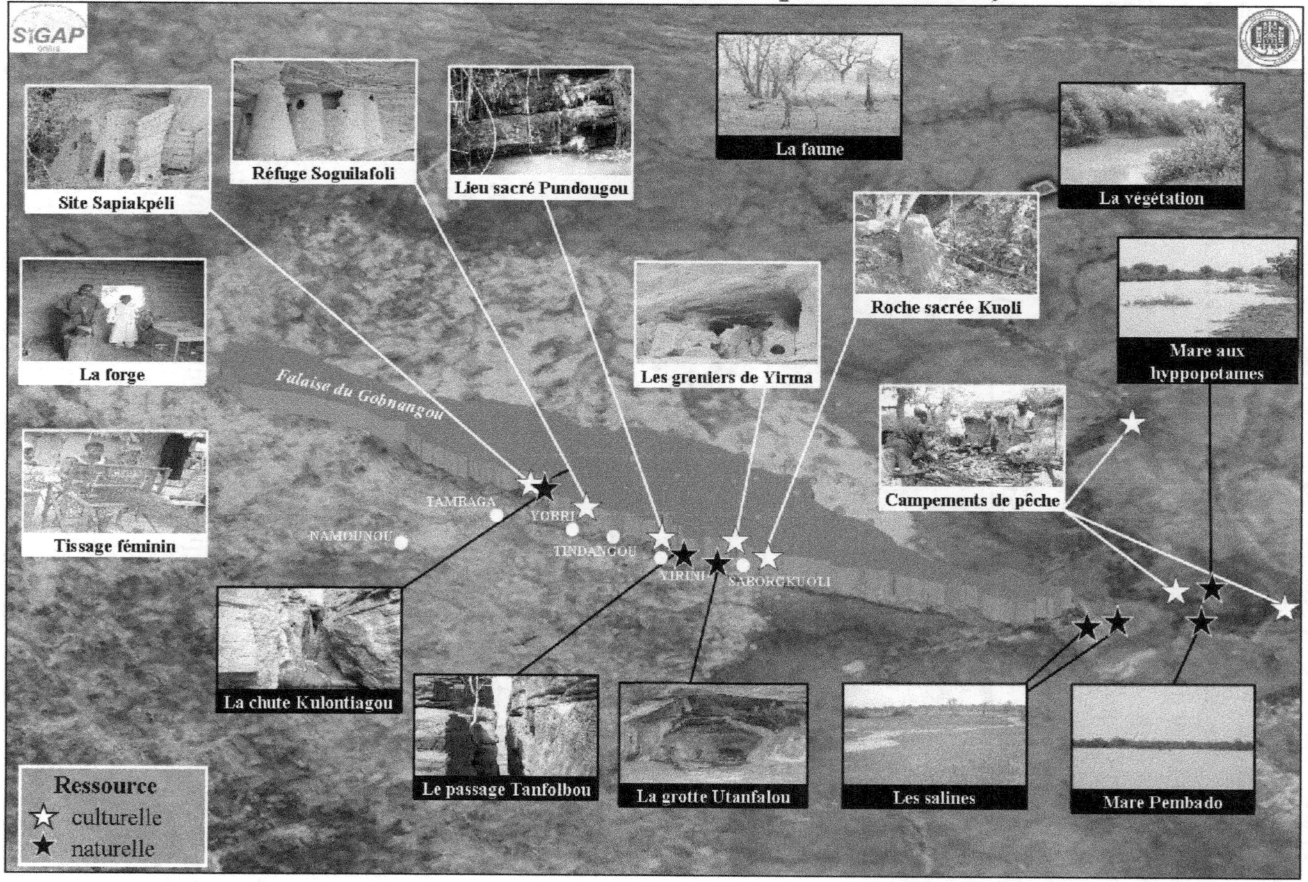

Par exemple, l'accès à certains sites de la falaise est strictement réglé par des normes sociales qui établissent les conduites à observer sur ces lieux qui devront être pris strictement en compte pour sa promotion touristique. On devra choisir ceux qui peuvent être présentés aux étrangers afin de garantir la préservation de l'organisation sociale traditionnelle.

Une autre ressource pour le tourisme local est représentée par l'ensemble d'activités artisanales qui sont pratiquées dans l'aire – par exemple la forge des métaux, la production du beurre de *karité*, la confection des poteries (Fig. 34), le travail de la paille, la filature du coton, le tissage ou la teinturerie – qui peuvent engendrer à travers le tourisme, des revenus pour la population.

Figure 34 – Confection des poteries

La présence des ressources culturelles est également remarquable à l'intérieur des aires protégées. On peut énumérer ici l'existence des campements de pêche[18] à l'intérieur de l'UPC Arly où des pêcheurs – provenant des différentes régions du Burkina Faso, du Mali et du Bénin – adoptent des techniques de pêche traditionnelle ainsi que des méthodes locales de fumage du poisson.

[18] En particulier, la recherche de terrain conduite en 2006 a permis d'identifier la présence de trois campements temporaires de pêche : Londo, Pembado et Babagoulbi. Dans ce genre d'installation, les pêcheurs ayant obtenu un permis pour l'activité halieutique y habitent avec leur famille. L'activité de pêche, ou cynégétique, est règlementée selon les dispositions du Code Forestier.

2.3. Difficultés liées à l'introduction des activités touristiques

La variété et la richesse des ressources sont incontestablement insérées dans un écosystème présentant un équilibre très fragile et des problèmes structuraux qu'une activité touristique non contrôlée pourrait aggraver. En effet, la présence des touristes peut accélérer l'exploitation des ressources et introduire de nouveaux styles de vie occidentaux dans des lieux qui ne sont pas préparés à affronter les innovations provenant du tourisme. La nécessité d'eau courante, d'électricité, de bâtiments offrant toutes les commodités ou de voieries, n'est qu'un exemple de la problématique de la gestion de l'environnement qui se généralise sur toute l'aire d'étude. Du point de vue culturel, la rencontre entre la population locale et les visiteurs est des plus néfastes car le touriste – chasseur d'images et très curieux – compromet la valeur des traditions locales, profanant plus ou moins volontairement les lieux sacrés, qui perdent ainsi le caractère mystique qui les entoure. Pour pallier une telle situation, les politiques de planification devraient conjuguer l'introduction des activités touristiques à celle du développement local et de la conservation, de même que de la tutelle culturelle.

3. La planification paysagère de la falaise du Gobnangou

La grande variété de ressources utilisables pour le développement des activités touristiques de l'aire ne justifie pas la mise en acte de toute stratégie de valorisation mais, au contraire, elle nécessite une sérieuse prise en charge de la situation locale pour prévoir les bénéfices mais aussi les risques et éviter ainsi des résultats négatifs.

3.1. Quel plan paysager pour le développement touristique ?

L'étude effectuée a mis en exergue le rôle primordial de l'acteur local et la fragilité du système socio-territorial qui pourrait difficilement faire face aux changements soudains introduits par le tourisme, si on ne crée pas des mesures d'accompagnement. Pourtant le développement des activités touristiques doit être géré. On peut envisager des actions de planification visant à assurer la protection environnementale de l'aire, aussi bien que son développement, et l'introduction d'activités génératrices de revenus liées au tourisme seulement dans le cas où on est capable de gérer les conflits potentiels. De telles actions, qui se révèlent de plus en plus stratégiques pour conjuguer les activités humaines aux besoins environnementaux, peuvent revêtir plusieurs formes[19] et impliquer différentes sphères d'action. Par exemple le *plan paysager* se révèle être un instrument car il offre la possibilité d'intégrer la tutelle de l'UPC Arly, au développement local[20]. Il permet de réaliser des politiques de sauvegarde des entités écologiques à travers l'identification d'aires à vocations différentes, rendant possible la pratique de plusieurs activités. Le plan paysager implique, en effet, les différentes unités de paysage[21] composant l'aire et assumant de nombreuses exigences manifestées par plusieurs acteurs traditionnels et modernes, locaux et globaux, exprimant des besoins naturellement opposés. Le paradigme paysager permet en particulier de récupérer la valeur de l'aire protégée aussi bien que celle de sa périphérie, car toutes deux sont dotées de signification sociale particulière. L'agir territorial donc ne s'arrête pas aux limites des aires protégées, mais attribue des significations aussi à l'intérieur de l'UPC Arly. Cela crée un réseau de signifiés apte à légitimer traditionnellement la gestion des ressources : les populations qui s'étaient installées dans la région avaient reconnu, dans la zone actuellement englobée dans les aires protégées, la présence d'importantes ressources naturelles telles que les cours d'eau permanents, les terres fertiles, la faune. Ce fait avait été interprété comme un signe des divinités qui donnaient la permission aux ancêtres d'installer leur village à proximité d'une telle abondance. C'est pourquoi la société gourmantché, qui est à dominante mythique, attribue au territoire des valeurs symboliques relevant de plusieurs éléments naturels et variant en fonction du village considéré. La présence des lieux sacrés engendre une série de normes sociales et de règles d'utilisation qui déterminent une exploitation durable des ressources naturelles de l'UPC Arly et des terroirs villageois. De même, l'attribution de sens à des éléments naturels ne se limite pas seulement à l'intérieur de l'aire protégée. On observe aussi dans la périphérie certains éléments naturels protégés à travers des stratégies traditionnelles, telle que l'attribution de valeur magico-sacrale

---

19 Quatre formes de plans s'alternent sur la scène du projet : les *plans monothématiques*, c'est-à-dire les plans sectoriels, spécialisés, qui agissent sur un domaine spécifique (par exemple, les plans d'assainissement) ; les *plans de protection spéciale*, qui peuvent impliquer un vaste secteur thématique et font référence à des aires intéressées par des formes particulières de protection (par exemple, les parcs) ; les *plans paysager-environnementaux*, qui affrontent les thématiques telles que le paysage et la protection environnementale, impliquant la totalité des valeurs qui caractérisent le contexte actuel ; finalement, les *plans urbanistiques ou territoriaux écologiquement orientés*, au nombre desquels on peut compter une variété extrêmement hétérogène de plans, dont la caractéristique principale est celle d'intégrer la planification urbaine à des politiques écologiquement orientées (Gambino, 1997).

20 Pour un approfondissement concernant le rôle de la planification on renvoie au Chapitre 1, paragraphe 3 de ce volume.

21 Par unité de paysage on entend un domaine caractérisé par des systèmes spécifiques de relation entre composantes hétérogènes, qui leur confèrent une identité reconnaissable (Gambino, 1997).

à des variables liées à l'histoire de la fondation des villages, un rituel strictement connecté à la sphère religieuse des populations locales.

La récupération de telles valeurs culturelles et environnementales montre le rôle fondamental que l'étude de l'aire et, notamment, l'identification des principales caractéristiques socio-territoriales jouent dans la planification. Cette importance consiste en la reconstruction des processus cognitifs à travers lesquels les populations se sont appropriées de l'espace physique et l'ont transformé en territoire. A ce propos, l'analyse du paradigme paysager joue un rôle stratégique, car elle permet de relever le rapport que l'acteur local a instauré avec le territoire, représenté et communiqué à travers le paysage (Turri, 1998 ; Berque, 2000 ; Turco, 2002 ; Raffestin, 2005).

L'application de ces ancrages théoriques dans la zone d'étude permet l'identification de l'aire comme une unité de planification à l'intérieur de laquelle on peut identifier quatre unités paysagères : les aires protégées, les parties septentrionale et méridionale de la falaise du Gobnangou et l'enclave de Madjoari. Les facteurs de différentiation entre ces unités sont : l'utilisation que les populations font des ressources, l'écart dans le niveau de modernisation et la distribution inégale des ressources environnementales, cynégétiques et culturelles. Afin d'aboutir à une tutelle environnementale corrélée au développement local et à l'introduction d'activités touristiques, les interventions devraient prendre en compte ces variantes, en les valorisant.

3.2. Les acteurs

La situation ainsi décrite nécessite d'une planification qui prévoit l'engagement de trois acteurs : l'Etat, le particulier et les populations locales.

L'Etat a la tâche d'introduire des structures et des activités favorisant le développement social. Il joue le rôle de garant des infrastructures et services tels que l'instruction, la santé et les moyens de communication. En effet, dans l'aire considérée, les actions de l'Etat se révèlent insuffisantes. Les travaux pour l'amélioration de la voierie, la réalisation d'écoles, de forages et de centres de santé, sont certes à la charge de l'Etat, mais quelquefois, ils sont rétrocédés à des ONG ou à des projets intervenant dans la zone.

Le rôle des structures privées a pour but essentiel de maintenir les ressources naturelles en quantité et en qualité à travers la gestion touristique et cynégétique. Du point de vue pratique, les concessionnaires[22] doivent s'occuper de l'aménagement des zones concédées, de la réalisation de structures et de la promotion du tourisme à travers des circuits bien définis. Ils peuvent mettre en acte une action communicative sur un grand rayon car,

[22] Ce terme indique la personne à laquelle l'Etat a concédé le droit d'exploitation des ressources fauniques dans les réserves partielles de faune, les refuges locaux et les ranches. Il est défini par l'article 135 du Code Forestier (loi n° 006197/ADP du 31 janvier 1997).

par exemple, toutes les structures d'accueil (Hôtel Arly, Campement de la Paix, Campement du Goulmou Safari) pourraient avoir une visibilité à travers le réseau Internet[23] afin de montrer les potentialités de l'aire. Mais il faut reconnaître qu'une politique promotionnelle inopportune aurait des répercussions sur la zone entière. Ici le rôle du privé à propos du développement du tourisme culturel est de collaborer avec les habitants des villages pour organiser des circuits dans lesquels la population peut montrer les activités artisanales sélectionnées ou les danses traditionnelles organisées pour les visiteurs. Le concessionnaire, en tant qu'intermédiaire, devrait promouvoir un tourisme responsable en collaboration avec les habitants du village. L'explication de la valeur du paysage et du territoire sur lequel le touriste passe ses vacances concourt à la responsabilisation du visiteur et engendre des mécanismes de respect de celui-ci au regard du lieu et des populations qui lui offrent l'hospitalité.

La contribution des populations locales, troisième acteur, est fondamentale pour garantir la durabilité des interventions, car elles peuvent mettre en évidence les besoins des communautés locales et préserver les lieux à forte connotation symbolique, tout en introduisant des stratégies de gestion des ressources et de tutelle environnementale. Cette forme de collaboration passerait par l'identification d'un groupe de personnes à l'intérieur de la communauté à mesure de promouvoir la création d'associations inter-villageoises comprenant des personnes provenant des différents villages de l'unité de planification.

Une sélection réalisée par les villageois des éléments à montrer aux visiteurs est nécessaire afin que le touriste ne pénètre pas de façon autonome dans l'intimité de la communauté. Cette stratégie permet de séparer préventivement l'espace touristique de l'espace privé de la communauté, en assurant ainsi un impact limité. En même temps, l'exhibition des récits et des pratiques traditionnelles permet à la population de réactualiser les aspects de la culture qui sont en train d'être oubliés. La création d'un comité pourrait permettre l'administration des profits et aussi leur utilisation pour le développement des villages.

Par ce biais, on peut évaluer la volonté des populations à participer à la gestion du tourisme à travers la création des tables de concertation entre habitants des villages, concessionnaires et services forestiers permettant une collaboration constructive entre les trois acteurs.

Les profits immédiats seraient consacrés à la réalisation des infrastructures socialement utiles ; dans le long terme, on pourrait penser à l'implication des populations dans les activités de gestion de l'UPC Arly, qui correspondrait à la formule la plus avancée de la gestion participative.

---

[23] Parmi les sites Internet qui les nomment, il est important d'indiquer celui officiel de l'Office National du Tourisme Burkinabé: www.ontb.bf.

4. Yobri, village qui s'ouvre aux activités touristiques

4.1. Les éléments socio-territoriaux du village de Yobri

Le village de Yobri est localisé au pied de la falaise du Gobnangou à une vingtaine de kilomètres de la Réserve Totale de Faune d'Arly. Au sud, le village est délimité par la falaise du Gobnangou, au nord par le grand marigot Keboatchianga, à l'est et à l'ouest respectivement par les cours d'eau Kpadamoula et Kpalitiaga. Son réseau villageois est composé de treize villages-*nikpelo* et de trois campements peul[24].

La population de Yobri est d'environ 1.341 habitants dont 672 hommes et 669 femmes et son organisation sociale obéit à celle de la société gourmantché, c'est-à-dire, bien hiérarchisée tant au plan social que politique.

Sous le profil social, c'est la structuration de la société en clans et en lignages qui détermine l'insertion de l'individu dans un système régi par des règles précises et organisé en classes d'âge qui lui confèrent un rôle et une place qui lui est propre. Le pouvoir politique à Yobri est détenu par le clan (*buolu*) des Bumba (les Yonli). Le chef (*bado*), au-delà de son pouvoir politique, incarne à lui seul les fonctions de chef des terres (les terres vacantes du village) et chef religieux (pour certains rituels concernant le village). Autour du *bado* se trouve un collège de ministres dont les tâches spécifiques sont celles de l'assistance à l'administration du village[25].

A Yobri, l'agriculture demeure la première activité de la population. Les principales cultures sont les céréales et, dans une certaine mesure, le coton qui depuis 1998 gagne de plus en plus du terrain. Les moyens de production sont encore rudimentaires : la *daba* (houe) reste l'outil de prédilection pour la mise en valeur des champs. L'emploi de la charrue asine ou bovine demeure un luxe et est un signe de richesse pour les producteurs qui les possèdent et les utilisent. Dans l'optique de mieux diversifier la production et de maintenir la fertilité des sols, les agriculteurs utilisent des techniques telles que la rotation et l'association des cultures.

L'élevage est une activité secondaire car les paysans gourmantché pratiquent un élevage domestique de petits ruminants (ovins, caprins). Seules quelques personnes possèdent un cheptel réduit de gros ruminants (bœufs), surtout pour la traction bovine afin de mieux rentabiliser les champs. La cueillette, activité spécifiquement dévolue aux femmes (Fig. 35), permet l'approvisionnement en plantes médicinales et en bois de chauffage pour la cuisine. Elle est pratiquée principalement dans les jachères et sur la falaise.

---

[24] Pour des détails sur le réseau villageois on renvoie au Chapitre 1, paragraphe 5 de ce volume.

[25] Sur l'organisation sociale et sur la structuration politique auprès des populations gourmantché, on renvoie à : Cartry, 1966 ; Madiéga, 1982.

L'artisanat est une activité qui se mène uniquement en saison sèche. Le tissage et la poterie sont les activités prédominantes, mais d'autres formes existent également dans le village, comme on le verra dans les paragraphes suivants.

Figure 35 – Deux femmes au ramassage du bois

Les facteurs distinctifs de Yobri sont la présence occasionnelle de touristes et la capacité des habitants du village à accueillir le visiteur et à en tirer des avantages pour la communauté, tout en conservant la valeur des traditions. Loin des aires protégées, dépourvu de ZOVIC et de CVGF, le village accueille par moment quelques touristes intéressés par la pratique de randonnées éco-culturelles sur la falaise. Il s'agit surtout des hôtes du Campement de la Paix de Piéni qui, parfois sur suggestion du concessionnaire, se rendent à Yobri à la recherche d'un guide qui soit en mesure d'accompagner les touristes sur la falaise et de leur faire connaître les événements historiques et culturels qui ont donné origine aux constructions antiques cachées dans les escarpements du Gobnangou.

4.2. Les ressources naturelles et culturelles

Bien que le village présente un niveau d'anthropisation très élevé, la proximité de la falaise assure la présence de points d'intérêt touristique qui offrent des possibilités d'excursions consacrées à l'observation de nombreuses espèces végétales et animales. Parmi les iconèmes culturels identifiés, il faut mentionner ici la chute d'eau Kulontiagou, dont le nom signifie « le puits de la grotte ». Le chemin ardu qui mène à ce point d'eau empêche son exploitation par les habitants du village. Mais en fait, ce lieu est une destination très prisée des touristes voulant admirer la beauté de plusieurs espèces de flore et de faune. Il pourrait ainsi assumer une nouvelle fonction liée à l'introduction d'activités touristiques.

La falaise du Gobnangou n'est pas seulement une ressource naturelle ; elle est, également, l'élément fondamental qui conserve et narre l'histoire des villages. Nombreux sont les iconèmes que les habitants ont identifiés sur la falaise[26] (Carte 35). Certains sont par moment accessibles aux touristes, d'autres sont réservés à une catégorie spécifique de personnes. C'est le cas de *Utanfalu*, « la grotte aux caractéristiques mystérieuses », dont les villageois signalent l'existence et précisent que l'accès à ce lieu est réservé au chef et à certains notables. Un tel procédé permet la conservation du caractère mystique d'*Utanfalu*, ainsi que les mécanismes socioculturels qu'il engendre.

D'autres iconèmes sont par contre montrés aux visiteurs, car les valeurs culturelles qu'ils communiquent à l'observateur sont celles qui n'impliquent pas un déséquilibre dans la société. *Sapiakpéli*, « anciennes constructions », en est un exemple. L'analyse de ce désignateur permet une double interprétation. Selon les sources orales, d'un côté il récupère le savoir basique et indique la présence d'un lieu riche en *sapiaga* – herbacée indicatrice de fertilité des sols –, de l'autre côté, il se lie à l'histoire de la fondation du village, dont l'ancien nom était *Sapiaga*, lieu de guerres fratricides. La construction en banco cache une grotte refermée par un rocher, à l'intérieur de laquelle sont déposées des armes. Voilà, donc, la liaison avec la sphère magico-sacrale, qui révèle la présence des divinités de la nature, marquant ainsi l'événement le plus important des communautés villageoises du Gobnangou.

---

26 Une première analyse des iconèmes présent dans la falaise du Gobnangou a été présentée au Chapitre 7, paragraphe 5.3. de ce volume.

Carte 35 – L'organisation territoriale du village de Yobri et les iconèmes paysagers

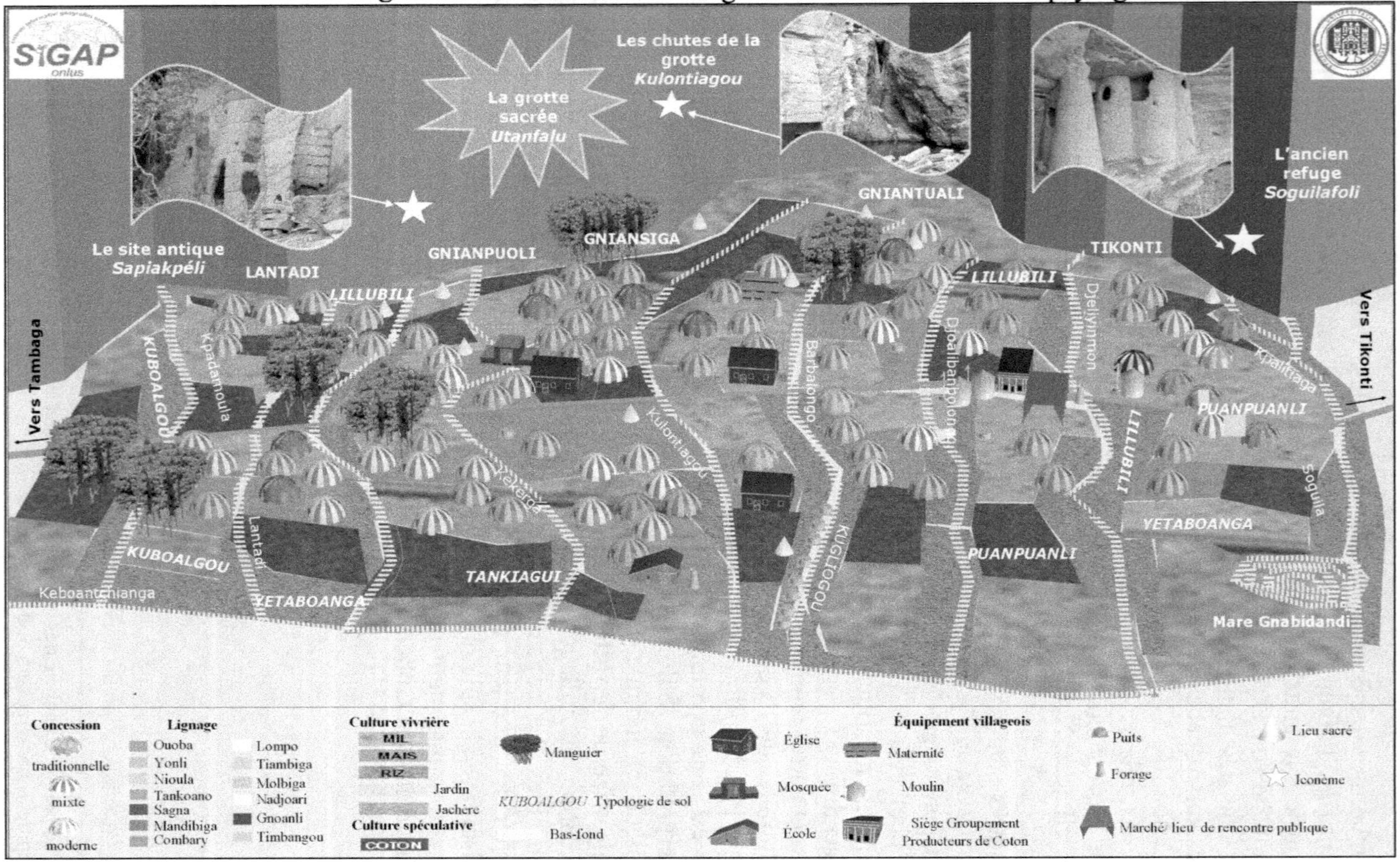

D'un point de vue fonctionnel ce toponyme garde tout son mystère, parce qu'il concourt à la compréhension des motivations qui ont déterminé la création de *Sapiakpéli* et du choix de ce site pour s'abriter et échapper aux attaques des ennemis.

Soguilafoli, « les greniers cachés dans la grotte», fait référence à une grotte très large et profonde, à l'entrée de laquelle des greniers en banco ont été érigés. Il indique le lieu où la population de Yobri s'est réfugiée pendant les luttes fratricides. A l'entrée de la grotte une grande ruche symbolise la présence des génies de la nature, qui ont permis la création du refuge et contrôlent l'accès, ce qui renforce la valeur symbolique et performative de *Soguilafoli*. La présence du refuge est bien connue par les villageois et concourt au renforcement du rôle protecteur de la falaise. Pourtant, les habitants du village ont des difficultés à localiser aussi bien qu'à rejoindre l'endroit et les dynamiques historiques et sociales qui ont causé l'installation du refuge ne sont connues que par une minorité de la communauté. L'introduction d'activités touristiques pourrait modifier ce processus, en valorisant la présence du refuge à travers des visites guidées.

Les danses dans le village constituent un autre élément culturel en voie de disparition. Valorisées récemment à la demande de touristes et du concessionnaire du Campement de la Paix de Piéni, les danses matérialisent des moments de communion entre les esprits de la nature et les hommes, vidées de leur valeur religieuse. De cette façon, elles sont devenues des sources de revenus pour les villageois.

Enfin, l'autre ressource culturelle réside dans la grande variété d'activités artisanales présentes même à Yobri : filature, tissage[27], réalisation des poteries et production du *dolo*[28], sont des activités pratiquées par les femmes. Le forge est, par contre, une activité réservée aux hommes. Toutes ces activités fournissent des produits artisanaux qui sont vendus sur les marchés locaux et représentent une ressource touristique potentielle.

4.3. Espace privé et espace publique

La caractéristique principale du village de Yobri est sa capacité à s'ouvrir aux activités modernes, tout en donnant lieu à des mécanismes de conservation de la culture traditionnelle. Il faut cependant souligner comment les villageois de Yobri ont su accueillir les touristes et montrer leur culture, tout en conservant le statut privé des éléments les plus intimes, étant

[27] Le tissage était traditionnellement une activité réservée aux hommes, car la technique utilisée était très complexe et n'était pas convenable pour les femmes. L'introduction de nouveau métier à tissage a permis à ces dernières d'y accéder facilement, ce qui a engendré un changement culturel.

[28] Bière traditionnelle fabriquée à travers la fermentation du mil.

à la base de l'organisation socio-territoriale. Face au touriste, la communauté est unanime sur ce qui doit être montré ou pas, ce qui lui permet d'assumer un rôle précis tout en empêchant un échange culturel incontrôlé et dangereux pour le village. Les habitants sont très accueillants, mais posent une limite à la pénétration culturelle du touriste. En effet, il existe une séparation entre l'espace privé de la communauté et celui ayant une dimension d'échange culturel entre communauté et visiteur. Le choix de ne pas montrer aux visiteurs certains iconèmes – comme *Utanfalu* – est un choix délibéré pour réglementer le fonctionnement de la société. *Soguilafoli*, par contre, témoignage d'un passé sanglant, n'est actuellement qu'un triste souvenir présenté pour exhiber l'organisation socio-territoriale de la communauté.

4.4. La création d'un circuit touristique dans le village de Yobri

De ce qui précède, il émerge que Yobri est une destination touristique en phase d'exploration. Les premiers touristes qui y ont accédé l'ont fait de façon autonome et incontrôlée. La prise de conscience que le touriste représente une forte impulsion à l'introduction d'éléments modernes est effective chez les habitants du village. Le visiteur paie pour être accompagné sur la falaise, pour assister aux spectacles de danse, parfois achète les produits artisanaux. Il peut donc être introduit dans les circuits monétaire et d'échange du village. En outre, l'intérêt de l'étranger pour les activités traditionnelles permet de contribuer à renforcer le sentiment d'appartenance à la communauté, élément essentiel pour faire face à l'impact culturel différent. La collaboration et la création d'objectifs communs entre les trois acteurs impliqués – Etat, concessionnaires, population locales – dans l'activité touristique, aussi bien que dans la protection environnementale, se révèle stratégique pour la réalisation d'un développement local durable. Pour atteindre un tel objectif, il faudra travailler à ce que la population devienne la charnière du développement de son propre territoire. En même temps, tous ces acteurs doivent mener une activité de sensibilisation et transmission de la culture gourmantché à l'extérieur surtout chez les touristes. Les initiatives à ce propos peuvent être diversifiées mais la création de centres d'accueil est le premier objectif.

5. Vers la création d'un système touristique du Parc National d'Arly

Sur la base des caractéristiques de la zone étudiée on peut identifier trois circuits touristiques potentiels basés sur la localisation des ressources et sur leur spécialisation attractive. On présente ici une proposition pour penser à une approche systémique au développement touristique du Parc National d'Arly et ses périphéries qui ne prévoient pas un zonage mais assurent les ressources en réseau.

5.1. La RTFA : destination du tourisme de plaisance

Le premier circuit est inséré dans les aires protégées notamment la Réserve Totale de Faune d'Arly. Elle est consacrée exclusivement à la protection de la biodiversité. Ceci étant, la seule forme de tourisme autorisée est celle de la vision. L'abondance d'animaux et de plantes et la variété de ses paysages constituent des potentialités touristiques susceptibles d'attirer une multitude de touristes. A l'intérieur de la RTFA on peut aussi repérer des points d'intérêts particuliers tels que les salines, dans lesquelles on voit souvent des buffles ; la mare aux hippopotames, où, pendant la saison des pluies, on peut admirer un tapis de nymphées ; les campements de pêche, offrant la possibilité d'observer les méthodes traditionnelles de pêche et de séchage du poisson. La construction des miradors permettrait une meilleure observation des animaux. Les excursions pourraient se différencier par leur durée (journée entière ou demi-journée) mais, on pourrait éventuellement créer des sorties thématiques d'éducation environnementale : observation de la flore ou de la faune, visite aux campements de pêche et stage sur les méthodes traditionnelles de pêche et de séchage du poisson, appréhension de l'utilité des plantes dans la pharmacopée et utilisation des produits forestiers ligneux et non ligneux. Ce qui permettrait d'introduire le facteur culturel afin d'instaurer la collaboration avec les populations qui se trouvent à la limite des aires protégées. Les pisteurs seraient dans ce cas conviés dans la création des parcours thématiques pour leur connaissance sur l'aire qui est fondamentale dans le tracé des pistes pour des randonnées touristiques spécifiques.

La restauration des infrastructures de communication telles que talkie-walkie[29], téléphone et réseau routier seraient fondamentales pour relancer le tourisme dans la zone. En outre, la restructuration de l'Hôtel Arly serait stratégique car la seule présence d'un générateur et d'un forage, qui garantissent les services primaires n'est pas suffisante pour permettre la remise en fonction des circuits touristiques de la RTFA. L'éloignement de la ville et l'impossibilité de rejoindre l'aire pendant la saison des pluies sont certes, d'une part des atouts pour la protection environnementale et la conservation des pratiques traditionnelles ; de l'autre, ils sont également des obstacles au développement local, car la précarité des conditions de vie des populations accroît les risques d'exclusion sociale et provoque l'augmentation de la pauvreté.

---

[29] L'actuel radiotéléphone est en conditions techniques précaires et souvent est hors d'usage.

5.2. Les Concessions de Chasse de Koakrana/Pagou-Tandougou/Konkombouri : l'aire du tourisme cynégétique

Le deuxième circuit est lié à l'exploitation cynégétique et à la préservation des aspects culturels, parmi lesquels la présence des marchés qui pourraient intéresser le visiteur. On doit en outre souligner que les gros villages au sud de la falaise, dotés d'infrastructures et de services – surtout des centres de santé, des voies de communication, des cabines téléphoniques –, représentent un atout pour le développement du tourisme, car ils garantissent à l'étranger la possibilité de communiquer aisément avec l'extérieur, sans pourtant renoncer au profond contact avec la nature que la zone permet d'instaurer.

La pratique de la chasse aux volatiles – avifaunes – dans les ZOVIC, conjuguée aux excursions organisées par les concessionnaires de Koakrana, Pagou-Tandougou et Konkombouri, constitue la principale attraction offerte aux chasseurs. Un rôle important que joue la population qui, impliquée dans ces activités, tire des avantages de la fréquentation touristique : la maintenance effectuée régulièrement dans les zones destinées aux activités cynégétiques et le contrôle constant valorisent la ressource et en surveillent l'utilisation.

L'implication des populations dans les activités de gestion des ZOVIC et la création des CVGF renforcent la logique et le sentiment d'appartenance à la communauté, en opposition avec la culture de l'étranger. La population, contrainte de se ranger pour accueillir le touriste, joue un rôle important dans les rapports visiteur/visité, où la culture locale dialogue avec celle du visiteur. L'interaction avec le touriste offre une opportunité pour maîtriser l'introduction des éléments relevant de la modernité. La production ainsi que la vente des produits artisanaux et de souvenirs pour une clientèle étrangère pourraient se révéler un instrument de communication culturelle.

Les risques que le développement touristique peut entraîner sont considérables et vont du surpeuplement de l'aire à l'excessive exploitation des ressources, jusqu'à l'altération de l'écosystème, des traditions et de la culture locale ; mais il s'agit de risques qui peuvent être contournés par une planification qui permet de garder sous contrôle les flux de touristes et un investissement réel sur la transmission et la communication de la culture africaine.

5.3. Le nord du Gobnangou : destination du tourisme culturel

Le troisième circuit concerne le nord de la falaise, où le Gobnangou joue un rôle fondamental. Comme on l'a déjà spécifié, cette aire est celle qui s'est maintenue culturellement intègre dans le temps, à l'écart de la modernité. Elle garde la tradition et les valeurs séculaires qui sont aujourd'hui des ressources potentiellement attractives pour le tourisme culturel. Les danses et quelques rites traditionnels pourraient être produits pour les touristes et devenir une source de revenus, tout en conservant leur valeur symbolique dans les moments de ritualité interne à la communauté[30]. La proximité de la falaise et l'existence de sites archéologiques et naturels offrent la possibilité de créer des excursions avec l'aide de guides, qui pourraient être choisis parmi les habitants des villages et formés à l'interprétation du paysage. Ces tendances et caractéristiques peuvent être intégrées et gérées grâce à un plan paysager qui soit à mesure de conjuguer les exigences de développement, de conservation et d'exploitation de l'aire.

6. Conclusion

L'Unité de Protection et de Conservation d'Arly se présente comme une aire actuellement peu attractive pour le tourisme, mais potentiellement riche en ressources qui concernent à la fois la biodiversité et la culture offrant la possibilité de développer un tourisme vraiment durable

En effet, le tourisme donne une importante impulsion à la conservation et à la valorisation des ressources naturelles et culturelles de l'aire – éléments fondamentaux pour une activité durable – tout en favorisant la collaboration entre les populations locales, les services forestiers et les concessionnaires. Ce processus renforce le sentiment d'appartenance de la communauté à une aire culturelle, où la compréhension des phénomènes qui agissent sur le territoire nécessite la création de cadres de concertation entre les trois acteurs. C'est à travers cette forme d'approche que tout projet de développement local ou de protection environnementale peut réussir.

[30] Comme dans le cas des Dogon de la falaise de Bandiagara au Mali qui, entourés d'un contexte naturel fascinant, avec leurs masques allégoriques, leur danses et leur complexe cosmogonie, offrent aux touristes une image attrayante et idéalisée de leur culture, qui leur permet de dégager des formes de développement local. Leur cas peut être considéré un modèle à suivre (Aime, 2000).

Références bibliographiques

ADEPOJU A., « Fostering free movement of persons in West Africa : achievements, constraints, and prospects for intraregional migration », dans : *International Migration Review,* 2000, vol. 2, n° 40, p. 3-28.

AFRIQUE VERTE, « Les conséquences de la crise ivoirienne sur les pays sahéliens enclavés : un premier horizon », dans : *Afrique Contemporaine*, 2003, n° 205, p. 5-16.

AIME M., *Diario Dogon*, Bollati Boringhieri, Tourin, 2000.

AMIN S. (dir.), *Modern migrations in Western Africa*, International African Institute, Oxford University Press, Londres, 1974.

AUBIN D., « Owners escape unharmed. Activation of institutional rules in rivalries between heterogeneous water users », présenté à la *10th IASCP Biennial Conference, The Commons in an Age of Global Transition : Challenges, Risks and Opportunities,* Oaxaca (Mexique), 9-13 August 2004, http://dlc.dlib.indiana.edu/archive/00001334/00/Aubin_Owners_040512_Paper530.pdf.

BACULO L., COMO O., DE MURO P., *Cambiamenti istituzionali e sviluppo in Africa sub-sahariana : il caso del Burkina Faso*, Edizioni scientifiche italiane, Naples, 1998.

BAILLON F., SOURNIA G., *Intégration économique et aménagement des zones périphériques des parcs nationaux et autres aires protégées : étude de cas,* ORSTOM, Ouagadougou, 1987.

BAILLY A., RAFFESTIN C., REYMOND H., « Les concepts du paysage : problématique et représentations », dans : *L'Espace géographique*, 1980, vol. IX, n° 4, p. 277-286.

BALANCA G. ET AL., *Les oiseaux du complexe WAP*, CIRAD, Montpellier, 2007.

BALANDIER G., SAUTTER G., « Mission M. Cartry-G. Remy en Haute Volta (1962) », dans : *Cahiers d'études africaines*, 1963, vol. 3, n° 11, p. 435- 442.

BALLOUCHE A., KUPPERS K., NEUMANN K., WOTZKA H.-P., « Aspects de l'occupation humaine et de l'histoire de la végétation au cours de l'Holocène dans la région de la Chaîne de Gobnangou, S.E. Burkina Faso », dans : *Berichte des Frankfurter Sonder-forschungsbereiches 268*, 1993, Francfort s. M., n° 1, p. 13-31.

BAYILI B., *Religion, droit et pouvoir au Burkina Faso*, L'Harmattan, Paris, 1998.

BEAUCHEMIN C., « Des villes aux villages : l'essor de l'émigration urbaine en Côte d'Ivoire », dans : *Annales de Géographie,* 2002, n° 624, p. 157-178.

BEAUCHEMIN C., « Pour une relecture des tendances migratoires internes entre villes et campagnes : une étude comparée Burkina Faso Côte-d'Ivoire », dans : *Cahiers Québécois de Démographie*, 2004, vol. 33, n° 2, www.erudit.org/revue/CQD/2004/v33/n2/011204ar.html.

BEAUCHEMIN C., « Les migrations et l'effritement du modèle ivoirien : chronique d'une guerre annoncée ? », dans : *Critique Internationale*, 2005, n° 28, p. 9-20.

BEAUCHEMIN C., SCHOUMAKER B., *La migration vers les grandes villes au Burkina Faso : le développement des régions d'origine a-t-il un impact ?*, Université catholique de Louvain, Département des sciences de la population et du développement, Document de travail n° 21, 2004, www.uclouvain.be/cps/ucl/doc/sped/documents/DT21.pdf

BERDOULAY V., SOUBEYRAN O. (dir.) *Milieu, colonisation et développement durable,* L'Harmattan, Paris, 2000.

BERDOULAY V., TURCO A. (dir.), *Mythe et géographie : des relations à repenser*, numéro spécial de : *Cahiers de Géographie du Québec*, 2001, vol. 45, n° 126.

BERQUE A., *Les raisons du paysage de la Chine antique aux environnements de synthèse*, Hazan, Paris, 1995.

BERQUE A., *Médiance des milieux en paysages*, Belin, Paris, 2000.

BETHEMONT J. ET AL., *La vallée du Sourou. Genèse d'un territoire hydraulique dans l'Afrique soudano-sahélienne*, L'Harmattan, Paris, 2003.

BIERSCHENK T., OLIVIER DE SARDAN J.P., *Les pouvoirs au village, le Bénin rural entre démocratisation et décentralisation*, Karthala, Paris, 1998.

BLUMENBERG H., *Elaborazione del mito,* Il Mulino, Boulogne, 1991.

BORD J.P., BADUEL P.R. (dir.), *Le cartes de la connaissance*, Karthala-Urbama, Paris-Tours, 2004.

BORRINI G., *Gestion participative des aires protégées : l'adaptation au contexte*, Gland, UICN, 1997.

BORRINI G. ET AL, *La gestion participative des ressources naturelles : organisation, négociation et apprentissage par l'action*, Kasparek Verlag, Heidelberg, 2000.

BREDELUP S., « Réinstallation à Ouagadougou des 'rapatriés' burkinabè de Côte d'Ivoire », dans : *Afrique Contemporaine*, 2006, n° 217, p. 185-201.

BRUNET R., « Analyse des paysages et sémiologie », dans : Berque A. (dir.), *Cinq propositions pour une théorie du paysage*, Champ Vallon, Paris, 1994, p. 7-20.

BURINI F., « La sémiosis cartographique dans les cartes participatives : le village de Kondio (Burkina Faso) », dans : Costantini M. (dir.), *L'Afrique, le sens. Représentations, configurations, défigurations,* L'Harmattan, Paris, 2007a, p. 107-134.

BURINI F., « Sistemi cartografici partecipativi e *governance* : dalla carta partecipativa ai PPGIS », dans : Casti E. (dir.), *Cartografia e progettazione territoriale. Dalle carte coloniali alle carte di piano*, Utet, Tourin, 2007b, p. 178-192.

BURINI F., « La cartographie participative dans la recherche de terrain en Afrique : le cas des villages riverains au Parc Régional W », dans : *Policy Matters*, édition spéciale, UICN, s.p. www.iapad.org/biblio/2005.htm.

CALANDRA L.M., « Protection de la nature et colonialisme : l'expérience de l'Afrique Occidentale Française », dans : Berdoulay V., Souberain O. (dir.), *Milieu, colonisation et développement durable*, L'Harmattan, Paris, 2000, p. 139-153.

CARTRY M., « Clans, lignages et groupements familiaux chez les Gourmantché de la région de Diapaga », dans : *L'Homme*, 1966, vol. 6, n° 2, p. 53-81.

CASTI E., « Un osservatorio sull'Africa : l'*Atlas des structures agraires au Sud du Sahara* », dans : *Terra d'Africa 1995,* Unicopli, Milan, 1995, p. 267-300.

CASTI E., «Colonialismo dipinto : la carta della vegetazione in AOF », dans : *Terra d'Africa 2000,* Unicopli, Milan, 2000a, p. 15-71.

CASTI E., *Reality as representation. The semiotics of cartography and the generation of meaning*, Bergamo University Press, Bergame, 2000b.

CASTI E., « Mythologies africaines dans la cartographie française au tournant du XIXème siècle », dans : *Cahiers de Géographie du Québec*, 2001, vol. 46, n° 126, p. 429-450.

CASTI E., « Les ateliers 'culturels' de l'Ailleurs : la cartographie de l'Afrique coloniale italienne », dans : Colin M., Laforgia E.R. (dir.) *L'Afrique coloniale et postcoloniale dans la culture, la littérature et la société italiennes, représentations et témoignages,* Presses universitaires de Caen, Caen, 2003a, p. 15-40.

CASTI E., « L'iconisation cartographique en Afrique coloniale », dans : Bord J.P., Baduel P.R. (dir.), *Le cartes de la connaissance*, Karthala-Urbama, Paris-Tours, 2004a, p. 419-435.

CASTI E., « A Reflexive Cartography to Tackle Poverty, A Model of Participatory Zoning », présenté à la *International Conférence of Bangkok*, UICN, novembre 2004b. www.comminit.com/strategicthinking/st2005/thinking-1414.html.

CASTI E. (dir.), *Atlante dell'immigrazione a Bergamo. L'Africa di casa nostra*, Bergamo University Press, Bergame, 2004c.

CASTI E., « Towards a theory of interpretation : cartographical semiosis », dans : *Cartographica*, 2005, vol. 40, n° 3, p. 1-16.

CASTI E., « Geografia e partecipazione : la strategia SIGAP nella RBT W (Africa Occidentale) », dans : *Bollettino della Società Geografica Italiana*, 2006, Série XII, vol. XI, p. 949-975.

CASTI E. (dir.), *Cartografia e progettazione territoriale. Dalle carte coloniali alle carte di piano*, Utet, Tourin, 2007a.

CASTI E., « Cartografia e semiologia della visione : le dinamiche di costruzione di una semantica dell'Altrove », dans : Casti E. (dir.), *Cartografia e progettazione territoriale. Dalle carte coloniali alle carte di piano*, Utet, Tourin, 2007b, p. 73-94.

CASTI E., « Sémiologie visuelle et cartographie, La construction d'une sémantique de l'Ailleurs », dans : Costantini M. (dir.), *L'Afrique, le sens. Représentations, configurations, défigurations*, L'Harmattan, Paris, 2007c, p. 77-106.

CASTI E., MARINO P., « Protezione ambientale e sviluppo rurale nella politica della C.E. : il Programma Bassins Versants in Guinea », dans : *Terra d'Africa 1997*, Unicopli, Milan, 1997, p. 41-84.

CASTI E., TURCO A., (dir.), *Culture dell'alterità, il territorio africano e le sue rappresentazioni*, Unicopli, Milan, 1998.

CASTI E., BERNINI G., (dir.), *Atlante dell'immigrazione a Bergamo. La diaspora cinese*, Il Lavoro Editoriale/Università, Ancona, 2008.

CENCINI C., *Vivere con la natura*, Patron editore, Boulogne, 2004a.

CENCINI C., "Tutela ambientale e identità culturale in Sudafrica : il parco contrattuale di Richtersveld nel Namaqualand", dans : Casti E., Corona M. (dir.), *Luoghi e identità, geografie e letterature a confronto*, Bergamo University Press, Bergame, 2004b.

CHAMBERS R., *Rural development : putting the last first*, Longman Scientific & Technical, Harlow, 1983.

CHAMBERS R., « Rural appraisal : rapid, relaxed and participatory », dans : *IDS Discussion Paper*, 1992, n° 311, Institute of Development Studies, University of Sussex, Brighton.

CHANARD A., « Les enjeux de la démocratie locale », dans : *Transrural Initiatives*, 2002, n° 209, p. 1-8.

CHANTOUX A., *Histoire du pays Gourma*, ed. Ti-Dogu, Fada N'Gourma, 1966.

COLCHESTER M., « Nature sauvage, nature sauvée ? Peuples indigènes, zones protégées et conservation de la biodiversité », dans : *Discussion paper – United Nations Research Institute for Social Development*, 1995, n° 55, p. 1-69.

CONFERENCE EUROPEENNE DES MINISTRES RESPONSABLES DE L'AMENAGEMENT DU TERRITOIRE, *Schéma Européen du Développement du Territoire,* Lausanne, 1988.

CONSEIL D'EUROPE, *Convention sur la Conservation de la Vie Sauvage et du Milieu Naturel de l'Europe*, Berne, 1979.

CONSEIL D'EUROPE, *Convention pour la Sauvegarde du Patrimoine Architectural de l'Europe,* Grenade, 1985.

CONSEIL D'EUROPE, *Convention Européenne du Paysage*, Florence, 2000.

COSGROVE D., *Social formation and symbolic landscape,* Barnes & Noble, Totowa, 1984.

CROUSSE B., LE BRIS E., LE ROY E., *Espaces disputés en Afrique noire : pratiques foncières locales*, Karthala, Paris, 1986.

CSAO/SWAC, CEDEAO/ECOWAS (dir.), *L'atlas Web de l'intégration régionale en Afrique de l'Ouest*, 2006, dans : www.atlas-ouestafrique.org.

DEBARBIEUX B., LARDON S. (dir.), *Les figures du projet territorial*, Ed. de l'Aube/DATAR, Paris, 2003.

DE MARTONNE Ed., *La cartographie officielle en Afrique occidentale française*, Ed. de la Revue politique et littéraire et de la Revue scientifique, Paris, 1925.

DEVERIN Y., « Densités de population: obstacle ou contribution au développement ? », dans : *Tropiques, lieux et liens*, ORSTOM, Paris, 1989, p. 249-258.

DI MEO G., *Géographie sociale et territoires*, Nathan, Paris, 1998.

FABOS J.G., *Frederick Law Olmsted, Sr : founder of landscape architecture in America*, University of Massachusetts Press, Amherst, 1970.

FAGGI P., TURCO A. (dir.), *Conflitti ambientali: genesi, sviluppo, gestione*, Unicopli, Milan, 2001.

FAO, *Community forestry field manual. Tree and land tenure, rapid appraisal tools* , 1994, n° 4, FAO, Rome.

FIASSON M., *Le W Parc National*, Schindler éd., Le Caire, 1945.

FROMAGEOT A., « Agriculture et conflits en Côte d'Ivoire : terroirs maraichers, territoires disputé », dans : *GéoConfluences*, 2006, http://geoconfluences.ens-lsh.fr/doc/etpays/Afsubsah/AfsubsahScient3.htm.

GAMBINO R., « Planification et connaissance du paysage », dans : Mondana L., Panese F., Södersrtrom O. (dir.), *Paysage et crise de la lisibilité*, Actes du colloque international de Lausanne (30 septembre – 2 octobre 1991), Institut de Géographie, Lausanne, 1992, p. 149-157.

GAMBINO R., *Conservare, innovare: paesaggio, ambiente, territorio*, Utet, Tourin, 1997.

GHISALBERTI A., « Dinamiche migratorie e processi territoriali nella periferia della Riserva della Biosfera Transfrontaliera 'W' (Benin, Burkina Faso, Niger) », dans : *Bollettino della Società Geografica italiana*, 2006, vol. XI, série XII, p. 997-1016.

GHISALBERTI A., « Cambiamenti nell'organizzazione territoriale in seguito alle migrazioni : la periferia del Parco 'W' – Benin, Burkina Faso, Niger », dans : *Diez años de cambios en el Mundo, en la Geografía y en las Ciencias Sociales, 1999-2008. Actas del X Coloquio Internacional de Geocrítica*, Universidad de Barcelona, 26-30 de mayo de 2008, dans : www.ub.es/geocrit/-xcol/389.htm.

GHISALBERTI A., « Chinese migrations and citizenship: the economic network in Bergamo urban space », dans : Brusa C. (dir.), *Migration and Citizenship: the Role of the Metropolis in the European Union Process of Enlargement*, Società Geografica Italiana, Rome, s.p. a.

GHISALBERTI A., « Aire protégée et migrations : la périphérie du Parc Régional W », dans : *Policy Matters*, édition spéciale, UICN, s.p. b.

GOUVERNEMENT GENERAL DE L'AFRIQUE OCCIDENTALE FRANÇAISE, *Guide du Tourisme en AOF et au Togo*, Paris, 1931.

GUIRE G., SANTOIR C., *Bibliographie des Gulmance et de leur pays*, IRD, Ouagadougou, 2000.

GUIRE G., SANTOIR C., SY S., *Divisions administratives et recensement de la population du Gourma à l'époque coloniale*, Document de travail n° 1, IRD, Ouagadougou, 2001a.

GUIRE G., SANTOIR C., SY S., *Divisions administratives et recensements de la population du Gourma depuis 1960*, Documents de travail n° 2, IRD, Ouagadougou, 2001b.

GREEN A.A., SAYER J.A., *The birds of Arli National Park, Upper Volta and the Pendjari National Park, Benin*, Malimbus, Cotonou, 1979.

HERMET G., KAZANCIGIL A., PRUD'HOMME J-F. (dir.), *La gouvernance : un concept et ses applications*, Karthala, Paris, 2005.

ITS BASE, *Conflits et dynamiques populaires de changements*, Enda Graf Sahel, Dakar, 1995.

KAMBOU-FERRAND J.M., *Peuples voltaïques et conquête coloniale, 1885-1914 Burkina Faso*, L'Harmattan, Paris, 1993.

KIRAT T., TORRE A., « Editorial - Conflits d'usages et dynamiques spatiales les antagonismes dans l'occupation des espaces périurbains et ruraux », dans : *Géographie Économie Société*, 2006/3, vol. 8, p. 293-298.

KI-ZERBO J., « Introduction. Les tâches de l'histoire en Afrique », dans : Ki-Zerbo J., *Histoire de l'Afrique noire. D'hier à demain*, Hatier, Paris, 1972, p. 9-38.

KUPPERS K., MULLER-HAUDE P., « Sols, végétation et occupation du sol dans la région de la Chaîne de Gobnangou », dans : *Berichte des Sonderforschungsbereichs 268*, 1993, Francfort a. M., n° 1, p. 71-77.

LAURENT P.J., *Les pouvoirs politiques locaux et la décentralisation au Burkina Faso*, Louvain-la-Neuve/Paris, Cahiers du CIDEP n° 26, Académia-L'Harmattan, 1995.

LECOURT A., « La cartographie de la contestation au projet d'une grande infrastructure : une source complémentaire pour restreindre les conflits ? », dans : *Norois*, 1999, n° 182, p. 359-364.

LECOURT A., FABUREL G., « Comprendre la place des territoires dans les conflits d'aménagement : une application aux espaces ruraux », dans : *UMR 6590-ESO, Colloque faire campagne, Rennes, 17-18 mars,* 2005, www.univ-lemans.fr/lettres/eso/evenements/rennes_03_05/contributions_03_2005/la.pdf.

LEGOUX P., MARELLE A., *Les mines et la recherche minière en Afrique Occidentale Française*, L'Harmattan, Paris, 1991.

LENOBLE R., *Esquisse d'une histoire de l'idée de nature,* Albin Michel, Paris, 1969.

LEPRUN J.C., TROMPETTE R., « Subdivision du Voltaïen du massif de Godnangou (République de Haute-Volta) en deux séries discordantes séparées par une tillite d'âge éocambrien probable », dans : *Comptes rendus de l'Académie des Sciences. Série D : Sciences Naturelles*, 1969, vol. 269, n° 22, p. 2187-2190.

LEVY J., PONCET P., TRICOIRE E. (dir.), *La carte enjeu contemporain*, La Documentation Française, dossier n° 8036, Paris, 2004.

LILLESAND T. M., KIEFER R. W., *Remote sensing and image interpretation*, ed. John Wiley and Sons, New York, Lyons, 1994.

LOMPO G.F., « Le recensement administratif dans une Subdivision en 1948 : Pama, Cercle de Fada N'Gourma », dans : Massa G., Madiéga Y.G. (dir.), *La Haute-Volta coloniale*, Karthala, Paris, 1995, p. 95-102.

LOMPO O., « Cartografia partecipativa e protezione ambientale : la Strategia SIGAP nella Riserva di Biosfera Transfrontaliera W (Africa Occidentale) », dans : Casti E. (dir.), *Cartografia e progettazione territoriale. Dalle carte coloniali alle carte di piano*, Utet, Tourin, 2007, p. 192-203.

LUTGENDORF H., *Les changements et la continuité, le cercle de Fada N'Gourma dans l'Est du Burkina Faso pendant la période coloniale (1897-1960)*, Antenne Sahélienne de l'Université de Wageningen, Ouagadougou, 1997.

MADIEGA Y.G., *Rapports entre l'administration coloniale française et les autorités du cercle de Fada N'Gourma, 1895-1932*, Univ. Paris VII, UER d'Histoire, Paris, 1974.

MADIEGA Y.G., *Contribution à l'histoire précoloniale du Gulma (Haute-Volta)*, Franz Steiner Verlag GMBH, Wiesbaden, 1982.

MADIEGA Y. G., NAO O. (dir.), *Burkina Faso. Cent ans d'histore, 1895-1995*, Tomes 1-2, Karthala, Paris, 2003.

MANDE I., « Les migrations de travail des Voltaïques. Une panacée pour l'économie ivoirienne de 1919 à 1960 », dans : Massa G., Madiéga Y.G., (dir.), *La Haute-Volta coloniale*, Karthala, Paris, 1995, p. 313-339.

MASSA G., MADIEGA Y.G., (dir.), *La Haute-Volta coloniale*, Karthala, Paris, 1995.

MAURIN H., LE LAY G., DE FERAUDY E., *Zoner les espaces naturels ? Objectifs, méthodes et perspectives*, Collection Patrimoines Naturels, Paris, 1998.

MENJAUD H., « Documents ethnographiques sur le Gourma », dans : *Journal de la Société des Africanistes*, 1932, tome 2, fasc. 1, p. 35-48.

MOLLARD A., TORRE A., « Proximity, territory and sustainable management at the local level : an introduction », dans : *International Journal of Sustainable Development*, 2004, vol. 7, n° 3, p. 221-236.

MORMONT M., « Conflit et territorialisation », dans : *Géographie Économie Société*, 2006/3, vol. 8, p. 299-318.

MOSCOVICI S., *Essai sur l'histoire humaine de la nature*, Flammarion, Paris, 1977.

MOWFORTH M., MUNT I., *Tourism and sustainability. New tourism in the Third World*, Routledge, Londres, 1998.

ONU, *Déclaration de Rio sur Environnement et Développement*, Sommet Planète Terre, Conférence des Nations Unies sur l'Environnement et le Développement, Rio de Janeiro, 1992a.

ONU, *Plan of implementation of the World Summit on Sustainable Development*, United Nations Conference on Environment & Development, Johannesburg, 2002.

PALLIER G., *Géographie générale de la Haute Volta*, UER de Lettres et Sciences Humaines, Université de Limoges, CNRS, Limoges, 1978.

PELLETIER M., « Cartographie de l'Outre-mer », dans : *Bulletin du Comité français de cartographie*, 1987, n° 113, p. 26-28.

PELLISSIER P., SAUTTER G., *Atlas des structures agraires au sud du Sahara*, EPHE, ORSTOM, Mouton et Co., Paris, 1967.

PERRET C., *Atlas on Regional Integration in West Africa: cotton*, Economy series, ECOWAS, SWAC/OECD, 2006, www.oecd.org/dataoecd/42/25/38409410.pdf.

PLATTEAU J.P., « Le développement décentralisé, stratégie de réduction de la pauvreté ? », dans : *Afrique Contemporaine*, 2004, n° 211, p. 159-235.

PRETTY J., GUIJT I., SCOONES I., THOMPSON J., *A Trainers' Guide for Participatory Learning and Action*, IIED, Londres, 1995.

RAFFESTIN C., « Paysage et territorialité », dans : *Cahiers de Géographie du Québec,* 1977, vol. 21, n° 53-54, p. 123-134.

RAFFESTIN C., *Pour une géographie du pouvoir*, Librairies Techniques, Paris, 1980.

RAFFESTIN C., « Territorialité : concept ou paradigme de la géographie sociale », dans : *Geographica Helvetica*, 1986, n° 2, p. 91-96.

RAFFESTIN C., *Dalla nostalgia del territorio al desiderio di paesaggio. Elementi per una teoria del paesaggio,* Diabasis, Reggio Emilia, 2005.

REMY G., « Yobri, étude géographique du terroir d'un village gourmantché de Haute Volta », dans : Péllissier P., Sautter G. (dir.), *Atlas des structures agraires au sud du Sahara*, EPHE, ORSTOM, Mouton et Co., Paris, n° 1, 1967.

ROCHE S., « Usages sociaux des technologies de l'information géographique et participation territoriale », *dans :* Debarbieux B., Lardon S. (dir.), *Les figures du projet territorial*, Editions de l'Aube, DATAR, collection Bibliothèque des territoires, Paris, 2003, p. 61-82.

ROURE G., *Faune et Chasse en AOF*, Editions GIA, Dakar, 1956.

SAVONNET G.P., *Etat et sociétés au Burkina* : *essai sur le politique africain*, Karthala, Paris, 1986.

SAWADOGO A.R., *L'Etat africain face à la décentralisation : la chaussure sur la tête*, Karthala, Paris, 2001.

SAWADOGO A.R., SEBAHARA P., « Historique de la décentralisation au Burkina Faso », dans : Dasseto F., Laurent P.J., Nyamba A., Ouedraogo B., Sebahara P., *Décentralisation et citoyenneté au Burkina Faso*, L'Harmattan, Paris, 2004.

SCHWARTZ A., « La politique coloniale de mise en valeur agricole de la Haute-Volta (1919-1960) », dans : Massa G., Madiéga Y.G. (dir.), *La Haute-Volta coloniale*, Karthala, Paris, 1995, p. 263-292.

SCHWARTZ A., « La politique cotonnière du gouverneur Hesling et la dislocation de la colonie de Haute-Volta en 1932 », dans : Madiéga G., Nao O. (dir.), *Burkina Faso, cent ans d'histoire, 1895-1995*, Karthala, Paris, 2003, tome 2, p. 1289-1309.

SCOONES I., THOMPSON J. (dir.), *La reconnaissance du savoir rural : savoir des populations, recherche agricole et vulgarisation*, Karthala, Paris, 1999.

SODERSTROM O., *Des images pour agir, le visuel en urbanisme*, Payot, Lausanne, 2000.

SOUBEYRAN O., « De quelques implications de la "relation homme/milieu" », dans : Lévy J., Lussault M. (dir.), *Logiques de l'espace, esprit des lieux. Géographies à Cerisy*, Paris, Belin, 2000, p. 253-268.

SURET-CANALE J., *Afrique noire. L'ère coloniale 1900-1945*, Editions sociales, Paris, 1964.

SWANSON S.A., *Gourmantche ethnoanthropology : a theory of human being*, University Press of America, Lanham/NY/Londres, 1985.

TORRE A., CARON A., « Conflits d'usage et de voisinage dans les espaces ruraux », dans : *Sciences de la Société*, 2002, n° 57, p. 95-113.

TRAORE S., *Les archives de l'ancien cercle de Fada N'Gourma. Un répertoire*, Antenne Sahélienne de l'Université de Wageningen, Ouagadougou, n° 56, 1997.

TURCO A., *Verso una teoria geografica della complessità*, Unicopli, Milan, 1988.

TURCO A., « Semiotica del territorio : congetture, esplorazioni, progetti », dans : *Rivista Geografica Italiana*, 1994, n° 101, p. 365-383.

TURCO A., « Strutture di legittimità nella territorializzazione malinké dell'Alto Niger (Rep. di Guinea) », dans : Casti E., Turco A. (dir.), *Culture dell'alterità. Il territorio africano e le sue rappresentazioni*, Unicopli, Milan, 1999a, p. 13-59.

TURCO A., « Légitimité et pouvoir : à la recherche de l'espace politique dans l'Afrique mandingue », dans : Pitte J.R., Sanguin A.L. (dir.) *Géographie et liberté. Mélanges en hommage à Paul Claval*, L'Harmattan, Paris, 1999b, p. 539-545.

TURCO A., « Colonisation et après : légitimité territoriale et développement durable en Afrique subsaharienne », dans : Berdoulay V., Soubeyran O. (dir.), *Milieu, colonisation et développement durable*, L'Harmattan, Paris, 2000, p. 175-184.

TURCO A., « Sociotopies : institutions géographiques de la subjectivité », dans : *Cahiers de Géographie du Québec*, 2001a, vol. 45, n° 125, p. 269-284.

TURCO A., « Mythe et géographie », dans : *Cahiers de Géographie du Québec*, 2001b, vol. 45, n° 125, p. 369-388.

TURCO A. (dir.), *Paesaggio: pratiche, linguaggi, mondi*, Diabasis, Reggio Emilia, 2002.

TURRI E., *Semiologia del paesaggio italiano*, Longanesi, Milan, 1979.

TURRI E., *Il paesaggio come teatro. Dal territorio vissuto al territorio rappresentato,* Marsilio, Venise, 1998.

UICN, *Des Parcs pour la vie : des actions pour les aires protégées d'Europe,* UICN, Gland, 1995.

UNESCO, *Convention concernant la Protection du Patrimoine Mondial, Culturel et Naturel*, Unesco, Paris, 1972.

UNESCO, *Convention pour la Sauvegarde du Patrimoine Culturel Immatériel*, Unesco, Paris, 2002.

UNIVERSITE ABDOU MOUMOUNI, *Agri-cultures en mutation*, Annales de l'Université Abdou Moumouni de Niamey, numéro hors-série, Niamey, 1996.

VON MEIJENFELDT R., SANTISO C., OTAYEK R., *La démocratie au Burkina Faso*, IDEA, Stockholm, 1998.

WORLD TOURISM ORGANISATION, *Tourism and poverty alleviation,* Gran Canaria, 2001.

WORLD TOURISM ORGANISATION, *Soustainable Tourism development and poverty alleviation, seminar-workshop for central and west Africa,* Cotonu, 2004.

YONKEU S., *Notes de cours d'aménagement et environnement*, Ed. Groupe EIER-ETSHER, Ouagadougou, 2006.

ZUURD R., *Changements sociaux et agricoles sous le régime colonial dans le Cercle de Fada N'Gourma 1897-1960*, SPS, Antenne Sahélienne de l'Université de Wageningen, Ouagadougou, n° 34, 1997.

Thèses, mémoires et rapports :

BASSOLE A., SAWADOGO S., *Rapport de la mission sur la délimitation (version provisoire)*, UICN, Ouagadougou, 1997.

BENOIT M., *Dynamique des parcours pastoraux dans la région du Parc national W. Séminaire Atelier sur l'Utilisation durable de l'eau, des zone humides et de la diversité biologique dans les écosystèmes partagés au Bénin, Burkina Faso, Niger-Tapoa, Parc W du 16-20 novembre 1998*, Ouagadougou, 1998.

BOUCHE P. ET AL., *Recensement aérien total de l'écosystème « W », Arli, Pendjari, Oti, Mandouri, Kéran*, Programme WAPOK, Rapport définitif, MIKE, PAUCOF, ECOPAS, Ouagadougou, 2003.

BUNASOLS, *Schéma directeur de cartographie pédologique du Burkina Faso (1991-2000)*, BUNASOLS, Ouagadougou, 1990.

BURINI F., GHISALBERTI A., *Rapport sur la recherche de terrain et sur la récolte de données concernant les aspects socio territoriaux dans les Zones Périphériques du Parc W finalisé au repérage des critères pour le Zonage*, Rapport ECOPAS, Ouagadougou, 2002.

BURINI F., GHISALBERTI A., *Rapport sur la recherche de terrain et sur la récolte de données concernant les aspects socio territoriaux dans les Zones Périphériques du Parc W finalisé au repérage des critères pour le Zonage*, Rapport ECOPAS, Ouagadougou, 2003.

BURINI F., GHISALBERTI A., *Rapport sur la recherche de terrain et sur la récolte de données concernant les aspects socio territoriaux dans les Zones Périphériques du Parc W finalisé au repérage des critères pour le Zonage*, Rapport ECOPAS, Ouagadougou, 2004.

CASTI E., *Recherche sur les aspects socio-territoriaux dans les zones périphériques du Parc du W finalisé au repérage des critères pour le Zonage*, Rapport de la première mission, ECOPAS, Ouagadougou, 2002.

CASTI E., *Recherche sur les aspects socio-territoriaux dans les zones périphériques du Parc du W finalisé au repérage des critères pour le Zonage*, Rapport de la deuxième mission, ECOPAS, Ouagadougou, 2003b.

CASTI E., *Recherche sur les aspects socio-territoriaux dans les zones périphériques du Parc du W finalisé au repérage des critères pour le Zonage*, Rapport de la troisième mission, ECOPAS, Ouagadougou, 2004d.

CASTI E., *Etude sur les aspects écologiques et socio-économiques des Zones Périphériques pour la mise en place d'un système régional d'information, de capitalisation, de suivi-évaluation dans la gestion du Complexe WAP*, Rapport provisoire de mission, UICN, Ouagadougou, 2004e.

CIRAD, *Rapport de Mission d'appui scientifique « transhumance »*, ECOPAS, Ouagadougou, 2001.

COMMISSION MONDIALE SUR L'ENVIRONNEMENT ET LE DEVELOPPEMENT, *Notre avenir à tous. Rapport Brundtland*, ONU, 1987.

COMMISSION NATIONALE DE LA DECENTRALISATION, *Décentralisation et autonomie des collectivités locales au Burkina Faso*, CND, Ouagadougou, 1996.

COMMISSION NATIONALE DE LA DECENTRALISATION, *Etude sur la décentralisation en milieu rural, Rapport de synthèse*, CND, Ouagadougou, 1998.

COMMISSION NATIONALE DE LA DECENTRALISATION, *Décentralisation au Burkina Faso : idées et actions fondatrices*, CND, Ouagadougou, 1999.

FALZARANO F., VILLA I., *Outils pour la prise de décision dans la protection environnementale : le Complexe WAP. Les aspects socio territoriaux des villages périphériques de la Réserve Totale de Faune de l'Arly,* rapport provisoire sur la recherche de terrain et sur la récolte des données, (avec l'appui de Olivier Lompo), 2iE, Ouagadougou, Université de Bergamo, Bergame, 2006.

GHISALBERTI A., *Nuove configurazioni territoriali in Africa Occidentale : le dinamiche migratorie nella periferia del Parco Regionale W (Benin, Burkina Faso, Niger)*, Thèse de doctorat en Géographie du Développement, Université de Naples « L'Orientale », a.a. 2003-2004.

GRAD-GROUPE DE RECHERCHE ET D'ACTIONS POUR LE DEVELOPPEMENT, *Etude sur l'état des lieux descriptif et analytique du complexe de parcs du W (Bénin, Burkina Faso, Niger), d'Arly (Burkina Faso) et de la Pendjari (Bénin). Etat et analyse de la situation de la diversité biologique et des ressources naturelles du Complexe de Parcs WAP*, UICN, BRAO, Ouagadougou, 2004.

KEDOWIDE C., KIENTGA M., THIAM S., SOME C., *Mise en place d'une Base de Données à Référence Spatiale sur le complexe WAP et son Manuel de Gestion*, rapport d'étude UICN/2IE, Ouagadougou, 2004.

KEDOWIDE C., *Concepts et fonctionnalités des SIG*, note de cours, 2iE, Ouagadougou, 2006.

LECOURT A., *Les conflits d'aménagement : analyse théorique et pratique à partir du cas breton*, thèse de doctorat en géographie, aménagement de l'espace-urbanisme, Université de Rennes 2, Haute-Bretagne, 2003.

LOMPO O., *Dynamiques et enjeux de la gestion participative à la périphérie du Parc Régional W : la ZOVIC de Kabougou/Burkina Faso*, Mémoire de DEA, Cotonou, 2005.

LOMPO O., *L'unité de protection et de conservation de l'Arly : dynamiques socio-territoriales et environnementales dans la périphérie orientale*, rapport de mission, Université de Bergame, 2iE, Ouagadougou, 2006.

LOMPO O., *Légitimité territoriale et décentralisation en Pays Gourmantché : dynamiques et enjeux socio-territoriaux à la périphérie*

de l'UPC Arly (Burkina Faso), Thèse de doctorat en Géographie du Développement, Université de Naples « L'Orientale », en cours de rédaction.
LUNGREN C., DOUAMBA M., *Suivi et proposition de quotas d'abattage dans les unités de conservation d'Arly, Pama et Ouamou*, DPNRFC, Ouagadougou, 2002.
MECV-MINISTERE DE L'ENVIRONNEMENT ET DU CADRE DE VIE, *Aperçu sur l'Unité Arly,* Ouagadougou, 2004a.
MECV-MINISTERE DE L'ENVIRONNEMENT ET DU CADRE DE VIE, *Programme cadre de gestion durable des ressources forestières et fauniques au Burkina Faso : 2004 – 2014, Composante 4 : Gestion de la faune et des aires de protection fauniques, Document provisoire*, Ouagadougou, 2004b.
MECV-MINISTERE DE L'ENVIRONNEMENT ET DU CADRE DE VIE, *Présentation du Parc National d'Arly*, Ouagadougou, 2005a.
MECV-MINISTERE DE L'ENVIRONNEMENT ET DU CADRE DE VIE, *Révision des statuts du Parc National d'Arly,* rapport provisoire, Ouagadougou, 2005b.
MECV-MINISTERE DE L'ENVIRONNEMENT ET DU CADRE DE VIE, *Bilan national de l'exploitation de la faune sauvage, saison 2004-2005,* Ouagadougou, 2005c.
MET– MINISTERE DE L'ENVIRONNEMENT ET DU TOURISME, *Plan d'action national pour l'environnement (PANE)*, tome 1, 2ème édition, Ouagadougou, 1994.
MET-MINISTERE DE L'ENVIRONNEMENT ET DU TOURISME, UICN, *Impacts des population et autres groupements d'intérêt sur les aires protégées de l'est du Burkina Faso,* rapport final, Ouagadougou, 1995.
MED-MINISTERE DE L'ECONOMIE ET DU DEVELOPPEMENT, *Atlas du Burkina Faso*, Ouagadougou, 2006.
MINISTERE DE L'AGRICULTURE, DE L'HYDRAULIQUE ET DES RESSOURCES HALIEUTIQUES, *Rapport de délimitation, de matérialisation et d'élaboration de cartes des Zones Villageoises d'Intérêt Cynégétique (ZOVIC) de villages de : Piéni, Saborgkpéla, Saborgkori (Département de Tambaga) et de Léopadi, Kankandi, Tchapambagou (Département de Partiaga)*, Ouagadougou, 2005.
MRA-MINISTERE DES RESSOURCES ANIMALES, *Deuxième enquête nationale, sur les effectifs du cheptel. Tome 2 : Résultats et analyses*, Ouagadougou, 2004.
OUATTARA M.S., *Historique et mise en œuvre de la décentralisation au Burkina Faso*, CND, Ouagadougou, 1997.
PARNOT J., SOW N° A., *Etude de l'occupation des sols dans la province de la Tapoa*, CRTO (Centre Régional de Télédétection de Ouagadougou), Ouagadougou, 1987.

PASQUER W., *Parthenay la créative (1979 - 2000) : étude d'une démarche de développement local,* Mémoire de fin d'études, Institut d'Etudes Politiques, Université Lumière (Lyon II), Lyon, 2000.

PNUD, *Document du projet de conservation à base communautaire de la biodiversité dans les zones périphériques transfrontalières des parcs du W, d'Arly et de la Pendjari*, Ouagadougou, 2003.

PRPW/ECOPAS, *Plan d'aménagement et de gestion*, Ecopas, Ouagadougou, 2004.

SAGBOHAN M.R., *Enjeux environnementaux prioritaires du Parc d'Arly et prise en compte dans la valorisation éco touristique*, mémoire de fin d'étude d'Ingénieur du Génie Rural, Groupe EIER-ETSHER, Ouagadougou, 2006.

SANOU B.W., *Monographie de la commune rurale de Tambaga en 2005*, FICOD, Ouagadougou, Mars 2006a.

SANOU B.W., *Monographie de la commune rurale de Madjoari en 2005*, FICOD, Ouagadougou, Mars 2006b.

SANOU B.W., *Monographie de la commune rurale de Logoubou en 2005*, FICOD, Ouagadougou, Mars 2006c.

SANOU B.W., *Monographie de la commune rurale de Partiaga en 2005*, FICOD, Ouagadougou, Mars 2006d.

SAVADOGO L., *Etude sur les aspects administratifs, politiques et juridiques de la décentralisation rurale, Rapport définitif*, CND, Ouagadougou, 1999.

SEBAHARA P., *Acteurs et enjeux de la décentralisation et du développement local. Expériences d'une commune du Burkina Faso*, Document de réflexion ECDPM 21, ECDPM, Maastricht, 2000.

SINSIN B., *Dénombrement de la faune dans la Réserve de la Biosphère de la Pendjari,* PCGPN, CENAGREF, GTZ, Cotonou, 2001.

SPINACE C.A., TRAORE S., *Mise en valeur des ressources cynégétiques au Burkina Faso : résumé des aires protégées et propositions,* Ministère de l'Environnement et du Tourisme, FAO, Ouagadougou, 1984.

TEISSERENC P., *Demande sociale et développement local*, rapport d'étude, Université Paris-Nord, Paris, octobre 1985.

THIEBA D., OUEDRAOGO H., MATHIEU P., *La gestion alternative des conflits liés aux ressources naturelles,* CILSS, FAO-FTPP, Ouagadougou, 1995.

UICN, *Projet pilote d'appui aux initiatives locales en vue de la responsabilisation des populations riveraines dans la conservation de la biodiversité à l'Est du Burkina Faso*, UICN, Ouagadougou, 1995.

UNESCO, Programme sur l'homme et la biosphère (MAB), *Rapport de la réunion du bureau du Conseil International de Coordination*, Paris, 2002.

VAUFFREY C., KEDOWIDE C., KIENTGA M., *Plan de participation des acteurs, Modalités d'organisation et d'implication des populations dans le suivi-évaluation du programme WAP*, rapport d'étude UICN/2IE, Ouagadougou, 2004.

WOROU M.L., *Programme régional de conservation à base communautaire de la biodiversité dans les zones tampons riveraines transfrontalières des parcs de la Pendjari, Arly et W du Niger*, UNESCO – PNUD, Ouagadougou, 2000.

YEYE S., *Monographie sur la législation environnementale au Burkina Faso*, MECV, Ouagadougou, 2004.

YONKEU S., KEDOWIDE C., KIENTGA M., VAUFFREY C., CASTI E., KOUDOUGOU Z., BOURAIMA Z., LAROCHE C., BACAHABI A., *Proposition d'un Système Régional de Suivi – Evaluation et de Capitalisation sur le complexe WAP*, rapport d'étude UICN/2IE, Ouagadougou, 2004.

ZIDOUEMBA H., *Conservation de l'éléphant au Burkina Faso : dynamique de l'écosystème dans la Réserve Totale d'Arly*, mémoire de fin d'étude, 2iE, Ouagadougou, 2005.

Sources d'archive citées

Documents cités dans le Chapitre 4 et consultés en copie microfilm au Centre Historique des Archives Nationales de Paris.

Description	***Année***	***Microfilm***	***Série***
Poiret, *Rapport d'ensemble sur la géographie du Gourma*	1903	200Mi 684	1G 285 n° 37
Veermensch, *Historique de la conquête du Gourma*	1897	200Mi 663	1G 178
Duranthon, *Rapport sur le fonctionnement du Service des Textiles de la Haute Volta pendant l'année 1924*	1925	200Mi 1709	2G 25
AOF, Gouvernement général de l'Afrique Occidentale Française			
Inspection générale des Eaux et Forets			
Rapport annuel	1954	200Mi 1993	2G 54 n° 39
Inspection générale des travaux publics, Service des Mines			
Rapport annuel	1914	200Mi 1677	2G 14 n° 26
Rapport annuel	1932	200Mi 1744	2G 32 n° 5
Service de l'Agriculture			
Rapport économique trimestriel	1929	200Mi 1727	2G 29
Rapport économique	1954	200Mi 1994	2G 54 n° 43
Service des Eaux et Forets			
Rapport annuel	1954	200Mi 1953	2G 54
Territoire du Dahomey			
Service des Eaux et Forets			
Rapport annuel	1954	200Mi 1992	2G 54 n° 31
Territoire de la Haute-Volta			
Rapport politique	1923	200Mi 1699	2G23 n° 21
Service de l'Agriculture			
Pré-rapport annuel	1954	200Mi 1992	2G 54 n° 28
Service des Eaux et Forets			
Rapport annuel	1953	200Mi 1982	2G 53
Rapport annuel	1954	200Mi 2004	2G 54 n° 95
Rapport annuel	1955	200Mi 2025	2G 55 n° 85
Rapport annuel	1956	200Mi 2038	2G 56 n° 54
Rapport annuel	1957	200Mi 2059	2G 57 n° 59
Service des Postes Télégraphes et Téléphones			
Rapport annuel	1929	200Mi 1727	2G 29 n° 55
Service des Travaux Publics, Section des Mines			
Rapport sur le fonctionnement et statistiques	1932	200Mi 1744	2G 32 n° 11
Territoire du Niger			
Service Eaux et Forets			
Rapport annuel	1954	200Mi 1992	2G 54 n° 29

Les auteurs

- **FEDERICA BURINI**

Maître de Conférences en Géographie à la Faculté de Langues et Littératures Etrangères de l'Université de Bergame (Italie). Ses études portent sur la cartographie participative dans le transfert des pratiques territoriales et des instances identitaires des communautés africaines (fburini@unibg.it).

- **EMANUELA CASTI**

Professeur de Géographie à la Faculté de Langues et Littératures Etrangères de l'Université de Bergame (Italie). Sa recherche analyse le rapport entre langage cartographique et processus territoriaux. Parmi ses dernières publications : *Reality as representation. The semiotics of cartography and the generation of meaning* (2000); *Cartografia e Progettazione territoriale. Dalle carte coloniali alle carte di piano* (2007); *Atlante dell'immigrazione a Bergamo. La diaspora cinese* (2008) (casti@unibg.it).

- **FRANCESCA FALZARANO**

Master en Géographie à la Faculté de Langues et Littératures Etrangères de l'Université de Bergame (Italie). Elle a conduit des recherches de terrain pour la rédaction du mémoire *Géographie et décentralisation dans la périphérie du Parc Arly : les villages de Yirini, Yobri et Saborgkuoli (Burkina Faso)* (fran.falz@gmail.com).

- **ALESSANDRA GHISALBERTI**

Docteur en Géographie du Développement est actuellement Agent Temporaire d'Enseignement et de Recherche (ATER) en Géographie à la Faculté de Langues et Littératures Etrangères et à la Faculté des Sciences de la Formation à l'Université de Bergame (Italie). Ses études portent sur les dynamiques migratoires en contexte italien et international, spécialement dans les pays en voie de développement (aleghisa@unibg.it).

- **CONCHITA KEDOWIDE**

Coordinatrice des Relations avec les Entreprises et fonction d'enseignante en sciences géomatiques au 2iE. Elle a à son actif plusieurs consultations et études dans les thématiques appliquées aux SIG et à la télédétection (conchita.kedowide@2ie-edu.org).

- **OLIVIER LOMPO**

Doctorant en Géographie du Développement à l'Université de Naples “L'Orientale”. Sa thèse porte sur *Légitimité territoriale et décentralisation en Pays Gourmantché : dynamiques et enjeux socio-territoriaux à la périphérie de l'UPC Arly (Burkina Faso)* (olivier.lompo@unibg.it).

- **MARIUS SAGBOHAN**

Master en Ingénierie à l'Institut International d'Ingénierie de l'Eau et de l'Environnement (2iE) de Ouagadougou au Burkina Faso. Il a conduit des recherches pour la rédaction de son mémoire *Les enjeux environnementaux prioritaires du Parc Arly et prise en compte dans la valorisation éco-touristique* (romsagrobal@yahoo.fr).

- **ILEANA VILLA**

Master en Géographie à la Faculté de Langues et Littératures Etrangères de l'Université de Bergamo. Elle a conduit des recherches de terrain afin de rédiger son mémoire *Vers un tourisme durable dans la Réserve Totale de Faune d'Arly (Burkina Faso) : entre protection environnementale et valorisation du paysage* (ileana.villa@yahoo.it).

- **SAMUEL YONKEU**

Maître de Conférences et de Recherche, spécialisé en Ecologie Appliquée et Environnement à l'Institut International d'Ingénierie de l'Eau et de l'Environnement (2iE) de Ouagadougou au Burkina Faso. Sa recherche porte sur les impacts environnementaux à l'intérieur des aires protégées dans l'Est burkinabè (samuel.yonkeu@2ie-edu.org).

Table des documents

I - HORIZONS METHODOLOGIQUES ET PERSPECTIVES DISCIPLINAIRES

Chapitre 1

Chapitre 2

Chapitre 3

II - CONTEXTE HISTORIQUE ET DYNAMIQUES EMERGEANTES

Chapitre 4

Chapitre 5

Chapitre 6

III - PROTECTION ENVIRONNEMENTALE ET PERSPECTIVES DE DEVELOPPEMENT LOCAL

Chapitre 7

Chapitre 8

Chapitre 9

550061 - Décembre 2013
Achevé d'imprimer par

1livre.com
du rêve à la réalité !

www.ingramcontent.com/pod-product-compliance
Lightning Source LLC
LaVergne TN
LVHW050807061126
851857LV00012B/715
* 9 7 8 2 2 9 6 0 7 2 7 9 4 *